数学分析讲义

（第一册）

张福保　薛星美　潮小李　编

科学出版社

北京

内 容 简 介

本书是作者在东南大学连续 20 多年讲授"数学分析"课程的基础上写成的,并已连续试用近 10 年. 本书取名为"讲义",最大特点就是一切从读者的角度去讲解,既注重数学思想的阐述和严格的逻辑推导,又突出实际背景与几何直观的描述,并适当穿插了一些数学文化的介绍. 在编排上尽量体现先易后难和分步走的原则. 习题分类安排,即分为 A、B、C 三类. 其中,A 类是基本题,B 类是提高题,C 类是讨论题. 本书对讨论题给予更多关注,目的在于帮助学生厘清概念,增强研学与创新能力.

本书分为三册,第一册包括极限、连续、导数及其逆运算(不定积分),第二册包括实数理论续(含上极限、下极限、欧氏空间)、定积分及多元微积分,第三册包括级数与反常积分(含参变量积分)等.

本书可作为数学、统计学等专业的数学分析教材与参考书.

图书在版编目(CIP)数据

数学分析讲义. 第一册/张福保,薛星美,潮小李编. —北京:科学出版社,2019.6
ISBN 978-7-03-061608-1

Ⅰ. ①数… Ⅱ. ①张… ②薛… ③潮… Ⅲ. ①数学分析 Ⅳ. ①O17

中国版本图书馆 CIP 数据核字(2019) 第 114490 号

责任编辑: 胡 凯 许 蕾 曾佳佳 / 责任校对: 杨聪敏
责任印制: 张 伟 / 封面设计: 许 瑞

科 学 出 版 社 出版
北京东黄城根北街 16 号
邮政编码: 100717
http://www.sciencep.com
北京凌奇印刷有限责任公司 印刷
科学出版社发行 各地新华书店经销

*

2019 年 6 月第 一 版 开本: 787×1092 1/16
2023 年 8 月第四次印刷 印张: 14 1/4
字数: 338 000
定价: 69.00 元
(如有印装质量问题,我社负责调换)

致 读 者

　　数学, 始终伴随着人类文明的发祥与发展. 从远古到公元前 6 世纪, 由于计数和土地丈量的需要, 人类开始认识自然数和简单的几何图形. 建于约公元前 2600 年的埃及法老胡夫金字塔, 不仅是建筑史上的奇迹, 其数学方面的成就也很让人称奇. 例如, 它的正方形塔基每边长约 230m, 其正方程度与水平程度的平均误差不超过万分之一. 这个阶段只是数学的萌芽时期. 公元前 6 世纪 Pythagoras (毕达哥拉斯) 学派与 "万物皆数论" 的出现, 标志着初等数学时期, 或称常量数学时期的到来. 其间出现了 Euclid (欧几里得) 的《几何原本》、Archimedes (阿基米德) 求面积与体积的方法、Apollonius (阿波罗尼奥斯) 的《圆锥曲线论》、Ptolemaeus (托勒密) 的三角学以及 Diophantus (丢番图) 的不定方程等, 逐渐形成了初等数学的主要分支和现在中学数学的主要内容. 17~18 世纪, Newton (牛顿) 与 Leibniz (莱布尼茨) 等的微积分 (数学分析的主要内容) 的发明与发展, 标志着数学发展进入了近代变量数学时期. 而 19 世纪以来, 则可称为现代数学时期.

1. 数学代表了人类文明的理性精神

　　任何一种值得一提的文明——精神财富的集中体现, 都是要探究真理的, 而其中最基本也是最伟大的真理是有关宇宙与人类自身的真理. 地球、太阳系的谜团, 如太阳的升与落、月亮的圆与缺、奇妙的日蚀与月蚀等, 以及人类的起源、人生的目的与人类的归宿等, 这是我们的先祖们曾经迫切想搞清楚的问题. 在人类文化刚开始萌芽的时期, 人类刚从蒙昧中觉醒, 迷信和原始宗教还控制着人类的精神世界, 直到希腊文化的出现. 古希腊人敢于正视自然、摈弃传统观念. 他们之所以能如此, 是因为他们发现了人类最伟大的发现之一——推理, 知道了人类是有智慧、有思维、能发现真理的, 而不是只能听从 "神" 的旨意的. 而他们的思维与推理的成功, 数学可谓功不可没. 可以说在这个时期, 数学帮助人类从宗教和迷信的束缚下解放出来, 同时也发展了数学自身. 这个时期数学成就的顶峰就是 Pythagoras 学派的 "万物皆数论" 与 Euclid 的《几何原本》.

　　进入中世纪后, 在人类探索宇宙奥秘的过程中形成了 "地心说" 和 "日心说" 这两种对立的观点. 为了捍卫 "日心说", Kopernik (哥白尼)、Kepler (开普勒)、Galileo(伽利略) 等人前赴后继, 逐步形成了 Kepler 三大定律和 Galileo 惯性定律、自由落体运动等物理定律以及重事实、重逻辑的近代科学. Kepler 指出了行星的运动规律, 可是为什么行星会绕太阳转呢? 支持其运动的动力来自何方? 天上的运动与地上的 Galileo 所描述的运动是内在统一的吗? 当时的人们无法回答这些问题, 只能期待时代伟人的出现. "自然界和自然规律隐藏在黑暗中. 上帝说, 让 Newton 出生吧! 于是一切都是光明." (英国文豪 Pope (蒲伯)). 其实, 在 Newton 发明微积分之前, 还有 Descartes (笛卡儿) 发明的坐标系与解析几何、业余数学家之王 Fermat (费马) 的一系列工作以及 Newton 的 "死敌" Hooke (胡克) 等一大批伟人的贡献. Newton 自己在和 Hooke 的名利之争中也不得不承认, "如果说我能看得更远一些, 那是因为我站在巨人的肩膀上" (姑且不论他这里所指的巨人是谁). 而发现哈雷彗星的回归与太阳系的第八颗行星海王星, 更是数学, 特别是微积分作为人类文明理性精神的代表的最经典的诠释. [参见《数学与文化》(齐民友, 2008)]

Engels (恩格斯) 在其《自然辩证法》中就曾经说过: "在一切理论成果中, 未必再有什么像 17 世纪后半叶微积分的发明那样被看作人类精神的最高胜利了." 这也足以看出微积分在人类理性文明中的至高无上的历史地位.

2. 一种科学只有在成功地运用数学时, 才算达到真正完善的地步

按照法国的国际工人运动活动家、工人党创始人之一的 Lafargue (拉法格) 在《忆马克思》一书中的记载, Marx (马克思) 在距今一百多年以前就论断, 一种科学只有在成功地运用数学时, 才算达到真正完善的地步. 现在, 人们已经普遍接受这样的观点: "哲学从一门学科中退出, 意味着这门学科的建立; 而数学进入一门学科, 就意味着这门学科的成熟."

不仅如此, 更进一步, 从 20 世纪 80 年代开始, 人们已经认识到, 高技术本质上是一种数学技术. 这一观点是美国前总统尼克松的科学顾问 David 于 1984 年 1 月 25 日在美国数学会 (American Mathematical Society, AMS) 和美国数学协会 (Mathematical Association of America, MAA) 联合年会上正式提出的. 其实著名数学家华罗庚在更早的一次学术会议上也提出过这样的观点. 从两弹一星到核武器试验, 再到太空技术, 都离不开数学的现代化. 陈省身与杨振宁的数理合作更是现代科学相互渗透、相互依赖的典范.

现代物理学家 Hawking (霍金) 说过 "有人告诉我说我载入书中的每个等式都会让销量减半. 然而, 我还是把一个等式写进书中——爱因斯坦最有名的那个: $E = mc^2$. 但愿这不会吓跑我一半的潜在读者." 这表明现代自然科学已经离不开数学. 而在社会科学方面, 以往是没有数学的地位的, 现在情况发生了根本变化. 经济、金融甚至政治, 都极大地数学化. 据统计, 近 10 年来, 诺贝尔经济学奖获得者有一半以上有数学学位或履历.

3. 数学分析课程的重要性

数学分析 (mathematical analysis), 又称高等微积分 (advanced calculus), 是变量数学的核心, 同时它也是现代数学的三大分支——分析、代数和几何中的分析学的基础. 数学分析的研究对象是一般的函数, 研究手段主要是极限. 最成功之处在于解决初等数学中无法解决的诸如一般曲线的切线问题和不规则图形 (如曲边梯形) 的面积问题等, 因此在天文、力学、几何以及经济、金融等方面有着广泛的应用.

从学科分类来看, 数学、统计学等都是一级学科, 在数学一级学科下分为五个二级学科: 基础数学, 计算数学, 概率论与数理统计, 应用数学, 运筹与控制论. 目前, 数学学科的研究生专业即按此分类. 而本科数学与统计学科则包含三个专业, 分别是数学与应用数学专业、信息与计算科学专业以及统计学专业.

数学分析是这三个专业的大类学科课程与核心课程, 它对应于非数学专业的高等数学课程 (广义的高等数学则是指除初等数学以外的所有现代数学), 被公认为是这三个专业最重要的基础课程, 位于传统的 "三高"(高等微积分、高等代数、高等几何 (解析几何)) 之首, 学分数占大学本科四年总学分的十分之一. 它不仅是数学与统计学专业学生进校后首先面临的一门重要课程, 而且整个大学本科阶段的几乎所有的分析类课程在本质上都

可以看作是它的延伸和应用. 可以这样说, 其重要性无论怎么强调都不过分.

4. 如何学好数学分析

数学分析这门课程内容丰富、逻辑严密、思想方法灵活, 且应用领域又十分广泛, 所以要想学好它, 必须深刻理解其基本概念的思想内涵, 养成善于思考、认真钻研、灵活应用等学习习惯. 首先, 必须认真钻研教材, 并用心研读相当数量的参考书, 其目的是弄清楚主要概念和定理的背景、含义、本质及作用, 避免死记硬背. 常见的参考书有《数学分析》(华东师范大学数学系, 2001)、《数学分析》(陈纪修等, 2004)、《数学分析教程》(李忠和方丽萍, 2008), 起点更高的有《数学分析》(卓里奇, 2006)、*Principles of Mathematical Analysis* (Rudin, 1976) 等. 其次, 为了加深理解, 几何直观是很好的帮手. 但是不能以直观替代严密推导. 思考问题时应避免想当然, 避免以特殊代替一般. 每一步推理或判断都要合乎逻辑、有根有据. 再次, 要有相当强度的基础训练. 训练的目的不仅在于模仿和记忆, 更在于加深理解, 掌握方法. 当然光理解还不够, 要在理解的基础上做到熟练. 学习指导书或习题课教程也是值得大家认真读的, 例如, 《数学分析学习指导书》(吴良森等, 2004)、《数学分析习题课讲义》(谢惠民等, 2003).

数学分析是数学学院学生最先学习的课程, 对尽快适应大学阶段的学习显得很重要. 只要大家按照上面的建议, 并根据自己的实际情况, 多思考、多讨论、多总结, 举一反三, 就一定能练就扎实的分析功底, 并为后继课程的学习打下坚实基础.

5. 关于本书

本书是根据我 20 多年连续讲授 "数学分析" 课程的实践, 结合泛函分析的教学与科研工作的体会写成的, 并且已经连续使用近 10 年. 本书取名为 "讲义", 其特点就是一切为读者所想, 特别适合初学者. 本书既注重数学思想和严格的逻辑推导, 又突出实际背景与几何直观; 写作语言既严谨又朴实, 并适当穿插数学文化, 提高学生学习兴趣; 尽量体现先易后难的原则, 例如, 实数连续性理论的安排、可积性的讨论等都分步走, 便于学生接受; 习题的安排分类分层次, 即分为 A、B、C 三类, 其中, A 类是基本题, B 类是提高题, C 类是讨论题. 本书对讨论题给予更多关注, 目的在于帮助学生厘清概念, 这往往是学生的软肋, 同时也能增强研学与创新能力.

按照现在通行的讲授三个学期的现状, 教材分为三册. 但本书的结构体系进行了较大的调整: 第一册的内容包括极限、连续、导数及其逆运算 (不定积分), 第二册的内容包括实数理论续 (含上极限与下极限、欧氏空间)、定积分及多元微积分, 第三册的内容包括级数与反常积分 (含参变量积分) 等.

为了尽快接触到微积分的主要内容, 体会到微积分的巨大成功, 同时又照顾到读者学习的便利, 第一册选择尽可能少的实数理论做基础即展开极限与连续以及微分学的讨论, 而把比较复杂的证明 (包括实数等价命题和上、下极限的讨论) 放到第二册开头, 并把欧氏空间理论也放到开头这一章, 作为实数连续性的自然推广. 这样的结构对于为学生打好坚实的数学基础也很有帮助, 也为接下去进行严格的可积性推导奠定基础. 注意到反常积分, 包括反常重积分, 和级数有较多的相似性, 例如都是有限情况取极限以及目标相同: 重点研究收敛性, 判别法也类似等, 因此将这两者组合在同一册里也是恰当的, 也将给读者的学习带来极大便利.

　　致谢：本教材得到了东南大学数学学院与教务处的大力支持. 薛星美教授在多次使用本教材的基础上对微分学部分进行了完善与补充, 潮小李教授对级数与反常积分部分进行了完善与补充, 罗庆来教授、黄骏教授、徐君祥教授、孙志忠教授、江其保副教授、闫亮副教授等先后对教材提出过宝贵意见, 在此一并表示衷心的感谢!

　　尽管本书从编写到出版, 经历了 10 年, 其间一直在修改, 但囿于个人的学识与能力, 一定还有不少疏漏和不足, 恳请专家与读者提出宝贵意见, 以便今后修订.

张福保

2019 年 1 月于东南大学九龙湖校区

目　录

第 1 章 基 础 知 识

早在远古时代, 人们就用结绳等方法计数. 后来, 因为农业生产的需要, 人们开始计算一些图形的面积. 因此, 从数学的萌芽时期开始, 数学研究的对象就是"数"与"形". 到了现代, 数学研究的对象扩大到广义的"数"(如代数、函数) 和"形"(如空间). 而当人们需要分类研究数学对象时, 集合的概念就被抽象出来. 而系统研究集合概念则始于德国数学家 Cantor (康托尔), 他于 19 世纪创立了集合论. 后来经过很多数学家的努力, 诞生了现代集合论, 并逐步确立了它在现代数学中的基础性地位. 有了集合的概念以后, 函数概念就自然地推广为一般映射的概念. 本章主要介绍本课程中用到的最基本的一些数学知识, 包括集合与映射、一元函数以及实数系.

§1.1　集合与映射

§1.1.1　集合

我们在中学已经学过集合的概念. 将具有某种特征或满足一定性质的所有对象或事物视为一个整体时, 这一整体就称为集合 (set), 而这些事物或对象就称为属于该集合的元素 (element). 本课程主要用到数集以及空间点集.

若一集合的元素个数是有限的, 则称之为有限集. 否则称之为无限集, 或称无穷集, 即集合中元素的个数是无穷多.

下面列举一些常见的无限集.

$\mathbb{N} = \{0, 1, 2, \cdots, n, \cdots\}$ 表示由自然数全体构成的集合.

$\mathbb{N}^+ = \mathbb{N} \backslash \{0\}$ 表示所有正整数的集合.

$\mathbb{Z}$ 表示整数集, $\mathbb{Z}^+$ 也表示正整数集 $\mathbb{N}^+$.

$\mathbb{Q}$ 表示有理数集.

$\mathbb{R}$ 表示实数集, $\mathbb{R}^+$ 表示正实数集 $(0, +\infty)$.

由 Cantor 在 19 世纪 70 年代创立的集合概念是现代数学的基本概念, 但有关这一概念的深入讨论却不是一件简单的事情, 也超出了本课程的范围. 本教材中不展开有关集合论的深入讨论, 只在中学已知的有关集合的基本性质及运算的基础上, 讨论一下任意多个集合的交、并运算以及 Descartes 乘积的概念.

为了下面叙述方便起见, 首先引入几个记号.

"$\forall$"表示"任给", 或"对任意的";

"$\exists$"表示"存在";

"$A \Rightarrow B$"表示"条件 A 蕴含结论 B";

"$A \Leftrightarrow B$"表示"A 成立当且仅当 B 成立";

"$A \doteq B$"表示"用 B 定义 A".

1. 集合的并与交

给定集合 A, B, 称集合

$$A \cup B \doteq \{x : x \in A, \text{或} x \in B\}$$

为集合 A 和 B 的并, 而称集合

$$A \cap B \doteq \{x : x \in A, \text{且} x \in B\}$$

为集合 A 和 B 的交.

一般地, 设 $\{A_\lambda, \lambda \in \Lambda\}$ 为一族集合, 其中指标集 Λ 为一有限或无限集合, 则集合

$$\bigcup_{\lambda \in \Lambda} A_\lambda \doteq \{x : \exists \lambda \in \Lambda, \text{使} x \in A_\lambda\}$$

称为该集族的并, 而集合

$$\bigcap_{\lambda \in \Lambda} A_\lambda \doteq \{x : \forall \lambda \in \Lambda, \text{都有} x \in A_\lambda\}$$

称为该集族的交.

按照定义可以验证: 集合的并与交运算满足下面的交换律、结合律和分配律.

性质 1.1.1　(1) 交换律 $A \cup B = B \cup A$, $A \cap B = B \cap A$;

(2) 结合律 $A \cup (B \cup C) = (A \cup B) \cup C$, $A \cap (B \cap C) = (A \cap B) \cap C$;

(3) 分配律 $A \cap \bigcup_{\lambda \in \Lambda} A_\lambda = \bigcup_{\lambda \in \Lambda} (A \cap A_\lambda)$, $A \cup \bigcap_{\lambda \in \Lambda} A_\lambda = \bigcap_{\lambda \in \Lambda} (A \cup A_\lambda)$.

例 1.1.1　记 $A_\lambda = (0, \lambda)$, $B_\lambda = [0, \lambda]$, $\lambda \in \Lambda = \mathbb{R}^+$, 分别表示两族开区间与闭区间, 则

$$\bigcup_{\lambda \in \Lambda} A_\lambda = \mathbb{R}^+ = (0, +\infty), \qquad \bigcap_{\lambda \in \Lambda} A_\lambda = \varnothing;$$

$$\bigcup_{\lambda \in \Lambda} B_\lambda = [0, +\infty), \qquad \bigcap_{\lambda \in \Lambda} B_\lambda = \{0\}.$$

2. 差集与余集

给定集合 A, B, 集合

$$\{x \in A : x \notin B\}$$

称为 A 关于 B 的差集, 记为 $A \backslash B$.

在我们讨论某些集合时, 这些集合往往都是一个给定集合的子集, 这个最大的集合称为全集. 设 I 为全集, $A \subset I$, A 的余集是指由属于 I 但不属于 A 的那些元素构成的集合, 记为 $C_I(A)$, 简记为 $C(A)$, 或 A^C.

关于余集成立下面的 De Morgan 公式 (证明留给读者).

性质 1.1.2　对 I 的任意一族子集合 $\{A_\lambda, \lambda \in \Lambda\}$ 成立

$$\left(\bigcap_{\lambda \in \Lambda} A_\lambda\right)^C = \bigcup_{\lambda \in \Lambda} A_\lambda^C, \quad \left(\bigcup_{\lambda \in \Lambda} A_\lambda\right)^C = \bigcap_{\lambda \in \Lambda} A_\lambda^C.$$

3. 集合的 Descartes 乘积

给定集合 A, B, 称集合

$$A \times B \doteq \{(x, y) : x \in A, \text{且} y \in B\}$$

为集合 A 和 B 的 Descartes 乘积, 其中 (x, y) 表示有序组, 规定两个有序组 (x, y) 和 (x', y') 相等, 当且仅当 $x = x'$, 且 $y = y'$.

例如, $\mathbb{R}^2 \doteq \mathbb{R} \times \mathbb{R}$ 是两直线的 Descartes 乘积, 恰好表示平面, 而集合 $[0, 1] \times [0, 1]$ 是两个区间的 Descartes 乘积, 表示平面上的正方形 $[0, 1] \times [0, 1] = \{(x, y) : 0 \leqslant x, y \leqslant 1\}$.

类似地, 给定 n 个集合 $A_1, A_2, \cdots, A_n$, 可定义它们的 Descartes 乘积:

$$A_1 \times A_2 \cdots \times A_n \doteq \prod_{i=1}^{n} A_i = \{(x_1, x_2, \cdots, x_n), x_i \in A_i, i = 1, 2, \cdots, n\}.$$

例如, $\mathbb{R}^3 = \mathbb{R} \times \mathbb{R} \times \mathbb{R}$ 是 3 条直线的 Descartes 乘积, 恰好表示通常的三维空间. 由此可见, Descartes 乘积是我们表示和构造集合的重要工具.

§1.1.2 映射

1. 映射的概念

我们先罗列一下映射的基本概念.

定义 1.1.1　(1) 设 X, Y 是两个给定的集合, 若按照某种规则 f, 使得对集合 X 中的每个元素 x, 都可以找到集合 Y 中的唯一确定的元素 y 与之对应, 则称这个对应规则 f 是集合 X 到 Y 的一个映射 (mapping), 记为

$$f : X \to Y, x \mapsto y = f(x),$$

其中 y 称为元素 x 在映射 f 之下的像 (image), x 称为 y 关于映射 f 的一个原像 (inverse image). X 称为 f 的定义域 (domain), 记为 $D_f = X$, 像的全体称为映射 f 的值域 (range), 记为 R_f.

(2) 对每个 $y \in Y$, 记 $f^{-1}(y) = \{x \in X : f(x) = y\}$, 表示 y 关于映射 f 的原像的全体, 如果对每个 $y \in R_f, f^{-1}(y)$ 是单点集, 即存在唯一的 $x \in X$, 使 $f(x) = y$, 则称 f 是单射 (injective mapping).

如果 $R_f = Y$, 即每个 $y \in Y$ 都有原像, 则称 f 是满射 (surjective mapping).

如果映射 f 既是单射又是满射, 则称之为双射 (bijective), 或一一对应.

(3) 设 $f : X \to Y$ 是单射, 则 $f : X \to R_f \subset Y$ 是一一对应, 因此, 对每个 $y \in R_f$, 存在唯一的原像 $x \in X$. 由此我们得到新的映射, 记为 $f^{-1} : R_f \to X, f^{-1}(y) = x$, 并称该映射为 f 的逆映射 (inverse mapping).

(4) 又设 $g : X \to U_1, u = g(x)$, $f : U_2 \to Y, y = f(u)$, 如果 $R_g \subset U_2 = D_f$, 则可得新映射, 即复合映射 (composite mapping) $f \circ g : x \to y = f(g(x))$. 其中, g 称为内映射, f 称为外映射.

注 1.1.1 为方便起见, 在不致误解的情况下, 集 Y 可以不写出来; 而若定义域 X 没写出来, 则 X 理解为使映射表达式 $y = f(x)$ 有意义的 x 的最大范围, 或称为映射的存在域. 例如, $y = \lg x$ 的定义域是 $(0, +\infty)$.

注 1.1.2 (1) 若 $f : X \to R_f$ 可逆, 则

$$f^{-1} \circ f(x) = x, \forall x \in X; \quad f \circ f^{-1}(y) = y, \forall y \in R_f.$$

或写成

$$f^{-1} \circ f = I_X, \quad f \circ f^{-1} = I_{R_f}.$$

(2) 由上面的定义 1.1.1 (2) 知道, 即使 f 不可逆, 记号 $f^{-1}(y)$ 也是有意义的. 并且我们还有记号 $f^{-1}(A)$, 它表示像在集合 $A \subset Y$ 中的那些原像的全体所成的集合, 即

$$f^{-1}(A) = \{x \in X : f(x) \in A\}.$$

注 1.1.3 (1) 要得到复合映射 $f \circ g$, 当且仅当 $R_g \subset U_2 = D_f$, 否则就要适当缩小内函数 g 的定义域. 这就是通常遇到的求复合函数的定义域的问题, 见例 1.1.2.

(2) 一般来说, $f \circ g \neq g \circ f$. 例如, $f(x) = 2x+1, g(x) = x-1, x \in \mathbb{R}$, 则易知 $f \circ g \neq g \circ f$.

例 1.1.2 设 $g(x) = 1 - x^2, x \in \mathbb{R}$, $f(u) = \lg u, u \in (0, +\infty)$, 为了使 f, g 复合得 $f \circ g$, 必须要求 $g(x)$ 的值域含于 $(0, +\infty)$, 因此, 限定 g 的定义域为 $D = (-1, 1)$. 事实上, 我们已经考虑了另一函数 $g^* : (-1, 1) \to (0, +\infty), g^*(x) = 1 - x^2$, 从而得复合函数

$$f \circ g^* : (-1, 1) \to \mathbb{R}, \quad f(g(x)) = \lg(1 - x^2).$$

2. 集合的势

1) 自然数集及良序

自然数起源于计数, 是人类最早认识的数, 也是我们最为熟悉的数. 自然数集 $\mathbb{N}$ 不是一个有限集, 而是一个无限集, 但这个无限集有一个很基本而重要的性质, 称为"良序", 即 $\mathbb{N}$ 中的任意两个元素都可以比较大小, 且它的每个子集 S 都有最小元, 亦即对每个 $S \subset \mathbb{N}$, 必存在 $n_0 \in S$, 使 $\forall m \in S$, 有 $n_0 \leqslant m$.

显然 (正) 有理数集 $\mathbb{Q}$ 不具备这样的"良序"性质. 这条"良序"性质是下面要讲到的数学归纳法的基础.

2) 集合的势与可列集

"无限"概念的引入, 标志由初等数学进入了高等数学. 无限与有限有完全不同的性质, 即一个无限集可以与它的真子集具有相同"多"的元素. 为了确切比较无限集的"大小", 或"元素个数的多少", 我们通过一一对应引入"势"的概念.

定义 1.1.2 如果集合 A 和 B 之间存在双射, 则称集合 A 和 B 有相同的"势", 或"基数"(cardinal number).

自然数集 $\mathbb{N}$ 与正整数集 $\mathbb{N}^+$ 具有相同的势, 因为我们可以建立 $\mathbb{N}$ 与 $\mathbb{N}^+$ 之间的一一对应如下:

$$f : \mathbb{N} \to \mathbb{N}^+, i \to i + 1, i \in \mathbb{N}.$$

定义 1.1.3 与正整数集一一对应, 即与 $\mathbb{N}^+$ 同势的集合称为可数集, 或可列集 (countable set), 有限集或可数集称为至多可数集 (at most countable set).

易见, 偶数集、奇数集都是可数集. 进一步, 可以证明, 自然数集的每一个无穷子集都是可数集.

设 A 是可列集, 则正整数集 $\mathbb{N}^+$ 与 A 之间存在一一对应 f, 即 A 中每个元素都是唯一的某个 n 的像 $f(n)$, 或改用下标记法, 记为 x_n. 因此可列集总可以记为 $\{x_n, n = 1, 2, \cdots\}$. 反之, 若集合 A 可以写成 $A = \{x_n, n = 1, 2, \cdots\}$, 则 A 必是可列集.

由此易证, 可数集的无限子集都是可数集.

定理 1.1.1 $[0,1]$ 内的有理数集 $\mathbb{Q} \cap [0,1]$ 是可列集.

证明 按照下列方式排列 $[0,1]$ 内的有理数:

$$0, 1, \frac{1}{2}, \frac{1}{3}, \frac{2}{3}, \frac{1}{4}, \frac{3}{4}, \frac{1}{5}, \cdots.$$

即先排 $0,1$, 再对 $(0,1)$ 内既约分数 $\dfrac{p}{q}$, 先按照 q 由小到大排列, 而 q 相同时, 再按照 p 由小到大排列. 由此可知 $[0,1]$ 内的有理数集 $\mathbb{Q} \cap [0,1]$ 是可列集. $\square$

例 1.1.3 $(0,1)$ 与 $[0,1]$ 有相同的势. 只要定义映射

$$f : [0,1] \to (0,1), f(x) = \begin{cases} \dfrac{1}{2}, & x = 0, \\ \dfrac{1}{n+2}, & x = \dfrac{1}{n}, n \in \mathbb{N}^+, \\ x, & \text{其他}x \in (0,1). \end{cases}$$

注 1.1.4 $[0,1]$, $(0,1)$ 以及 $\mathbb{R}$ 都是不可列的数集. 该问题的讨论我们将延后到第 7 章.

定理 1.1.2 可列个可列集之并是可列集.

证明 设

$$A_i = \{x_{i1}, x_{i2}, \cdots, x_{in}, \cdots\}, i = 1, 2, 3, \cdots,$$

是一列可列集, 且不妨设它们彼此互不相交, 则可按下列 "对角线" 顺序排列它们的并集:

$$\begin{array}{ccccc} x_{11} & x_{12} & x_{13} & x_{14} & \cdots \\ & \nearrow & \nearrow & \nearrow & \nearrow \\ x_{21} & x_{22} & x_{23} & x_{24} & \cdots \\ & \nearrow & \nearrow & \nearrow & \nearrow \\ x_{31} & x_{32} & x_{33} & x_{34} & \cdots \\ & \nearrow & \nearrow & \nearrow & \nearrow \\ \cdots & \cdots & \cdots & \cdots & \cdots \end{array}$$

可知, $\bigcup\limits_{i=1}^{\infty} A_i$ 是可列集. $\square$

注 1.1.5　也可以按"正方形"顺序排列

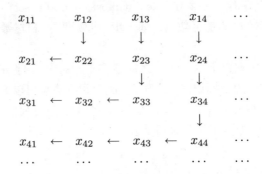

命题 1.1.1　若 A, B 都是可列的, 则 $A \times B$ 也可列.

证法与上面定理 1.1.2 类似, 请自证.

由定理 1.1.1、定理 1.1.2 及命题 1.1.1 立得下面的推论.

推论 1.1.1　有理数集 $\mathbb{Q}$ 是可列集; 平面上整点的集合 $\mathbb{Z} \times \mathbb{Z}$, 有理点集 $\mathbb{Q} \times \mathbb{Q}$ 都是可列集.

3. **数学归纳法** (mathematical induction)

逻辑推理的常用方法包括演绎推理 (又称演绎法) 和归纳推理 (又称归纳法). 由一般到特殊的推理, 称之演绎推理; 反之, 由特殊到一般的推理, 称之归纳推理.

归纳推理有两种常见的形式: 完全归纳法和不完全归纳法. 把研究对象一一都考查到了而推出结论的归纳推理称为完全归纳法, 从一个或几个 (但不是全部) 特殊情况作出一般性结论的归纳推理称为不完全归纳法. 应用不完全归纳法得出的一般性结论, 未必正确. 不完全归纳法的可靠性虽不是很大, 但它在科学研究中有着重要作用, 许多数学猜想, 如 Goldbach(哥德巴赫) 猜想, 都来源于不完全归纳法. "归纳—猜想—证明", 这是人们发现新的结论的重要途径.

数学中有许多与自然数有关的命题, 用不完全归纳法证明是不可靠的, 但我们又不可能对所有的自然数都一一加以验证, 为此数学归纳法应运而生, 它是人们通过有限认识无限的重要方法, 是数学证明的重要工具.

一般说来, 对于一些可以递推的与自然数有关的命题 $P(n), n \in \mathbb{N}^+$, 可以用数学归纳法来证明. 用数学归纳法证明一个命题包括两步:

(1) 证明 $P(n)$ 当 $n = 1$ 时成立;

(2) 假设 $P(k)(k \geqslant 1)$ 成立, 证明 $P(k+1)$ 成立.

完成这两步, 就可以断言, $P(n)$ 对任意自然数 n 都成立.

数学归纳法的原理是基于自然数很基本的 Peano (佩亚诺) 性质:

正自然数集 $\mathbb{N}^+$ 的一个子集, 如果包含数 1, 并且由假设包含数 k 能导出也一定包含 k 的后继数 $k+1$, 那么这个子集就是 $\mathbb{N}^+$.

因此, 数学归纳法是一种完全归纳法.

运用数学归纳法证题时, 以上两个步骤缺一不可. 事实上, 有 (1) 而无 (2), 那就是不完全归纳法, 故而论断的普遍性是不可靠的; 反之, 有 (2) 无 (1), 则归纳假设就失去了初始依据, 从而使归纳步骤的证明成了 "无本之木, 无源之水".

数学归纳法有着广泛的应用, 这里仅举例说明.

例 1.1.4 应用数学归纳法容易证明: 对一切正整数 n, 以下结论成立:

$$1 + 2 + 3 + \cdots + n = \frac{n(n+1)}{2};$$
$$1 + 2^2 + 3^2 + \cdots + n^2 = \frac{n(n+1)(2n+1)}{6};$$
$$1 + 2^3 + 3^3 + \cdots + n^3 = \left(\frac{n(n+1)}{2}\right)^2.$$

以上形式的归纳法称为第一归纳法. 与之等价的还有第二归纳法, 有时第二归纳法显得更方便. 其形式是: 设 $P(n)$ 是一个关于正整数 n 的命题,

(1) 证明 $P(n)$ 当 $n = 1$ 时成立;

(2) 假设对一切 $1 \leqslant k \leqslant n$, 命题 $P(k)$ 成立, 则可证明 $P(n+1)$ 成立.

那么, $P(n)$ 对任意正整数 n 都成立.

注意, 有些命题可能只对从某个自然数 $n = n_0$ 开始的自然数成立, 因此第一归纳法与第二归纳法的第一步也只要从某个自然数 $n = n_0$ 开始验证.

例 1.1.5 设 $\{a_n\}$ 是 Fibonacci 数列, 即

$$a_1 = 1, a_2 = 1, a_3 = 2, a_4 = 3, \cdots, a_{n+1} = a_n + a_{n-1}, n = 2, 3, \cdots,$$

证明通项公式:

$$a_n = \frac{\left(\dfrac{\sqrt{5}+1}{2}\right)^n - (-1)^n \left(\dfrac{\sqrt{5}-1}{2}\right)^n}{\sqrt{5}}.$$

证明 易见, $n = 1, 2$ 时成立. 归纳假设对一切 $1 \leqslant k \leqslant n$, 命题 $P(k)$ 成立, 则代入可得

$$a_{n+1} = a_n + a_{n-1}$$
$$= \frac{\left(\dfrac{\sqrt{5}+1}{2}\right)^n - (-1)^n \left(\dfrac{\sqrt{5}-1}{2}\right)^n}{\sqrt{5}} + \frac{\left(\dfrac{\sqrt{5}+1}{2}\right)^{n-1} - (-1)^{n-1} \left(\dfrac{\sqrt{5}-1}{2}\right)^{n-1}}{\sqrt{5}},$$

经过整理, 上式右端恰为

$$\frac{\left(\dfrac{\sqrt{5}+1}{2}\right)^{n+1} - (-1)^{n+1} \left(\dfrac{\sqrt{5}-1}{2}\right)^{n+1}}{\sqrt{5}},$$

因此命题获证. □

显然, 该命题若用第一归纳法则有些困难, 因为它不仅用到 $k = n$ 的归纳假设, 而且还用到 $k = n - 1$ 的归纳假设.

另外, 还有其他多种形式的数学归纳法, 例如, 倒向数学归纳法, 其证明也包含两步:

(1) 证明命题对自然数的某个无穷子序列 $\{n_k\}$ 成立, 这里 $n_1 < n_2 < \cdots < n_k \cdots$ 是严格递增的无穷个自然数;

(2) 假设命题对 $n = k+1$ 成立, 则可证明对 $n = k$ 成立.

例 1.1.6(平均值不等式)   对任意 n 个正数 $a_1, a_2, \cdots, a_n$, 有

$$\frac{n}{\dfrac{1}{a_1} + \dfrac{1}{a_2} + \cdots + \dfrac{1}{a_n}} \leqslant \sqrt[n]{a_1 a_2 \cdots a_n} \leqslant \frac{a_1 + a_2 + \cdots + a_n}{n}.$$

等号成立当且仅当 $a_1, a_2, \cdots, a_n$ 全相等.

证明   如果右边不等式成立, 则只要将 a_i 换为 $\dfrac{1}{a_i}, i = 1, 2, \cdots, n$, 即可证得左边的不等式. 所以下面只证明右边不等式.

先证明命题对 $n = 2^k, k \in \mathbb{N}^+$ 成立.

$k = 1$ 时命题显然成立. 设 2^k 时命题成立, 我们证明 2^{k+1} 时命题也成立. 注意到

$$\begin{aligned}
& \sqrt[2^{k+1}]{a_1 a_2 \cdots a_{2^k} a_{2^k+1} \cdots a_{2^{k+1}}} \\
&= \sqrt[2^{k+1}]{a_1 a_2 \cdots a_{2^k}} \ \sqrt[2^{k+1}]{a_{2^k+1} \cdots a_{2^{k+1}}} \\
&= \left(\sqrt[2^k]{a_1 a_2 \cdots a_{2^k}} \right)^{\frac{1}{2}} \left(\sqrt[2^k]{a_{2^k+1} \cdots a_{2^{k+1}}} \right)^{\frac{1}{2}},
\end{aligned}$$

应用归纳假设得到, 上式

$$\leqslant \left(\frac{a_1 + a_2 + \cdots + a_{2^k}}{2^k} \right)^{\frac{1}{2}} \cdot \left(\frac{a_{2^k+1} + \cdots + a_{2^{k+1}}}{2^k} \right)^{\frac{1}{2}} \leqslant \frac{a_1 + \cdots + a_{2^k} + a_{2^k+1} + \cdots + a_{2^{k+1}}}{2^{k+1}},$$

因此, 2^{k+1} 时命题成立. 由数学归纳法知, 该命题对一切形如 2^k 组成的自然数子列成立.

再假设 $n = k+1$ 时成立, 我们可以证明命题对 $n = k$ 时也成立. 事实上, 由假定,

$$\sqrt[k+1]{a_1 a_2 \cdots a_k a_{k+1}} \leqslant \frac{a_1 + a_2 + \cdots + a_k + a_{k+1}}{k+1},$$

取 $a_{k+1} = (a_1 + a_2 + \cdots + a_k)/k$, 代入即可得 $n = k$ 时命题也成立. 再由倒向数学归纳法即知命题对一切自然数都成立.   □

习   题   1.1

A1. 设 X, Y, X', Y', Z 是任意集合, 试证:

(1) $(X \cup Y) \times Z = (X \times Z) \cup (Y \times Z)$;   (2) $(X \cap Y) \times Z = (X \times Z) \cap (Y \times Z)$;

(3) $(X \times Y) \cap (X' \times Y') = (X \cap X') \times (Y \cap Y')$.

A2. 设 $A_i, i = 1, 2, \cdots, n$ 均是可列集, 证明 $A_1 \times A_2 \times \cdots \times A_n$ 也是可列集.

A3. 用数学归纳法证明下列结论 (对任何自然数 n):

(1) $|\sin nx| \leqslant n |\sin x|, x \in \mathbb{R}$;

(2) 对任何实数 $x \geqslant -1$, 有 $(1+x)^n \geqslant 1 + nx$;

(3) $n! \leqslant \left(\dfrac{n+1}{2}\right)^n$.

B4. 证明下列不等式 (对任何自然数 n):

(1) $n! < \left(\dfrac{n+2}{\sqrt{6}}\right)^n$;   (2) $n! > \left(\dfrac{n}{3}\right)^n$;   (3) $n < \left(1+\dfrac{2}{\sqrt{n}}\right)^n$.

C5. (1) 对任意映射 f, 等式 $f^{-1}(f(x)) = x$ 是否一定成立? 又若 f 是可逆映射呢?

(2) 函数 $y = \arcsin(\sin x) = x$ 是否对一切 $x \in \mathbb{R}$ 成立? 请与 (1) 的讨论作比较.

(3) 若 f 是可逆映射, 那么 $f^{-1} \equiv f$ 是否蕴含 f 是恒等映射?

C6. 设 $f: X \to Y$, 则对任何 $A, B \subset Y$, 有

$$f^{-1}(A \cup B) = f^{-1}(A) \cup f^{-1}(B),$$

$$f^{-1}(A \cap B) = f^{-1}(A) \cap f^{-1}(B).$$

在上述等式中将 f^{-1} 换为 f, 而 $A, B \subset Y$ 换为 $A, B \subset X$, 等式还成立吗?

C7. 试给出下列 Descartes 乘积的几何解释.

(1) 两线段的 Descartes 乘积;   (2) 一线段与圆周的 Descartes 乘积;

(3) 一直线与圆盘的 Descartes 乘积.

C8. Hilbert (希尔伯特) 旅馆悖论: 有一个具有可数多个房间的旅馆 (称为 Hilbert 旅馆), 且所有的房间均已客满. 此时如果又新来一个客人, 还能住进这个旅馆吗? 或许有人会认为显然是不能的. 如果是有限个房间的情况, 确实是不能了, 但对 Hilbert 旅馆来说, 客满了却还能接纳新来的客人. 奇怪吗? 如果你是 Hilbert 旅馆的老板, 你该如何安排? 如果新来了 n 个客人, 甚至来了可数无限多个客人, 你还能安排吗?

§1.2 一 元 函 数

§1.2.1 一元函数的定义

作为映射的特例, 即在定义 1.1.1 中取 X, Y 均为 $\mathbb{R}$ 的子集, 我们即可得到一元函数的定义. 但为强调起见, 下面将一元函数的定义重新叙述如下.

定义 1.2.1 设 $D \subset \mathbb{R}$ 是一实数集, 映射 $f: D \to \mathbb{R}$ 即称为 D 上的一元函数 (function of one variable), 或 D 上的函数 (function), 亦即对每个 $x \in D$, 存在唯一的 $y \in \mathbb{R}$, 使 $y = f(x)$, 其中, x 称为自变量 (independent variable), y 称为因变量 (dependent variable), $f(x)$ 称为函数 f 在 x 处的函数值, D 称为定义域 (domain), 也记为 D_f, 而 $f(D)$ 称为值域 (range), 记为 R_f. 又 $G(f) \doteq \{(x, f(x), x \in D)\}$ 称为函数 f 的图像 (graph). D 上的函数通常也简记为 $y = f(x), x \in D$.

根据上述定义可知, 函数有两个要素, 第一是对应规律 f, 第二是定义域 D. 以前熟悉的初等函数通常有固定的记号, 例如, 正弦函数 $y = \sin x, x \in \mathbb{R}$ 等. 此外还有大量的非初等函数, 它们无法用已有的初等函数的记号表示. 举例如下:

例 1.2.1 (1) Dirichlet 函数, 它是 $\mathbb{R}$ 上的一元函数, 其对应规律是, 将有理数对应于 1, 无理数对应于 0, 我们将这个函数记为 $D(x)$, 即

$$D(x) = \begin{cases} 1, & x \in \mathbb{Q}, \\ 0, & x \in \mathbb{R} \backslash \mathbb{Q}. \end{cases}$$

(2) 符号函数 $y = \operatorname{sgn} x = \begin{cases} -1, & x < 0, \\ 0, & x = 0, \\ 1, & x > 0. \end{cases}$ 如图 1.2.1 所示.

(3) 取整函数 $y = [x]$, 定义为: 任给 $n \leqslant x < n+1$, 则 $[x] = n$. 如图 1.2.2 所示.

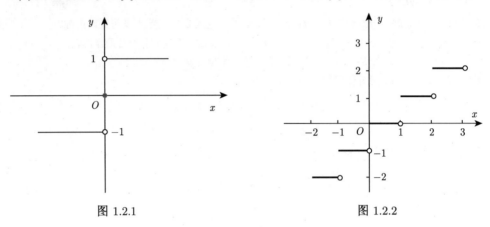

图 1.2.1   图 1.2.2

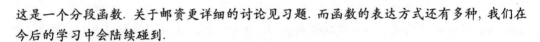

图 1.2.3

(4) 小数函数 $y = (x) = x - [x]$. 如图 1.2.3 所示.

这些函数也是所谓的"**分段函数**", 即在定义域的不同部分, 函数有不同的表达式.

再举一个分段函数的例子.

(5) 在国内本埠投寄平信, 每封信不超过 20 克重付邮资 80 分, 超过 20 克而不超过 40 克付邮资 160 分, 将每封信的应付邮资 f 分表示为信重 $x \in (0, 40]$ 克的函数, 表达式为

$$f(x) = \begin{cases} 80, & x \leqslant 20, \\ 160, & 20 < x \leqslant 40, \end{cases}$$

这是一个分段函数. 关于邮资更详细的讨论见习题. 而函数的表达方式还有多种, 我们在今后的学习中会陆续碰到.

§1.2.2   具有某些特性的函数

本段介绍几类常见的具有某些特性的函数, 包括有界函数、奇函数与偶函数、单调函数以及周期函数.

1. 有界函数

定义 1.2.2   函数 f 称为在 $D \subset D_f$ 上是有上界的 (bounded from above), 或 D 上的有上界的函数, 如果存在常数 M, 使对一切 $x \in D$ 有 $f(x) \leqslant M$; 函数 f 称为在 D 上是有下界的 (bounded from below), 如果存在常数 m, 使对一切 $x \in D$ 有 $f(x) \geqslant m$.

如果函数 f 在 D 上既有上界又有下界, 则称函数 f 在 D 上有界 (bounded), 或称 f 是 D 上的有界函数 (bounded function).

如果函数 f 在 D 上无上界或无下界, 则称函数 f 在 D 上无界 (unbounded), 或称 f 是 D 上的无界函数 (unbounded function).

容易证明, 函数 f 在 D 上有界 $\Longleftrightarrow$ 存在常数 $C > 0$, 使得 $|f(x)| \leqslant C, \forall x \in D$.

例 1.2.2 给定函数 $f(x) = \dfrac{1 + x^2}{1 + x^4}$, $g(x) = x\cos x, x \in \mathbb{R}$, 则 f 在 $\mathbb{R}$ 上有界, 而 g 在 $\mathbb{R}$ 上无界, 且既无上界, 也无下界.

事实上, $0 \leqslant f(x) = \dfrac{1}{1 + x^4} + \dfrac{x^2}{1 + x^4} \leqslant 1 + \dfrac{1}{2} = \dfrac{3}{2}$. 所以 f 在 $\mathbb{R}$ 上有界.

但注意到 $g(2n\pi) = 2n\pi$, $g((2n-1)\pi) = -(2n-1)\pi$, 因此, g 在 $\mathbb{R}$ 上既无上界, 也无下界.

2. 奇函数与偶函数

在中学我们已经学习过函数奇偶性的概念.

若函数 f 的定义域 D 关于原点对称, 即 $x \in D \Longleftrightarrow -x \in D$, 且 $\forall x \in D$, 成立 $f(-x) = f(x)$, 则称函数 f 是偶函数 (even function); 若 $\forall x \in D$, 成立 $f(-x) = -f(x)$, 或等价地, $f(-x) + f(x) = 0$, 称函数 f 是奇函数 (odd function).

例 1.2.3 容易验证, $f(x) = \lg(x + \sqrt{1 + x^2})$, $g(x) = \dfrac{1}{1 + a^x} - \dfrac{1}{2}(a > 0, a \neq 1)$, 都是 $\mathbb{R}$ 上的奇函数.

3. 单调函数

定义 1.2.3 称函数 f 在区间 D 上是单调递增的 (increasing), 或称函数 f 是 D 上的单调递增函数, 如果 $\forall x_1, x_2 \in D$, 当 $x_1 < x_2$ 时都有 $f(x_1) \leqslant f(x_2)$. 如果严格不等号成立, 即当 $x_1 < x_2$ 时都有 $f(x_1) < f(x_2)$, 则称函数 $f(x)$ 在 D 上是严格单调递增的 (increasing strictly).

如果函数 $-f$ 是 (严格) 单调递增的, 则称函数 f 是 (严格) 单调递减的 (decreasing strictly). 单调递增或单调递减称为单调 (monotonic).

如果 f 只在某子区间 $I \subset D$ 上单调, 则称 I 为函数 f 的单调区间.

例 1.2.4 证明函数 $f(x) = \lg(x + \sqrt{1 + x^2}), x \in \mathbb{R}$, 是严格单调增加函数.

证明 由定义易见 $f(x)$ 在 $[0, +\infty)$ 上严格单调增加. 又由例 1.2.3 知 $f(x)$ 是奇函数, 因此易证 $f(x)$ 在 $\mathbb{R}$ 上是严格单调增加函数. $\square$

4. 周期函数

定义 1.2.4 设函数 f 的定义域为 D, 若存在常数 $T \neq 0$, 使得对一切 $x \in D$, 必有 $x \pm T \in D$, 且 $f(x + T) = f(x)$, 则称函数 f 是周期函数 (periodic function), T 称为它的一个周期 (period).

注 1.2.1 这里, 没有要求定义域 $D = \mathbb{R}$, 主要考虑到像 $y = \tan x, x \in \mathbb{R} \setminus \left\{ n\pi + \dfrac{\pi}{2}, \right.$

$n \in \mathbb{Z}$ $\Big\}$ 这样的函数. 由定义可推得, $\forall x \in D$, 必有 $x - T \in D$, 且 $f(x - T) = f(x)$, 即若 T 是 f 的周期, 则 $-T$ 也是 f 的周期. 又注意到对任何正整数 n, nT 也是其周期, 因此, 人们更关心 f 是否有最小正周期. 遗憾的是, 并非每个周期函数都具有最小正周期.

例 1.2.5 容易验证, Dirichlet 函数 $D(x)$ 以任何非零有理数为周期, 因此是一个没有最小正周期的非常数的周期函数.

注 1.2.2 (1) 设函数 f 是以 T 为最小正周期的周期函数, 则对任何常数 a, b, 其中 $a \neq 0$, 函数 $af + b$ 及 $\dfrac{f}{a}$ 都是以 T 为最小正周期的周期函数; 而函数 $x \to f(ax + b)$ 是以 $\dfrac{T}{|a|}$ 为最小正周期的周期函数.

(2) 设 f_1, f_2 都是 D 上的周期函数, 那么它们的和、差以及乘积未必是周期函数. 若记它们的正周期分别为 T_1 和 T_2, 并假定 $\dfrac{T_1}{T_2}$ 是有理数, 则 $f_1 + f_2$ 与 $f_1 f_2$ 也是 D 上的周期函数, 并以 T_1 和 T_2 的公倍数作为它们的一个周期.

证明留作习题.

周期现象是自然界的一个普遍现象, 例如, 日月星辰的运动、四季的交替、生命周期现象、物理中的单摆周期现象与交流电周期现象等. 为刻画这些周期现象, 周期函数概念就应运而生. 例如, 三角函数就刻画了简谐振动的周期现象. 周期函数的讨论将在后续的有关章节中时常出现.

§1.2.3 反函数与复合函数

1. 反函数

对应于逆映射, 我们有**反函数** (inverse function) 的概念. 据定义, 若函数 $y = f(x), x \in D$ 是从 D 到 $f(D)$ 的一一对应, 则 f 有反函数 $x = f^{-1}(y)$, 按照习惯, 我们仍然用 x 表示自变量, 则函数 $y = f(x)$ 的反函数记为 $y = f^{-1}(x)$. 容易知道, 函数 $y = f(x)$ 与其反函数 $y = f^{-1}(x)$ 的图像关于直线 $y = x$ 对称.

命题 1.2.1 区间 I 上的严格单调函数 $y = f(x)$ 必定有反函数, 记为 $x = f^{-1}(y), y \in f(I)$, 且 $f^{-1}(y)$ 与 $y = f(x)$ 具有相同的单调性.

证明 由于严格单调函数必定是一一对应, 因此反函数 $x = f^{-1}(y), y \in f(I)$ 显然存在. 又不妨设 $y = f(x)$ 在 I 上严格递增, 则对任何 $y_1, y_2 \in f(I)$, $y_1 < y_2$, 必存在相应的 $x_1, x_2 \in I$, 使 $f(x_1) = y_1, f(x_2) = y_2$. 由一一对应知, $x_1 \neq x_2$. 若 $x_1 > x_2$, 则由 f 的严格递增性, 必有 $y_1 = f(x_1) > f(x_2) = y_2$, 矛盾, 因此 $x_1 < x_2$, 即 $x = f^{-1}(y)$ 也是严格递增. $\square$

严格单调性 (严格单调递增或严格单调递减) 条件是存在反函数的充分条件, 但不是必要条件, 即一一对应的函数未必是严格单调函数. 请自行举例.

例 1.2.6 函数 $f : \left[-\dfrac{\pi}{2}, \dfrac{\pi}{2} \right] \to [-1, 1], y = f(x) = \sin x$ 严格单调递增, 所以有反函数, 记为 $x = \arcsin y$, 或仍然以 x 记自变量, 记为 $y = \arcsin x$, 称为反正弦函数.

同样, 余弦函数 $y = \cos x, x \in [0, \pi]$ 有反余弦函数 $y = \arccos x, x \in [-1, 1], y \in [0, \pi]$.

正切函数 $y = \tan x, x \in \left(-\dfrac{\pi}{2}, \dfrac{\pi}{2}\right)$ 有反正切函数 $y = \arctan x, x \in (-\infty, +\infty), y \in$ $\left(-\dfrac{\pi}{2}, \dfrac{\pi}{2}\right)$.

由定义, 下列关系成立:

$$\arcsin(\sin x) = x, x \in \left[-\dfrac{\pi}{2}, \dfrac{\pi}{2}\right], \qquad \sin(\arcsin x) = x, x \in [-1, 1],$$

$$\arccos(\cos x) = x, x \in [0, \pi], \qquad \cos(\arccos x) = x, x \in [-1, 1].$$

图 1.2.4 是三角函数与反三角函数的图像.

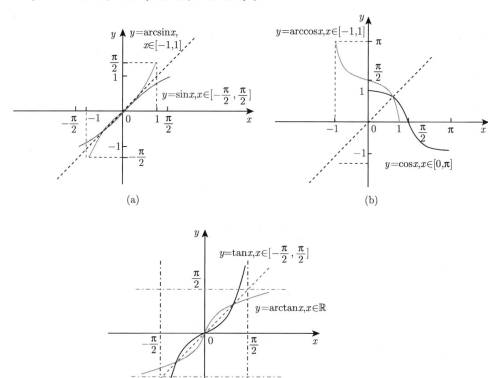

(a)

(b)

(c)

图 1.2.4

但若 $x \notin \left[-\dfrac{\pi}{2}, \dfrac{\pi}{2}\right]$, 关系式 $\arcsin(\sin x) = x$ 未必成立. 例如, 我们有下列结果:

$$\arcsin(\sin x) = \arcsin(\sin(\pi - x)) = \pi - x, x \in \left(\dfrac{\pi}{2}, \dfrac{3\pi}{2}\right).$$

同时也要注意, 反余弦函数并不是偶函数. 事实上, 我们有

$$\arccos(-x) = \pi - \arccos x, x \in [-1, 1].$$

例 1.2.7　指数函数 $y = a^x, x \in \mathbb{R}\,(a > 0, a \neq 1)$, 当 $a > 1$ 时严格单调递增, 而当 $a < 1$ 时严格单调递减, 因此有反函数, 即对数函数 $y = \log_a x, x \in (0, +\infty)$, 其单调性与对应的指数函数一致. 参见图 1.2.5.

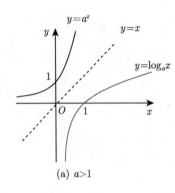 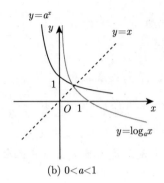

(a) $a>1$ (b) $0<a<1$

图 1.2.5

指数函数 $y = a^x$ 无上界. 事实上, $\forall M > 1$, 若 $a > 1$, 则只要 $x > \log_a M$, 即有 $a^x > M$, 而若 $0 < a < 1$, 则 $x < \log_a M$ 时, 即有 $a^x > M$.

对数函数 $y = \log_a x, a > 0, a \neq 1$, 定义域为 $(0, +\infty)$, 它是既无上界也无下界.

2. 复合函数

作为复合映射的特例, 我们有复合函数 (composite function) 的概念. 我们经常见到的函数多由一些简单函数复合而成.

例 1.2.8 求下列函数的定义域与值域.

(1) $y = x + \dfrac{1}{x}$; (2) $y = \arccos \dfrac{2x}{1+x}$; (3) $y = \sin \dfrac{\pi x}{2(1+x^2)}$.

解 (1) 显然, 定义域为 $D = (-\infty, 0) \cup (0, +\infty)$. 当 $x > 0$ 时, $f(x) = x + \dfrac{1}{x} \geqslant 2$, 且 $f(x) = 2$ 当且仅当 $x = 1$, 而当 $x < 0$ 时, $f(x) = x + \dfrac{1}{x} \leqslant -2$, 且 $f(x) = -2$ 当且仅当 $x = -1$, 因此, 值域 $R = (-\infty, -2] \cup [2, +\infty)$.

(2) 按照复合函数求定义域, 要求 $-1 \leqslant \dfrac{2x}{1+x} \leqslant 1$, 由此解得 $D = \left[-\dfrac{1}{3}, 1\right]$. 由于 x 取遍 $D = \left[-\dfrac{1}{3}, 1\right]$ 时, $\dfrac{2x}{1+x}$ 取遍 $[-1, 1]$, 所以, 函数的值域为 $[0, \pi]$.

(3) 由于 $\left| \dfrac{\pi x}{2(1+x^2)} \right| \leqslant \dfrac{\pi(1+x^2)}{4(1+x^2)} = \dfrac{\pi}{4}$, 所以 $D = (-\infty, +\infty), R = \left[-\dfrac{\sqrt{2}}{2}, \dfrac{\sqrt{2}}{2}\right]$.

§1.2.4 初等函数

我们在中学阶段已经系统学习过初等函数 (elementary function), 现总结如下.

1. 六类基本初等函数

(1) 常数函数 (constant function) $y = c, c$ 为常数, 定义域为 $\mathbb{R}$.

(2) 幂函数 (power function) $y = x^a, a$ 为非 0 常数.

定义域 D 要由 a 而确定. a 取自然数时, $D = \mathbb{R}$; a 取负整数时, $D = \mathbb{R} \backslash \{0\}$, 而当

$0 < a = \dfrac{q}{p} \in \mathbb{Q}$ 时, 其中 p, q 互质, 则当 p 为奇数时 $D = \mathbb{R}$, 而 p 为偶数时 $D = [0, +\infty)$;

当 $0 > a = \dfrac{q}{p} \in \mathbb{Q}$ 时, 其中 p, q 互质, 则当 p 为奇数时 $D = \mathbb{R} \backslash \{0\}$, 而 p 为偶数时

$D = (0, +\infty)$; 最后, a 为正无理数时, $D = [0, +\infty)$, a 为负无理数时, $D = (0, +\infty)$, 参见

图 1.2.6 所示幂函数的部分图形.

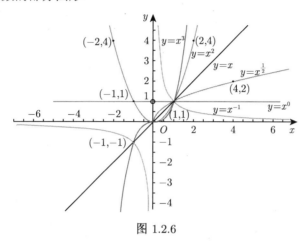

图 1.2.6

(3) 指数函数 (exponential function) $y = a^x, a > 0, a \neq 1, x \in \mathbb{R}$. 参见例 1.2.7.

(4) 对数函数 (logarithmic function) $y = \log_a x, a > 0, a \neq 1, x \in (0, +\infty)$. 参见例 1.2.7.

(5) 三角函数 (trigonometric function) 主要有 6 个.

三角函数在中学数学中已经熟悉, 除了例 1.2.6 以外, 下面简单讨论一下正割函数 $y = \sec x$ 和余割函数 $y = \csc x$.

正割函数 $y = \sec x \doteq \dfrac{1}{\cos x}, x \neq n\pi + \dfrac{\pi}{2}, n \in \mathbb{Z}$. 这是一个周期为 2π 的周期函数, 且既无上界也无下界. 容易验证下列恒等式成立:

$$\sec^2 x = 1 + \tan^2 x, \forall x \neq n\pi + \frac{\pi}{2}, n \in \mathbb{Z}.$$

余割函数 $y = \csc x \doteq \dfrac{1}{\sin x}, x \neq n\pi, n \in \mathbb{Z}$. 这也是一个周期为 2π 的周期函数, 且既无上界也无下界. 同样有下列恒等式成立:

$$\csc^2 x = 1 + \cot^2 x, \forall x \neq n\pi, n \in \mathbb{Z}.$$

(6) 反三角函数 (inverse trigonometric function) 主要有 3 个, 参见例 1.2.6.

以上列出了 6 类基本初等函数, 请熟记其性质与图形.

2. 初等函数

由基本初等函数经过有限次的加、减、乘、除四则运算或复合运算而得到的函数称为初等函数.

初等函数是我们在中学阶段就很熟悉的函数. 除了上面提到的那些函数以外, 还有一些常见的初等函数. 例如, **双曲函数** (hyperbolic function), 其定义为

$$\text{sh}\,x = \frac{\text{e}^x - \text{e}^{-x}}{2}, \ \text{ch}\,x = \frac{\text{e}^x + \text{e}^{-x}}{2}, \ \text{th}\,x = \frac{\text{e}^x - \text{e}^{-x}}{\text{e}^x + \text{e}^{-x}}.$$

分别称为双曲正弦、双曲余弦和双曲正切, 并且满足

$$\text{ch}^2\,x - \text{sh}^2\,x = 1, \ \text{th}\,x = \frac{\text{sh}\,x}{\text{ch}\,x}.$$

以后还将看到, 双曲函数还有其他类似于三角函数的一些性质. 图 1.2.7 是双曲函数的图像.

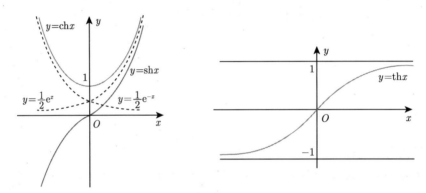

图 1.2.7

需要指出的是, 非初等函数是大量存在的, 我们将在今后的学习中经常遇到. 数学分析课程的研究对象就是函数. 我们需要用新的思想与观点, 或者说现代数学思想来看待函数. 即使是初等函数也需要重新审视. 例如, 对幂函数 $y = x^\alpha$, 当 α 是有理数时, 意义是明确的, 可是, 如果 α 是无理数, x^α 究竟是什么意思? 事实上, 为了透彻地理解 "熟知" 的初等数学, 19 世纪末 20 世纪初世界最有影响力的数学学派 —— 哥廷根学派的创始人, Klein (克莱因, 2008) 潜心研究, 撰写了高观点下的初等数学.

同时, 为了更深刻地理解微积分, 我们需要仔细地讨论我们再熟悉不过的实数. 数学中的数, 就像物理学中的时间, 人人都知道, 但一旦深究就会遇到极大的挑战. 下一节我们将对实数进行初步的探讨.

习 题 1.2

A1. 试作下列函数的图像, 并指出它们的特点.

(1) $y = x^2 + 1$;   (2) $y = (x-1)^2$;   (3) $y = \dfrac{x^2}{2}$.

A2. 试研究函数 $y = a^x$ 与 $y = \log_a x$ 的单调性及图像的特点.

A3. 求下列函数的定义域 (存在域).

(1) $y = \log_2 (\log_{\frac{1}{3}} x)$;   (2) $y = \sqrt{\sin x^2}$;

(3) $y = \arcsin \dfrac{1}{\sqrt{x^2 - 1}}$;

(4) $y = \lg\left(\sin \dfrac{\pi}{x}\right)$.

A4. 判别下列函数的单调性或求其单调区间.

(1) $f(x) = \dfrac{1}{2}x^4 + x^2 - 1$;

(2) $f(x) = \sin^2 x$;

(3) $f(x) = \log_a(x + \sqrt{1 + x^2}), 0 < a \neq 1$;

(4) $f(x) = x + \sin x$.

A5. 判断下列函数的有界性并简述理由.

(1) $f(x) = \sec x, x \in \left(-\dfrac{\pi}{4}, \dfrac{\pi}{4}\right)$;

(2) $f(x) = \sec x, x \in \left(0, \dfrac{\pi}{2}\right)$;

(3) $y = 2^{\sin^2 x}$;

(4) $y = \begin{cases} 2 - x, & x \leqslant 0, \\ 2^{-x}, & x > 0. \end{cases}$

A6. 分别给出函数在区间 I 上无界与上无界的正面陈述, 并由此证明 $f(x) = \dfrac{1}{x}$ 为 $(0,1)$ 上的上无界函数.

A7. 证明:

(1) 两个奇函数之和为奇函数, 其积为偶函数;

(2) 两个偶函数之和与积都为偶函数;

(3) 奇函数与偶函数之积为奇函数.

A8. 设函数 f 定义在对称区间 $[-a, a]$ 上, 证明:

(1) 函数 $F(x) = f(x) + f(-x), x \in [-a, a]$ 为偶函数; 而函数 $G(x) = f(x) - f(-x), x \in [-a, a]$ 为奇函数;

(2) $f(x)$ 必可表示为某个偶函数与某个奇函数之和.

C9. (1) 国内本埠平信资费, 按首重和续重计收资费, 首重 100 克以内, 每重 20 克 (不足 20 克按 20 克计算)0.80 元; 续重 101 ~ 2000 克, 每重 100 克 (不足 100 克按 100 克计算) 1.20 元. 试给出国内本埠平信资费 (元) 作为重量 (克) 的函数表达式.

(2) 国内外埠平信资费, 按首重和续重计收资费, 首重 100 克以内, 每重 20 克 (不足 20 克按 20 克计算)1.20 元; 续重 101 ~ 2000 克, 每重 100 克 (不足 100 克按 100 克计算) 2.00 元. 试给出国内外埠平信资费 (元) 作为重量 (克) 的函数表达式.

C10. 试列出你所在地手机等信息费资费标准的函数表达式.

C11. 设 $f(x), g(x), x \in D$ 单调递增.

(1) 证明 $f(x) + g(x), x \in D$ 单调递增;

(2) $f(x)g(x), x \in D$ 是否必定单调递增? 又设 $g(x) \neq 0, \forall x \in D$, 那么 $\dfrac{f(x)}{g(x)}, x \in D$ 是否必定单调递增?

C12. 设 $f(x), g(x), x \in D$ 有界.

(1) 证明 $f(x) \pm g(x), x \in D$ 以及 $f(x)g(x), x \in D$ 都有界;

(2) 设 $g(x) \neq 0, \forall x \in D$, 那么 $\dfrac{f(x)}{g(x)}, x \in D$ 有界吗?

C13. 两个周期函数的和是否一定是周期函数? 检验: 设 $f(x) = \sin x, g(x) = \cos(\sqrt{2}x)$.

C14. 如果设两个周期函数的正周期分别为 T_1, T_2, 试对 T_1, T_2 的关系提个条件以便保证这两个函数的和为周期函数.

§1.3　实　数　系

§1.3.1　实数系的形成

数是数学中的最基本概念, 数的概念的每一次扩充都标志着数学的巨大飞跃. 数的概念从最早的自然数到后来的实数系的扩充是如此自然且令人信服, 以致人们, 包括数学家们, 都毫无疑义地加以接受. 然而, 直到 19 世纪, 当微积分必须寻求坚实基础的时候, 数学家才感到, 为实数系建立可靠的逻辑基础十分不易, 但已经是不可回避了. 而这种艰苦努力所产生的丰富结果, 却又以出人意料的方式推动了数学的进步.

1. 从自然数到有理数

人类从计数开始, 首先认识了自然数. 负数的引进, 是中国对数学的一个巨大贡献. 远在我国古代秦、汉时期的算经《九章算术》的卷八 "方程" 中, 就记载了负数的引入. 如把 "卖 (收入)" 作为正, 则 "买 (付出)" 作为负, 把 "余" 作为正, 则 "不足" 作为负. 在关于粮谷计算的问题中, 以益实 (增加粮谷) 为正, 损实 (减少粮谷) 为负等. 进一步, 凡遇到具有相反意义的量, 就能用正负数明确地区别了.

而在国外, 负数出现得很晚, 直至公元 1150 年 (比《九章算术》成书晚一千多年), 一位印度人才首先提到了负数, 而且在公元 17 世纪以前, 甚至许多数学家一直采取不承认的态度. 如法国大数学家 Viète (韦达), 尽管他在代数方面作出了巨大贡献, 但他在解方程时却极力回避负数, 并把负数解统舍去. 有许多数学家由于把零看作 "没有", 他们不能理解比 "没有" 还要 "少" 的现象, 因而认为负数是 "荒谬的". 直到 17 世纪, Descartes 创立了坐标系, 负数获得了几何解释和实际意义, 才逐渐得到了公认.

有理数 (rational number) 一词来源于古希腊, 其英文词根为 ratio, 就是比率的意思. 人类在史前时期就从分配实物等生活、生产劳动中认识了有理数. 古埃及的数学手稿中已经出现了一般的分数, 古希腊和古印度数学家也将有理数理论的研究作为数论研究的一部分. 其中最有名的是公元前 300 年左右的古希腊数学家 Euclid 的《几何原本》.

显然, 自然数集 N 关于加法与乘法运算是封闭的, 即对自然数进行加法与乘法运算后仍然是自然数, 但是 N 关于减法运算并不封闭. 若扩充到整数集合 Z, 则它关于加法、减法和乘法都封闭了, 但是关于除法是不封闭的. 并且整数集合 Z 具有 "离散性": 任意两个不同整数之间的距离不小于 1. 而在有理数范围内, 四则运算是封闭的, 并且有理数有稠密性, 即任何两个有理数之间还有有理数 (参见下一小节).

2. 实数的形成

Pythagoras 在数学上的一项重大发现是证明了勾股定理, 但由此也发现了一些直角三角形的三边之比不能用整数之比来表达, 也就是勾长或股长与弦长是不可通约的. 这样一来, 就否定了 Pythagoras 学派的信条: "万物皆数", 即宇宙间的一切现象都能归结为整数或整数之比. 无理数的发现, 也导致了第一次数学危机的出现.

中国古代数学在处理开方问题时, 也不可避免地碰到无理根数. 对于这种 "开之不尽" 的数, 《九章算术》直截了当地 "以面命之" 予以接受, 刘徽注释中的 "求其微数", 实际上是用有理数来无限逼近无理数. 这本是一条建立实数系统的正确道路, 只是刘徽的思想远远超越了他的时代, 而未能引起后人的重视.

实数 (real number) 是有理数与无理数 (irrational number) 的统称. 关于实数的引入有多种方法, 常见的包括十进制小数表示、Dedekind (戴德金) 分割或 Cauchy (柯西) 基本列方式以及公理化方式等. 但这些方法都有缺陷. 例如, 十进制小数表示本质上用到了无穷级数的收敛问题, 参见《数学分析》(陈纪修等, 2004), 而其他方式却不是很容易理解. 事实上, 实数理论直到 19 世纪后半叶, 即微积分诞生近 200 年后才真正建立起来, 可见它的确有难度, 初学者接受起来也相当困难. 考虑到学习的方便, 目前我们可仍然按照十进制小数来理解实数. 下一小节将初步讨论实数系的性质——实数系的连续性.

§1.3.2 实数系的连续性初步

1. 有理数的稠密性

前面提到, 任何两个有理数之间还有有理数, 下面证明一个更强的结论.

命题 1.3.1 任意一个开区间内都有无穷多个有理数.

证明 首先, $\forall x \in \mathbb{R}, \forall p \in \mathbb{N}^+, \exists q \in \mathbb{Z}$, 使

$$q \leqslant px < q + 1, \text{由此得} 0 \leqslant x - \frac{q}{p} < \frac{1}{p},$$

从而 $\left| x - \frac{q}{p} \right| < \frac{1}{p}$. 因此, 实数都可以用有理数来逼近.

其次, 每个开区间内至少有一个有理数.

事实上, 对任一开区间 (a, b), 任取 $x \in (a, b)$, 则 $p \in \mathbb{N}^+$ 充分大时, $x - \frac{1}{p} \in (a, b)$, 于是由上面的证明, $\exists q \in \mathbb{Z}$, 使得 $0 \leqslant x - \frac{q}{p} < \frac{1}{p}$, 因此 $\frac{q}{p} \in (a, b)$.

最后, 由于每个区间内都有有理数, 从而可知每个区间内必有无穷多个有理数.

事实上, 若某区间 (a, b) 只有有限个有理数, 则可设 r 是其中最小的有理数, 于是子区间 (a, r) 内没有有理数, 矛盾. □

2. 实数系的连续性

实数系 $\mathbb{R}$, 又称实数域, 这是因为实数系满足代数学中关于一般 "数域" 的要求. 同时, 实数系还是一个全序域, 即任何两个实数都可以比较大小. 尽管有理数是稠密的, 但是并不能布满实数轴, 例如, $\sqrt{2}$ 所对应的点就不在有理数中, 或位于有理点集合的空隙处. 但如果把无理数都加进去, 则可以填满实数轴, 即实数集是连续的. 这种连续性是微积分的基础, 也是整个分析学的基础. 事实上, 17、18 世纪微积分的发展几乎吸引了所有数学家的注意力, 恰恰是人们对微积分基础的关注, 使得实数域的连续性问题再次突显出来.

实数系的连续性, 从几何角度理解, 就是实数全体布满整个数轴而没有 "空隙". 但从分析角度来看, 实数系的连续性则有多种不同的表述方式. 例如, 实数系对于数学分析来说至关重要的 "极限运算" 是足够了, 不必再继续扩大. 而有理数系是不够用的, 因为

一列有理数可以趋于无理数, 而一列实数只能趋于实数. 实数的这一性质称为实数的 "完备性", 等等. 而下面的 "确界原理" 也是实数系连续性的表述之一, 它作为我们接下来讨论的出发点. 实数的这些连续性质本质上是等价的, 但对初学者来说难以掌握. 关于实数系及其连续性更系统的讨论放到第 7 章进行. 可参见《数学分析》(陈纪修等, 2004) 和《数学分析教程》(常庚哲和史济怀, 2003), 也可参见著名华裔数学家、菲尔兹奖得主陶哲轩 (2008) 的分析教材 (中译本).

3. 上确界与下确界

定义 1.3.1 设 S 是一个非空数集, 如果 $\exists M \in \mathbb{R}$, 使得 $\forall x \in S$, 都有 $x \leqslant M$, 则称 S 是有上界的 (bounded above), 而称 M 是 S 的一个上界 (upper bound); 如果 $\exists m \in \mathbb{R}$, 使得 $\forall x \in S$, 都有 $x \geqslant m$, 则称 S 是有下界的 (bounded below), 而称 m 是 S 的一个下界 (lower bound). 当数集 S 既有上界, 又有下界, 则称 S 为有界集.

由此可见, S 有界 $\Longleftrightarrow \exists C > 0$, 使得 $|x| \leqslant C, \forall x \in S$.

显然, 任何有限区间 $[a, b]$ 或 $[a, b)$ 或 $(a, b]$ 及其有限个并都是有界集, 而自然数集 $\mathbb{N}$、有理数集 $\mathbb{Q}$ 以及实数集 $\mathbb{R}$ 都是无界集.

另一方面, 对闭区间 $[a, b]$ 而言, b 是它的最小上界, 且 $b \in [a, b]$, 这时 b 是闭区间 $[a, b]$ 的最大数, $b = \max[a, b], a = \min[a, b]$, 而对区间 $[a, b)$ 来说, $[a, b)$ 没有最大数, 但 b 为其最小的上界. 我们将把最小上界称为上确界. 严格定义如下.

定义 1.3.2 设 S 是一个非空数集, 如果存在实数 β 满足下列条件:

(1) $\forall x \in S, x \leqslant \beta$;

(2) $\forall \varepsilon > 0, \exists x \in S$, 使得 $x > \beta - \varepsilon$,

则称 β 为 S 的上确界 (supremum), 记为 $\beta = \sup S$.

类似地, α 称为 S 的下确界 (infimum), 记为 $\alpha = \inf S$, 如果

(3) $\forall x \in S, x \geqslant \alpha$;

(4) $\forall \varepsilon > 0, \exists x \in S$, 使得 $x < \alpha + \varepsilon$.

注 1.3.1 由定义可知, S 的上确界 $\beta = \sup S$ 如果存在, 则 β 是 S 的一个上界, 而且是 S 的最小上界, 即任何小于 β 的数都不是 S 的上界.

例 1.3.1 设 $S = (0, 1)$, $T = \{x | x$ 为 $(0, 1)$ 内的有理数 $\}$, 则 $\sup S = \sup T = 1, \inf S = \inf T = 0$. 但这两个集合都既没有最大数, 也没有最小数.

前面已经看到, 一个有界集合的最大数或最小数未必存在, 现在的问题是一个有界集合的上确界与下确界是否必定存在? 答案是肯定的. 其实, 这就是所谓实数的连续性问题.

4. 确界存在原理

定理 1.3.1(确界原理 —— 实数系连续性定理) 非空有上界的数集必有上确界; 非空有下界的数集必有下确界.

该定理的直观理解还是不难的, 我们先承认它, 接受它, 并由此展开数学分析的讨论. 但它的详细讨论将留到后面章节完成.

下面我们讨论上、下确界的唯一性.

命题 1.3.2 非空数集的上、下确界都是唯一的.

证明 下面仅证明上确界的唯一性. 设 β_1, β_2 都是非空数集 D 的上确界, 若 $\beta_1 < \beta_2$, 则由 β_2 为 D 的上确界的定义知, $\exists x \in D, x > \beta_1$, 但此与 β_1 为 D 的上确界矛盾. 因此, $\beta_1 \geqslant \beta_2$. 同理, $\beta_2 \geqslant \beta_1$. 由此知, $\beta_1 = \beta_2$. □

习 题 1.3

A1. 试分别给出数集 S 无上界、无下界以及无界的正面陈述, 并由此证明数集 $S = \{n \cos n\pi | n \in \mathbb{N}\}$ 既无上界也无下界.

A2. 确定下列数集的上、下确界:

(1) $S = \left\{ x \middle| x = 1 - \dfrac{1}{2^n}, n \in \mathbb{N}^+ \right\}$;

(2) $S = \{y | y = \sin x, x$ 为 $(0,1)$ 内的有理数 $\}$;

(3) $S = \{y | y = x - [x], x \in (-\infty, +\infty)\}$, 其中, $[x]$ 表示不超过 x 的最大整数.

B3. 证明: $T = \{x \in \mathbb{Q} | x > 0, x^2 < 2\}$ 在有理数集 $\mathbb{Q}$ 中没有上确界.

B4. 设 f, g 为 D 上的有界函数, 证明:

(1) $\inf_{x \in D} f(x) + \inf_{x \in D} g(x) \leqslant \inf_{x \in D} \{f(x) + g(x)\} \leqslant \inf_{x \in D} f(x) + \sup_{x \in D} g(x)$;

(2) $\sup_{x \in D} f(x) + \inf_{x \in D} g(x) \leqslant \sup_{x \in D} \{f(x) + g(x)\} \leqslant \sup_{x \in D} f(x) + \sup_{x \in D} g(x)$,

并举例说明, 严格不等式可以成立.

B5. 设 f, g 为 D 上的非负有界函数, 证明:

(1) $\inf_{x \in D} f(x) \cdot \inf_{x \in D} g(x) \leqslant \inf_{x \in D} \{f(x)g(x)\}$;

(2) $\sup_{x \in D} \{f(x)g(x)\} \leqslant \sup_{x \in D} f(x) \cdot \sup_{x \in D} g(x)$,

并举例说明, 严格不等式可以成立.

第2章 数列极限

§2.1 数列极限的概念

§2.1.1 数列与数列极限

1. 数列与数列极限

在中学阶段我们就学习过数列. 数列 (sequence) 是指按照某种顺序排列的一列数. 我们主要考虑无穷数列

$$a_1, a_2, \cdots, a_n, \cdots.$$

无穷数列简称为数列, 简记为 $\{a_n\}$. 以下这些都是数列:

$$\left\{\frac{1}{n}\right\}, \{n^2\}, \{(-1)^n\}, \left\{\frac{n}{n+1}\right\}, \left\{\frac{n+1}{n}\right\}.$$

注意, 尽管记号 $\{a_n\}$ 有时也表示集合, 但数列与可列集是不同的: 因为数列强调顺序关系, 不同的顺序表示不同的数列, 而可列集只是从 $\mathbb{N}^+$ 到 $\mathbb{R}$ 的对应的像集, 无顺序要求. 例如, $[0,1]$ 内的有理数有不同的排列方法, 因此可对应不同的数列.

今后, 关于数列 $\{a_n\}$ 的主要任务是研究 a_n 随 n 无限增大时的变化趋势, 即数列极限. 例如, 数列 $\left\{\frac{(-1)^{n-1}}{n}\right\}$, 即

$$1, -\frac{1}{2}, \frac{1}{3}, -\frac{1}{4}, \cdots, \frac{(-1)^{n-1}}{n}, \cdots,$$

容易看到, 当 n 无限增大时, $\frac{(-1)^{n-1}}{n}$ 能无限接近 0. 见图 2.1.1.

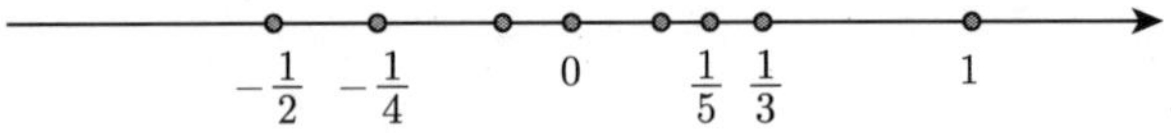

图 2.1.1

同样地, n 无限增大时, $\frac{n}{n+1}$ 能无限接近 1, 其第 n 项 $a_n = \frac{n}{n+1}$ 到 1 的距离为 $\frac{1}{n}$, 当 n 无限增大时, 该距离无限接近 0.

在正式讨论数列极限的严格概念之前, 我们必须提到中国古代数学家的贡献.

2. 刘徽割圆术

刘徽的"割圆术"是中国古代数学的重要成就之一, 它反映了中国先哲们对无限问题的独特认识和处理方式. 在古代数学经典《九章算术》第一章"方田"中有我们现在所熟悉的圆面积公式"半周半径相乘得积步".

魏晋时期的数学家刘徽于公元 263 年撰写了《九章算术注》, 其中专门写了一篇长 1800 余字的注记 —— "割圆术" 来证明圆的面积公式. 他从圆内接正六边形开始. 设圆面积为 S_0, 半径为 r, 圆内接正 n 边形边长为 l_n, 周长为 L_n, 面积为 S_n, 将边数加倍后, 得到圆内接正 $2n$ 边形的边长、周长、面积分别记为 l_{2n}, L_{2n}, S_{2n}. 刘徽用 "勾股术" 得: 若知 L_n, 则可求出圆内接正 $2n$ 边形的面积.

刘徽认为, "觚面之外, 犹有余径, 以面乘余径, 则幂出觚表", 即有

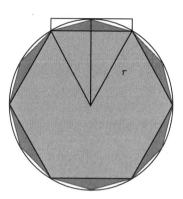

$$S_{2n} < S_0 < S_n + 2(S_{2n} - S_n) = S_{2n} + (S_{2n} - S_n), \quad (2.1.1)$$

见图 2.1.2 $(n = 6)$.

刘徽还指出: "割之弥细, 所失弥少. 割之又割, 以至于不可割, 则与圆周合体而无所失矣." 刘徽思想的可取之处在于用有限认识无限, 用多边形逼近圆形, 不足之处在于所谓 "不可割" 与 "合体", 忽视了无限过程, 永远都不会 "合体". 因此那个时候没有建立起严格的极限概念.

图 2.1.2

在刘徽之后又经历 1500 多年的不断探索, 人们逐步提出了严格的极限概念, 并由西方数学家给出了数列极限形式化的 ε-N 定义.

§2.1.2 数列极限的 ε-N 定义

上面的例子表明, n 无限增大时, a_n 无限接近 a, 是指 n 无限增大时, $a_n - a$ 无限接近 0. 所以刻画数列 $\{a_n\}$ 收敛于 a, 就变成刻画 n 无限增大时 $x_n = a_n - a$ 无限接近 0, 即只要 n 足够大, $|x_n|$ 就可以任意小.

为了刻画 "任意小", 我们引入任意正常数 ε; 为了表示 n "足够大", 我们引入自然数 N. 由此引出如下的数列极限定义.

定义 2.1.1 设 $\{a_n\}$ 是一给定数列.

(1) 常数 a 称为数列 $\{a_n\}$ 的极限 (limit), 如果对于任意给定的 $\varepsilon > 0$, 都存在自然数 N, 使得当 $n > N$ 时, 成立

$$|a_n - a| < \varepsilon, \quad (2.1.2)$$

此时也称数列 $\{a_n\}$ 收敛于 a, 记为

$$\lim_{n \to \infty} a_n = a, \quad (2.1.3)$$

有时也记为

$$a_n \to a \quad (n \to \infty). \quad (2.1.4)$$

(2) 数列 $\{a_n\}$ 称为收敛的 (convergent), 如果存在常数 a, 使数列 $\{a_n\}$ 收敛于 a, 否则称该数列发散 (divergent).

上述定义常称为数列极限的 ε-N 定义. 用逻辑符号来表示数列 $\{a_n\}$ 收敛于 a 即为

$$\forall \varepsilon > 0, \exists N \in \mathbb{N}, \forall n > N : |a_n - a| < \varepsilon.$$

例 2.1.1　证明 $\lim\limits_{n\to\infty} \dfrac{n}{n+3} = 1.$

证明　对任意给定的 $\varepsilon > 0$, 要使

$$\left| \frac{n}{n+3} - 1 \right| = \frac{3}{n+3} < \varepsilon,$$

只须

$$n > \frac{3}{\varepsilon} - 3.$$

N 可以取任意大于 $\dfrac{3}{\varepsilon} - 3$ 的自然数, 例如取 $N = \left[\dfrac{3}{\varepsilon}\right]$, 其中, $\left[\dfrac{3}{\varepsilon}\right]$ 表示 $\dfrac{3}{\varepsilon}$ 的整数部分, 则当 $n > N$ 时, 必有 $n > \dfrac{3}{\varepsilon} - 3$, 于是成立

$$\left| \frac{n}{n+3} - 1 \right| = \frac{3}{n+3} < \varepsilon.$$

因此数列 $\left\{ \dfrac{n}{n+3} \right\}$ 的极限为 1.　　　　　　　　　　　　　　　　　□

同样可证, 对任何实数 a, 都有 $\lim\limits_{n\to\infty} \dfrac{n}{n+a} = 1.$

例 2.1.2　设 $|q| < 1$, 证明 $\lim\limits_{n\to\infty} q^n = 0.$

证明　当 $q = 0$ 时, 对任意 n 都有 $q^n = 0$, 显然数列极限为 0.

当 $0 < |q| < 1$ 时, 对任意给定的 $\varepsilon > 0$, 要找自然数 N, 使得当 $n > N$ 时, 成立

$$|q^n - 0| = |q|^n < \varepsilon,$$

对上式两边取对数, 即得

$$n > \frac{\lg \varepsilon}{\lg |q|}.$$

于是可取 $N = \left[\dfrac{\lg \varepsilon}{\lg |q|} \right]$, 则当 $n > N$ 时, 成立

$$|q^n - 0| = |q|^n < |q|^{\frac{\lg \varepsilon}{\lg |q|}} = \varepsilon,$$

因此 $\lim\limits_{n\to\infty} q^n = 0.$　　　　　　　　　　　　　　　　　　　□

思考　对其他 q, 有什么样的结论?

例 2.1.3　求证 $\lim\limits_{n\to\infty} \dfrac{n^2+1}{3n^2-7n} = \dfrac{1}{3}.$

证明   首先我们有

$$\left|\frac{n^2+1}{3n^2-7n}-\frac{1}{3}\right|=\left|\frac{7n+3}{3n(3n-7)}\right|.$$

当 $n>7$ 时,

$$\left|\frac{7n+3}{3n(3n-7)}\right|<\frac{8n}{6n^2}=\frac{4}{3n}. \tag{2.1.5}$$

于是, 对任意给定的 $\varepsilon>0$, 取 $N=\max\left\{7,\left[\dfrac{4}{3\varepsilon}\right]\right\}$, 当 $n>N$ 时, 成立

$$\left|\frac{n^2+1}{3n^2-7n}-\frac{1}{3}\right|<\frac{4}{3n}<\varepsilon,$$

因此 $\displaystyle\lim_{n\to\infty}\frac{n^2+1}{3n^2-7n}=\frac{1}{3}$. □

同样可证, 对任何常数 a,b 都有 $\displaystyle\lim_{n\to\infty}\frac{n^2+an+b}{3n^2-7n}=\frac{1}{3}$.

例 2.1.4   求证 $\displaystyle\lim_{n\to\infty}(\sqrt{n+1}-\sqrt{n})=0$.

证明   首先有

$$\left|(\sqrt{n+1}-\sqrt{n})-0\right|=\frac{(\sqrt{n+1}-\sqrt{n})(\sqrt{n+1}+\sqrt{n})}{\sqrt{n+1}+\sqrt{n}}=\frac{1}{\sqrt{n+1}+\sqrt{n}}<\frac{1}{2\sqrt{n}}.$$

于是, 对任意给定的 $\varepsilon>0$, 取 $N=\left[\dfrac{1}{4\varepsilon^2}\right]$, 当 $n>N$ 时, 成立

$$\sqrt{n+1}-\sqrt{n}<\frac{1}{2\sqrt{n}}<\varepsilon.$$

因此 $\displaystyle\lim_{n\to\infty}(\sqrt{n+1}-\sqrt{n})=0$. □

例 2.1.5   求证 $\displaystyle\lim_{n\to\infty}(\sqrt{n^2+n}-\sqrt{n^2-n})=1$.

证明   因为

$$n<\sqrt{n^2+n}<n+\frac{1}{2};\ \ n-1<\sqrt{n^2-n}<n-\frac{1}{2},$$

所以我们有

$$\left|(\sqrt{n^2+n}-\sqrt{n^2-n})-1\right|=\frac{2n-\sqrt{n^2+n}-\sqrt{n^2-n}}{\sqrt{n^2+n}+\sqrt{n^2-n}}<\frac{2n-n-(n-1)}{2n-1}=\frac{1}{2n-1},$$

于是, 对任意给定的 $\varepsilon>0$, 取 $N=\left[\dfrac{1}{2\varepsilon}\right]+1$, 当 $n>N$ 时, 成立

$$\left|(\sqrt{n^2+n}-\sqrt{n^2-n})-1\right|\leqslant\frac{1}{2n-1}<\varepsilon.$$

因此 $\displaystyle\lim_{n\to\infty}(\sqrt{n^2+n}-\sqrt{n^2-n})=1$. □

注 2.1.1 (1) 数轴上以 a 为中心、长为 2ε 的小区间 $(a-\varepsilon, a+\varepsilon)$, 称为 a 的 ε 邻域, 记为 $U(a, \varepsilon)$, ε 称为该邻域的半径. 如果不计其半径, 可简称为 a 的邻域, 记为 $U(a)$.

a 的 ε 邻域可以用来刻画与 a 接近的程度. 事实上, a_n 满足不等式 (2.1.2) 等价于 $a_n \in U(a, \varepsilon)$, 即 a_n 在 a 的 ε 邻域内.

于是, 数列 $\{a_n\}$ 收敛于 a 的充分必要条件是对 a 的任意的邻域 $U(a)$, 落在该邻域外的 a_n 至多有有限多个. 参见图 2.1.3.

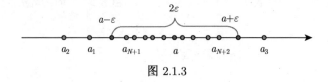

图 2.1.3

(2) 在 ε-N 定义中, 首先, ε 具有任意性, 以此刻画 a_n 与 a 接近的任意性; 其次, 仅当 ε 给定时, 我们才能寻求相应的 N. 为了强调 N 对 ε 的依赖性, 常记作 $N = N(\varepsilon)$. 再次, N 一般并不是 ε 的函数, 因为它并非由 ε 唯一决定. 事实上, 一旦有一个这样的 N 存在, 那么比它大的正整数都可以选作定义中的 N, 因此 N 强调的是存在性, 关键是找到一个符合要求的 N. 正因为如此, 今后我们经常会像例 2.1.3 中那样, 事先可假定 n 大于某正常数, 并像例 2.1.5 那样先适当放大不等式, 以便更容易解得 N. 放大不等式的方法是经常要用到的, 例如例 2.1.4 和例 2.1.5 等.

(3) ε-N 定义是在极限概念出现一百多年后才由 Cauchy、Weierstrass 等大数学家逐步明确提出来的, 正是这样的定义才得以将极限概念严格化, 克服了以往朴素极限概念的弊病, 并得以将微积分建立在严格而坚实的基础之上. 因此, 要想吃透这样的严格定义是需要花时间仔细揣摩和练习的.

例 2.1.6 设 $a > 1$, 证明 $\lim\limits_{n\to\infty} \sqrt[n]{a} = 1$.

证明 令 $\sqrt[n]{a} = 1 + y_n$, $y_n > 0 (n=1,2,3,\cdots)$, 应用二项式定理,

$$a = (1+y_n)^n = 1 + ny_n + \frac{n(n-1)}{2}y_n^2 + \cdots + y_n^n > 1 + ny_n,$$

便得到

$$\left| \sqrt[n]{a} - 1 \right| = |y_n| < \frac{a-1}{n}.$$

于是, 对于任意给定的 $\varepsilon > 0$, 取 $N = \left[\dfrac{a-1}{\varepsilon} \right]$, 当 $n > N$ 时, 成立

$$\left| \sqrt[n]{a} - 1 \right| < \frac{a-1}{n} < \varepsilon.$$

因此 $\lim\limits_{n\to\infty} \sqrt[n]{a} = 1$. $\qquad\square$

例 2.1.7 证明 $\lim\limits_{n\to\infty} \sqrt[n]{n} = 1$.

证明 令 $\sqrt[n]{n} = 1 + y_n$, $y_n > 0$, $n = 2,3,\cdots$, 应用二项式定理得

$$n = (1+y_n)^n = 1 + ny_n + \frac{n(n-1)}{2}y_n^2 + \cdots + y_n^n > \frac{n(n-1)}{2}y_n^2,$$

因此,

$$\left| \sqrt[n]{n} - 1 \right| = |y_n| < \sqrt{\frac{2}{n-1}}.$$

于是, 对于任意给定的 $\varepsilon > 0$, 取 $N = \left[1 + \dfrac{2}{\varepsilon^2} \right]$, 当 $n > N$ 时, 成立

$$\left| \sqrt[n]{n} - 1 \right| < \sqrt{\frac{2}{n-1}} < \varepsilon,$$

即 $\lim\limits_{n \to \infty} \sqrt[n]{n} = 1.$ □

例 2.1.8 证明数列 $\{(-1)^{n-1}\}$ 发散.

证明 记 $a_n = (-1)^{n-1}$. 根据定义要证任何实数 a 都不是该数列的极限.

首先证明 $a = 1$ 不是它的极限. 对正数 $\varepsilon < 1$, a 的 ε 邻域外总包含这个数列的所有偶数项 $a_{2n} = -1$, 因此 $a = 1$ 不是它的极限.

其次, 对任何 $a \neq 1$, 它同样也不是该数列的极限. 事实上, 对 $\varepsilon = \dfrac{|a-1|}{2}$, a 的 ε 邻域外总包含这个数列的所有奇数项 $a_{2n-1} = 1$, 因此 $a \neq 1$ 也不是该数列的极限. □

习 题 2.1

A1. 按 ε-N 定义证明:

(1) $\lim\limits_{n \to \infty} \dfrac{n-1}{n+1} = 1;$ (2) $\lim\limits_{n \to \infty} \dfrac{2n^2 + n}{4n^2 + n - 1} = \dfrac{1}{2};$ (3) $\lim\limits_{n \to \infty} \dfrac{n!}{n^n} = 0;$

(4) $\lim\limits_{n \to \infty} \dfrac{\sqrt{n^2 + 2n}}{n} = 1;$ (5) $\lim\limits_{n \to \infty} \dfrac{1 + 2 + 3 + \cdots + n}{n^3} = 0;$ (6) $\lim\limits_{n \to \infty} \left(1 + \dfrac{(-1)^n}{n} \right) = 1.$

A2. 按 ε-N 定义证明:

(1) $\lim\limits_{n \to \infty} \sqrt[n]{n^2 + 1} = 1;$ (2) $\lim\limits_{n \to \infty} (\sqrt{n^2 + n} - n) = \dfrac{1}{2};$

(3) $\lim\limits_{n \to \infty} a_n = 1$, 其中, $a_n = \begin{cases} 1 - 3^{-n}, & n \text{为偶数}, \\ \dfrac{\sqrt{n^2 + 2n}}{n}, & n \text{为奇数}. \end{cases}$

A3. 证明: 若 $\lim\limits_{n \to \infty} a_n = a$, 则对任一正整数 k, 有 $\lim\limits_{n \to \infty} a_{n+k} = a$.

A4. 证明: 若 $\lim\limits_{n \to \infty} a_n = a \geqslant 0$, 则 $\lim\limits_{n \to \infty} \sqrt{a_n} = \sqrt{a}$.

B5. 例 2.1.7 中应用二项式定理证明了重要极限 $\lim\limits_{n \to \infty} \sqrt[n]{n} = 1$. 也可应用平均值不等式再证此结论. 提示:

$$1 \leqslant \sqrt[n]{n} = (\sqrt{n} \cdot \sqrt{n} \cdot \underbrace{1 \cdot 1 \cdot \cdots \cdot 1}_{n-2})^{\frac{1}{n}} \leqslant \frac{2\sqrt{n} + n}{n}.$$

C6. 试给出 $\{a_n\}$ 不以 a 为极限的正面陈述, 并由此证明:

(1) 数列 $\left\{ \dfrac{1}{n} \right\}$ 不以 1 为极限; (2) 数列 $\{n^{(-1)^n}\}$ 发散.

C7. 下列条件是否与 $\lim\limits_{n \to \infty} x_n = a$ 的 ε-N 定义等价? 为什么?

(1) 对任意的 $\varepsilon > 0$, 总存在自然数 N, 当 $n \geqslant N$ 时, 有 $|x_n - a| \leqslant \varepsilon;$

(2) 对任意自然数 k, 总存在自然数 N_k, 当 $n > N_k$ 时, 有 $|x_n - a| < \dfrac{1}{k}$;

(3) 对无穷多个 $\varepsilon > 0$, 总存在自然数 N, 当 $n > N$ 时, 有 $|x_n - a| < \varepsilon$;

(4) 对任意的 $\varepsilon > 0$, 总存在无穷多个 x_n, 使 $|x_n - a| < \varepsilon$;

(5) 对任意自然数 k, 只有有限个 x_n 位于区间 $\left(a - \dfrac{1}{k}, a + \dfrac{1}{k}\right)$ 之外;

(6) 存在正数 M, 对任意的 $\varepsilon > 0$, 总存在自然数 N, 当 $n > N$ 时, 有 $|x_n - a| < M\varepsilon$;

(7) 对任意的 $\varepsilon > 0$, 存在正数 M 和自然数 N, 当 $n > N$ 时, 有 $|x_n - a| < M\varepsilon$.

§2.2　数列极限的性质

§2.2.1　数列极限的基本性质

收敛的数列有一些基本性质, 分述如下.

1. 极限的唯一性

定理 2.2.1　收敛数列的极限必是唯一的.

证明　假设 $\{x_n\}$ 有极限 a 与 b, 根据极限的定义, $\forall \varepsilon > 0$,

$$\exists N_1, \forall n > N_1 : |x_n - a| < \frac{\varepsilon}{2};$$

$$\exists N_2, \forall n > N_2 : |x_n - b| < \frac{\varepsilon}{2}.$$

取 $N = \max\{N_1, N_2\}$, 则当 $n > N$ 时, 上述两个不等式同时成立. 于是由三角不等式有

$$\begin{aligned}
|a - b| &= |a - x_n + x_n - b| \\
&\leqslant |x_n - a| + |x_n - b| < \frac{\varepsilon}{2} + \frac{\varepsilon}{2} = \varepsilon.
\end{aligned}$$

由 ε 的任意性即知 $a = b$. □

2. 收敛的必要条件

定理 2.2.2　收敛数列必有界.

证明　设数列 $\{x_n\}$ 收敛于 a, 由极限的定义, 对 $\varepsilon = 1$, $\exists N, \forall n > N : |x_n - a| < 1$, 即

$$a - 1 < x_n < a + 1.$$

取 $M = \max\{x_1, x_2, \cdots, x_N, a + 1\}$, $m = \min\{x_1, x_2, \cdots, x_N, a - 1\}$, 则对 $\{x_n\}$ 所有项都满足 $m \leqslant x_n \leqslant M$. 因此 $\{x_n\}$ 有界. □

注意: 该定理的逆命题不成立, 即有界数列未必收敛. 例如, $\{(-1)^n\}$.

3. 保序性

定理 2.2.3 (保序性)　若 $\lim\limits_{n\to\infty} a_n = a$, $\lim\limits_{n\to\infty} b_n = b$, 且 $a < b$, 则存在正整数 N, 当 $n > N$ 时, 成立 $a_n < b_n$.

证明 取 $\varepsilon = \dfrac{b-a}{2} > 0$. 由 $\lim\limits_{n\to\infty} a_n = a$, $\exists N_1, \forall n > N_1 : |a_n - a| < \dfrac{b-a}{2}$, 因而

$$a_n < a + \frac{b-a}{2} = \frac{a+b}{2}.$$

而由 $\lim\limits_{n\to\infty} b_n = b$, $\exists N_2, \forall n > N_2 : |b_n - b| < \dfrac{b-a}{2}$, 因而

$$b_n > b - \frac{b-a}{2} = \frac{a+b}{2}.$$

取 $N = \max\{N_1, N_2\}$, 则 $\forall n > N$, 有

$$a_n < \frac{a+b}{2} < b_n.$$

$\square$

推论 2.2.1 (保号性) 设数列 $\lim\limits_{n\to\infty} b_n = b$, 则对任何 $a < b < c$, 存在正整数 N, 当 $n > N$ 时, 必有 $a < b_n < c$. 特别地, 若数列的极限为正, 则从某一项开始数列的每一项都为正.

证明 在保序性定理中, 任取定 $a < b, a_n \equiv a, n \in \mathbb{N}$, 则存在 $N > 0$, $n > N : b_n > a_n = a$. 同理, 存在 $N > 0$, $n > N : b_n < c$. $\square$

由数列极限的保序性和反证法立得下面的极限的不等式性质.

推论 2.2.2 (不等式性质) 设 $\lim\limits_{n\to\infty} a_n = a$, $\lim\limits_{n\to\infty} b_n = b$, 且从某一项开始, $a_n \leqslant b_n$, 则 $a \leqslant b$.

注 2.2.1 即使 $a_n < b_n, \forall n \in \mathbb{N}^+$, 也未必有 $a < b$. 例如, $a_n = \dfrac{1}{n}, b_n = \dfrac{2}{n}, a_n < b_n$, 但 $a = b$.

4. 绝对值性质

定理 2.2.4 设数列 $\{a_n\}$ 收敛于 a, 则 $\{|a_n|\}$ 收敛于 $|a|$.

证明 由数列 $\{a_n\}$ 收敛到 a 可知: $\forall \varepsilon > 0, \exists N, \forall n > N : |a_n - a| < \varepsilon$. 此时对于数列 $|a_n|$ 有

$$||a_n| - |a|| \leqslant |a_n - a| < \varepsilon,$$

故 $\{|a_n|\}$ 收敛于 $|a|$. $\square$

思考 该定理的逆命题成立吗?

5. 夹逼性质 (迫敛性质) (squeezing principle)

定理 2.2.5 给定三个数列 $\{x_n\}$, $\{y_n\}$, $\{z_n\}$, 若从某项开始成立

$$x_n \leqslant y_n \leqslant z_n, \tag{2.2.1}$$

且

$$\lim_{n\to\infty} x_n = \lim_{n\to\infty} z_n = a,$$

则 $\lim\limits_{n\to\infty} y_n = a$.

证明　假设从 N_0 项开始不等式 (2.2.1) 成立.

$\forall \varepsilon > 0$, 由 $\lim\limits_{n\to\infty} x_n = a$, 可知 $\exists N_1, \forall n > N_1 : |x_n - a| < \varepsilon$, 从而有

$$a - \varepsilon < x_n;$$

由 $\lim\limits_{n\to\infty} z_n = a$, 可知 $\exists N_2, \forall n > N_2 : |z_n - a| < \varepsilon$, 从而有

$$z_n < a + \varepsilon.$$

取 $N = \max\{N_0, N_1, N_2\}$, 则 $\forall n > N$, 有:

$$a - \varepsilon < x_n \leqslant y_n \leqslant z_n < a + \varepsilon,$$

此即

$$|y_n - a| < \varepsilon,$$

所以 $\lim\limits_{n\to\infty} y_n = a$. □

注 2.2.2　夹逼性质是判断数列收敛并求出极限值的重要方法之一. 在求比较复杂的数列 $\{y_n\}$ 的极限时, 往往需要先进行适当的放大与缩小. 例如, 将 y_n 放大为 z_n, 缩小为 x_n, 如果 $\{x_n\}$ 和 $\{z_n\}$ 的极限易求, 且两者相同, 则由上面的夹逼性质即可求出 $\{y_n\}$ 的极限. 请仔细琢磨下面的例 2.2.1.

例 2.2.1　求极限 $\lim\limits_{n\to\infty} \sqrt[n]{3^n + 4^n} = 4$.

解　由

$$4 = \sqrt[n]{4^n} \leqslant \sqrt[n]{3^n + 4^n} \leqslant \sqrt[n]{2 \cdot 4^n} = 4\sqrt[n]{2},$$

且由 $\lim\limits_{n\to\infty} \sqrt[n]{2} = 1$, 及极限夹逼性质, 得到

$$\lim\limits_{n\to\infty} \sqrt[n]{3^n + 4^n} = 4.$$

一般地, 对任何 k 个正数 $a_1, a_2, \cdots, a_k$, 有

$$\lim\limits_{n\to\infty} \sqrt[n]{a_1^n + a_2^n + \cdots + a_k^n} = \max\{a_1, a_2, \cdots, a_k\}.$$

证明留作习题.

§2.2.2　数列极限的四则运算性质

收敛数列有如下四则运算 (rational operation) 法则.

定理 2.2.6　设 $\lim\limits_{n\to\infty} a_n = a$, $\lim\limits_{n\to\infty} b_n = b$, α, β 为常数, 则

(1) $\lim\limits_{n\to\infty} (\alpha a_n + \beta b_n) = \alpha a + \beta b$;

(2) $\lim\limits_{n\to\infty} a_n b_n = ab$;

(3) $\lim\limits_{n\to\infty} \dfrac{a_n}{b_n} = \dfrac{a}{b}, (b \neq 0)$.

证明 由 $\lim\limits_{n\to\infty} a_n = a$, 可知 $\exists X > 0$, 使得 $|a_n| \leqslant X$, 且 $\forall \varepsilon > 0$, $\exists N_1$, $\forall n > N_1$: $|a_n - a| < \varepsilon$. 再由 $\lim\limits_{n\to\infty} b_n = b$, 可知 $\exists N_2$, $\forall n > N_2 : |b_n - b| < \varepsilon$.

取 $N = \max\{N_1, N_2\}$, $\forall n > N$:

$$|(\alpha a_n + \beta b_n) - (\alpha a + \beta b)|$$

$$\leqslant |\alpha| \cdot |a_n - a| + |\beta| \cdot |b_n - b| < (|\alpha| + |\beta|)\varepsilon,$$

以及

$$|a_n b_n - ab| = |a_n(b_n - b) + b(a_n - a)| < (X + |b|)\varepsilon,$$

因此 (1) 和 (2) 成立.

最后证明 (3). 由数列极限的绝对值性质知, $|b_n| \to |b|$, 再由保号性的证明过程知, $\exists N_0, \forall n > N_0 : |b_n| > \dfrac{|b|}{2}$. 取 $N = \max\{N_0, N_1, N_2\}$, $\forall n > N$:

$$\left| \frac{a_n}{b_n} - \frac{a}{b} \right| = \left| \frac{b(a_n - a) - a(b_n - b)}{b_n b} \right| < \frac{2(|a| + |b|)}{b^2} \varepsilon.$$

因此 (3) 也成立. $\qquad\qquad\qquad\qquad\qquad\qquad\qquad\qquad\qquad\qquad\qquad\square$

例 2.2.2 求极限 $\lim\limits_{n\to\infty} \dfrac{n^2 + 1}{3n^2 - 7n}$.

解 由于

$$\frac{n^2 + 1}{3n^2 - 7n} = \frac{1 + \dfrac{1}{n^2}}{3 - \dfrac{7}{n}},$$

而 $\lim\limits_{n\to\infty} \left(1 + \dfrac{1}{n^2} \right) = 1$, $\lim\limits_{n\to\infty} \left(3 - \dfrac{7}{n} \right) = 3$, 所以

$$\lim_{n\to\infty} \frac{n^2 + 1}{3n^2 - 7n} = \frac{1}{3}.$$

例 2.2.3 求极限 $\lim\limits_{n\to\infty} \dfrac{4^{n+1} - (-3)^n}{5 \cdot 4^n + 2 \cdot 3^{n+1}}$.

解 将分子与分母同除以 4^n, 即可得

$$\lim_{n\to\infty} \frac{4^{n+1} - (-3)^n}{5 \cdot 4^n + 2 \cdot 3^{n+1}} = \lim_{n\to\infty} \frac{4 - \left(\dfrac{-3}{4} \right)^n}{5 + 6 \cdot \left(\dfrac{3}{4} \right)^n} = \frac{4}{5}.$$

例 2.2.4 设 $a > 0$, 证明 $\lim\limits_{n\to\infty} \sqrt[n]{a} = 1$.

解 已经知道当 $a > 1$ 时, $\lim\limits_{n\to\infty} \sqrt[n]{a} = 1$. 当 $a = 1$ 时, 结论是显然的. 现考虑 $0 < a < 1$. 这时 $\dfrac{1}{a} > 1$, 利用极限的四则运算,

$$\lim_{n\to\infty} \sqrt[n]{a} = \lim_{n\to\infty} \frac{1}{\sqrt[n]{\dfrac{1}{a}}} = 1.$$

例 2.2.5　设 $\lim\limits_{n\to\infty} a_n = a$, 则

$$\lim_{n\to\infty} \frac{a_1 + a_2 + \cdots + a_n}{n} = a.$$

证明　先假设 $a = 0$. 则对任意给定的 $\varepsilon > 0$, 存在正整数 N_1, 当 $n > N_1$ 时, 成立

$$|a_n| < \frac{\varepsilon}{2}. \tag{2.2.2}$$

由于 $a_1 + a_2 + \cdots + a_{N_1}$ 是一个固定的数, 因此可以取 $N > N_1$, 使得当 $n > N$ 时成立

$$\left| \frac{a_1 + a_2 + \cdots + a_{N_1}}{n} \right| < \frac{\varepsilon}{2}. \tag{2.2.3}$$

于是, 当 $n > N$ 时, 式 (2.2.2) 和式 (2.2.3) 都成立. 再利用三角不等式就得到:

$$\begin{aligned}
\left| \frac{a_1 + a_2 + \cdots + a_n}{n} \right| &= \left| \frac{a_1 + a_2 + \cdots + a_{N_1}}{n} + \frac{a_{N_1+1} + a_{N_1+2} + \cdots + a_n}{n} \right| \\
&\leqslant \left| \frac{a_1 + a_2 + \cdots + a_{N_1}}{n} \right| + \left| \frac{a_{N_1+1} + a_{N_1+2} + \cdots + a_n}{n} \right| \\
&< \frac{\varepsilon}{2} + \frac{\varepsilon}{2} \cdot \frac{n - N_1}{n} < \varepsilon.
\end{aligned}$$

当 $a \neq 0$ 时, $\{a_n - a\}$ 极限为 0, 于是应用刚证得的结果就有

$$\begin{aligned}
&\lim_{n\to\infty} \left(\frac{a_1 + a_2 + \cdots + a_n}{n} - a \right) \\
&= \lim_{n\to\infty} \frac{(a_1 - a) + (a_2 - a) + \cdots + (a_n - a)}{n} = 0.
\end{aligned}$$

此即

$$\lim_{n\to\infty} \frac{a_1 + a_2 + \cdots + a_n}{n} = a. \qquad \square$$

§2.2.3　无穷小数列与无穷大数列

本小节专门研究两类特殊的数列, 即无穷小数列与无穷大数列, 并介绍处理所谓 $\frac{\infty}{\infty}$ 型不定式极限的 Stolz 公式.

1. 无穷小数列

定义 2.2.1　若数列 $\{a_n\}$ 极限为 0, 则称 $\{a_n\}$ 为无穷小数列 (infinitely small sequence), 或无穷小量 (infinitesimal).

易见 $\left\{ \dfrac{1}{1 + \sqrt{n}} \right\}$ 是无穷小数列, $\left\{ \dfrac{n!}{n^n} \right\}$ 也是无穷小数列: $0 < \dfrac{n!}{n^n} \leqslant \dfrac{1}{n}$, $\forall n \in \mathbb{N}^+$.

由极限性质容易证明下面的命题 (证明留作习题).

命题 2.2.1　无穷小数列具有下列性质:

(1) $\lim\limits_{n\to\infty} a_n = a \Longleftrightarrow \{a_n - a\}$ 为无穷小数列 $\Longleftrightarrow a_n = a + \alpha_n$, 其中 α_n 为无穷小数列;

(2) $\{a_n\}$ 为无穷小数列 $\iff \{|a_n|\}$ 为无穷小数列;

(3) 两个无穷小数列的和、差以及乘积仍然为无穷小数列;

(4) 设 $\{a_n\}$ 为无穷小数列, $\{b_n\}$ 为有界数列, 则 $\{a_nb_n\}$ 为无穷小数列.

2. 无穷大数列

定义 2.2.2 若对于任意给定的 $G > 0$, 可以找到正整数 N, 使得当 $n > N$ 时成立 $|a_n| > G$, 则称数列 $\{a_n\}$ 是无穷大数列 (infinitely large sequence), 或无穷大量 (infinitely large quantity), 记为 $\lim\limits_{n\to\infty} a_n = \infty$. 此时也称数列的广义极限是 ∞.

如果无穷大数列 $\{a_n\}$ 从某一项开始都是正的 (或都是负的), 则称其为正无穷大数列 (positive infinitely large quantity)(或负无穷大数列 (negative infinitely large quantity)), 统称为定号无穷大数列, 分别记为 $\lim\limits_{n\to\infty} a_n = +\infty$, 或 $\lim\limits_{n\to\infty} a_n = -\infty$.

例如: $\{n^2\}$ 是正无穷大数列, $\{-2^n\}$ 是负无穷大数列, 而 $\{(-2)^n\}$ 是 (不定号) 无穷大数列.

注 2.2.3 在极限定义 2.1.1 中, 我们用 ε 表示任意给定的小正数, 与此相类似, 这里的 G 表示任意给定的大正数, 我们可以事先要求它大于某个正数, 但不能要求它小于某个正数.

也与定义 2.1.1 一样, 这里 G 既是任意的, 又是给定的: 对于给定的 G, 我们寻找 N, 一般来说, $N = N(G)$ 表示 N 与 G 有关, 但不是说由 N 唯一确定. 事实上, 我们只要找到一个 N, 则对任何 $N' > N$, 都可以作为定义中的 N.

例 2.2.6 证明: $|q| > 1$ 时, 数列 $\{q^n\}$ 为无穷大数列, 特别地, 若 $q > 1$, 则 $\{q^n\}$ 为正无穷大数列.

证明 $\forall G > 1$, 取 $N = \left[\dfrac{\lg G}{\lg |q|}\right]$, 于是 $\forall n > N$, 成立

$$|q|^n > |q|^{\frac{\lg G}{\lg |q|}} = G,$$

因此, q^n 是无穷大数列. 当 $q > 1$ 时, q^n 趋于 $+\infty$, 是正无穷大数列. □

例 2.2.7 证明: $\left\{\dfrac{n^2-1}{n+5}\right\}$ 是正无穷大数列.

证明 当 $n > 5$ 时, 有不等式

$$\frac{n^2-1}{n+5} > \frac{n}{2},$$

于是, $\forall G > 0$, 取 $N = \max\{[2G], 5\}$, 当 $\forall n > N$ 时成立

$$\frac{n^2-1}{n+5} > \frac{n}{2} > G.$$

因此 $\left\{\dfrac{n^2-1}{n+5}\right\}$ 是正无穷大数列. □

例 2.2.8 证明 $\left\{\dfrac{1}{\sqrt{n+1}} + \dfrac{1}{\sqrt{n+2}} + \cdots + \dfrac{1}{\sqrt{2n}}\right\}$ 是正无穷大数列.

证明　由于

$$\frac{1}{\sqrt{n+1}} + \frac{1}{\sqrt{n+2}} + \cdots + \frac{1}{\sqrt{2n}} > \frac{n}{\sqrt{2n}} = \sqrt{\frac{n}{2}},$$

于是, $\forall G > 0$, 取 $N = [2G^2]$, 当 $\forall n > N$ 时成立

$$\frac{1}{\sqrt{n+1}} + \frac{1}{\sqrt{n+2}} + \cdots + \frac{1}{\sqrt{2n}} > \sqrt{\frac{n}{2}} > G.$$

因此 $\left\{ \dfrac{1}{\sqrt{n+1}} + \dfrac{1}{\sqrt{n+2}} + \cdots + \dfrac{1}{\sqrt{2n}} \right\}$ 是正无穷大数列.　□

例 2.2.9　证明: $\{n \cos n\pi\}$ 是无穷大数列. 问: $\left\{ n \cos \dfrac{n\pi}{2} \right\}$ 是否为无穷大数列? 是否为无界数列?

证明　由于 $|\cos n\pi| = 1$, 则 $\forall G > 0$, 取 $N = [G]+1$, 则可知当 $n > N$ 时, $|n\cos n\pi| > G$, 故 $\{n \cos n\pi\}$ 是无穷大数列.

由于当 n 为奇数时, $\cos \dfrac{n\pi}{2} = 0$, 则给定 $G > 0$, 无论 N 取多大, 只需取 $n = 2N+1$, 则 $\left| n\cos \dfrac{n\pi}{2} \right| = 0 < G$, 显然 $\left\{ n\cos \dfrac{n\pi}{2} \right\}$ 不是无穷大数列, 但当 n 取偶数时, $\left| n\cos \dfrac{n\pi}{2} \right| \to \infty$, $n \to \infty$, 故 $\left\{ n\cos \dfrac{n\pi}{2} \right\}$ 是无界数列.　□

类似于无穷小量的性质, 容易证明:

命题 2.2.2　无穷大量具有下列性质:

(1) 同号无穷大数列之和仍然是该符号的无穷大数列, 而异号无穷大数列之差是无穷大数列, 其符号与被减无穷大数列的符号相同;

(2) 无穷大数列与有界数列之和或差仍然是无穷大数列;

(3) 同号无穷大数列之积为正无穷大数列, 而异号无穷大数列之积为负无穷大数列;

(4) 设 $\{a_n\}$ 是无穷大数列, 若存在 $\delta > 0, N > 0$, 使 $\forall n > N$, 都有 $|b_n| \geqslant \delta$, 则 $\{a_n b_n\}$ 是无穷大数列.

特别地, 若 $\{a_n\}$ 是无穷大数列, $\lim\limits_{n\to\infty} b_n = b \neq 0$, 则 $\left\{ \dfrac{a_n}{b_n} \right\}$ 是无穷大数列.

例 2.2.10　易见下列结果成立.

(1) $\lim\limits_{n\to\infty} (2^n + \lg n) = +\infty$;　　　　(2) $\lim\limits_{n\to\infty} \left(n - \lg \dfrac{1}{n} \right) = +\infty$;

(3) $\lim\limits_{n\to\infty} \lg n \arctan n = +\infty$;　　　(4) $\lim\limits_{n\to\infty} \dfrac{n}{\cos n} = \infty$.

注 2.2.4　一般来说, 两个同号无穷大数列之差是不定的. 例 2.1.4、例 2.1.5 以及例 2.2.10(2) 虽然都是 $\infty - \infty$ 型的极限, 但前两者极限都存在, 而例 2.2.10(2) 极限不存在. 因此, 对这类极限四则运算法则不成立.

例 2.2.11　讨论极限

$$\lim_{n\to\infty} \frac{a_0 n^k + a_1 n^{k-1} + \cdots + a_{k-1} n + a_k}{b_0 n^l + b_1 n^{l-1} + \cdots + b_{l-1} n + b_l},$$

式中, k, l 为正整数, $a_0 \cdot b_0 \neq 0$.

解

$$\frac{a_0 n^k + a_1 n^{k-1} + \cdots + a_{k-1} n + a_k}{b_0 n^l + b_1 n^{l-1} + \cdots + b_{l-1} n + b_l} = n^{k-l} \frac{a_0 + \dfrac{a_1}{n} + \cdots + \dfrac{a_{k-1}}{n^{k-1}} + \dfrac{a_k}{n^k}}{b_0 + \dfrac{b_1}{n} + \cdots + \dfrac{b_{l-1}}{n^{l-1}} + \dfrac{b_l}{n^l}}.$$

由

$$\lim_{n\to\infty} \frac{a_0 + \dfrac{a_1}{n} + \cdots + \dfrac{a_{k-1}}{n^{k-1}} + \dfrac{a_k}{n^k}}{b_0 + \dfrac{b_1}{n} + \cdots + \dfrac{b_{l-1}}{n^{l-1}} + \dfrac{b_l}{n^l}} = \frac{a_0}{b_0} \neq 0,$$

可以得到

$$\lim_{n\to\infty} \frac{a_0 n^k + a_1 n^{k-1} + \cdots + a_{k-1} n + a_k}{b_0 n^l + b_1 n^{l-1} + \cdots + b_{l-1} n + b_l} = \begin{cases} 0, & k < l, \\ \dfrac{a_0}{b_0}, & k = l, \\ \infty, & k > l. \end{cases}$$

例 2.2.12 设 k 为任一实数, 证明: (1) $\lim\limits_{n\to\infty} \dfrac{n^k}{2^n} = 0$; (2) $\lim\limits_{n\to\infty} (2^n - n^k) = +\infty$.

证明 (1) 我们只证 $k = 1$ 的情形. 由 $2^n = (1+1)^n$ 及二项式定理易得

$$2^n \geqslant \frac{n(n-1)}{2},$$

因此 $\lim\limits_{n\to\infty} \dfrac{n}{2^n} = 0$.

(2) $2^n - n = 2^n \left(1 - \dfrac{n}{2^n}\right)$, 由 (1) 知, n 充分大时 $2^n - n > 2^{n-1}$, 因此结论获证. □

3. 无穷小数列与无穷大数列的关系

容易想到无穷小数列与无穷大数列的如下关系:

定理 2.2.7 设 $\forall n \in \mathbb{N}^+$, $x_n \neq 0$, 则 $\{x_n\}$ 是无穷大数列当且仅当 $\left\{\dfrac{1}{x_n}\right\}$ 是无穷小数列.

证明 设 $\{x_n\}$ 是无穷大数列. $\forall \varepsilon > 0$, 对 $G = \dfrac{1}{\varepsilon} > 0$, 必 $\exists N, \forall n > N$, 有 $|x_n| > G = \dfrac{1}{\varepsilon}$, 从而 $\left|\dfrac{1}{x_n}\right| < \varepsilon$, 即 $\left\{\dfrac{1}{x_n}\right\}$ 是无穷小数列.

反过来, 设 $\left\{\dfrac{1}{x_n}\right\}$ 是无穷小数列, $\forall G > 0$, 取 $\varepsilon = \dfrac{1}{G} > 0$, 于是 $\exists N, \forall n > N$: $\left|\dfrac{1}{x_n}\right| < \varepsilon = \dfrac{1}{G}$, 从而 $|x_n| > G$, 即 $\{x_n\}$ 是无穷大数列. □

4. 不定式极限与 Stolz 定理

本段专门讨论所谓待定型或不定式的极限 (indeterminate limit). 由命题 2.2.1 知道, 两个无穷小数列的和、差、积都必定是无穷小数列. 但两个无穷小数列的商却未必是无穷小数列, 甚至有可能是无界的量, 所以无法给出类似命题 2.2.1 那样的一般的判断. 一般地, 我们把两个无穷小数列的商称为是 $\frac{0}{0}$ 型的不定式, 或待定型.

总结一下, 不定式的类型共有七种, 我们以易于理解的符号表示如下:

$$\frac{0}{0}, \quad \frac{\infty}{\infty}, \quad 0 \cdot \infty, \quad \infty - \infty, \quad 1^{\infty}, \quad \infty^0, \quad 0^0.$$

其中最基本的类型是

$$\frac{0}{0}, \frac{\infty}{\infty}.$$

说它们基本, 因为其他形式的不定式极限都可以化为这两种不定式极限来处理.

下面的 Stolz 定理是处理 $\frac{\infty}{\infty}$ 型不定式极限的重要工具之一.

定理 2.2.8(Stolz 定理) 给定两数列 $\{x_n\}$ 和 $\{y_n\}$, 其中 $\{y_n\}$ 为严格单调递增的正无穷大数列, 即

$$y_n < y_{n+1}, \forall n \in \mathbb{N}^+; \; y_n \to +\infty, n \to \infty,$$

且

$$\lim_{n \to \infty} \frac{x_n - x_{n-1}}{y_n - y_{n-1}} = a \, (a\text{可以为有限数, 或} \pm \infty),$$

则

$$\lim_{n \to \infty} \frac{x_n}{y_n} = a.$$

证明   (1) 先考虑 $a = 0$ 的情况.

由 $\lim\limits_{n \to \infty} \dfrac{x_n - x_{n-1}}{y_n - y_{n-1}} = 0$ 可知, $\forall \varepsilon > 0, \exists N_1, \forall n > N_1$, 有

$$|x_n - x_{n-1}| < \varepsilon(y_n - y_{n-1}).$$

由于 $\{y_n\}$ 是正无穷大数列, 显然可要求 $y_{N_1} > 0$, 于是

$$|x_n - x_{N_1}| \leqslant |x_n - x_{n-1}| + |x_{n-1} - x_{n-2}| + \cdots + |x_{N_1+1} - x_{N_1}|$$

$$< \varepsilon(y_n - y_{n-1}) + \varepsilon(y_{n-1} - y_{n-2}) + \cdots + \varepsilon(y_{N_1+1} - y_{N_1}) = \varepsilon(y_n \quad y_{N_1}).$$

不等式两边同除以 y_n, 得到

$$\left| \frac{x_n}{y_n} - \frac{x_{N_1}}{y_n} \right| \leqslant \left(1 - \frac{y_{N_1}}{y_n} \right) \varepsilon < \varepsilon.$$

对上述 N_1, 又可以取到 $N > N_1$, 使得 $\forall n > N$, 有 $\left| \dfrac{x_{N_1}}{y_n} \right| < \varepsilon$, 从而再由三角不等式可得

$$\left| \frac{x_n}{y_n} \right| < \varepsilon + \left| \frac{x_{N_1}}{y_n} \right| < 2\varepsilon.$$

(2) 再考虑 $a \neq 0$ 为有限数的情况. 令 $x_n' = x_n - a y_n$, 于是由

$$\lim_{n \to \infty} \frac{x_n' - x_{n-1}'}{y_n - y_{n-1}} = \lim_{n \to \infty} \frac{x_n - x_{n-1}}{y_n - y_{n-1}} - a = 0$$

得到 $\lim\limits_{n\to\infty}\dfrac{x_n'}{y_n}=0$, 从而

$$\lim_{n\to\infty}\frac{x_n}{y_n}=\lim_{n\to\infty}\frac{x_n'}{y_n}+a=a.$$

(3) 考虑 $a=+\infty$ 情况. 首先 $\exists N, \forall n>N$, 有

$$x_n-x_{n-1}>y_n-y_{n-1}.$$

这说明 $\{x_n\}$ 也是严格单调增加, 且从 $x_n-x_N>y_n-y_N$ 可知, $\{x_n\}$ 是正无穷大数列.
将 (1) 的结论应用到 $\left\{\dfrac{y_n}{x_n}\right\}$, 得到

$$\lim_{n\to\infty}\frac{y_n}{x_n}=\lim_{n\to\infty}\frac{y_n-y_{n-1}}{x_n-x_{n-1}}=0.$$

因而

$$\lim_{n\to\infty}\frac{x_n}{y_n}=+\infty.$$

(4) 对于 $a=-\infty$ 的情况, 证明方法类同, 请读者自己完成. □

应用该定理, 很容易证明前面用 ε-N 定义证明过的例 2.2.5: 即若 $\lim\limits_{n\to\infty}a_n=a$, 则

$$\lim_{n\to\infty}\frac{a_1+a_2+\cdots+a_n}{n}=a.$$

下面再看两个例子.

例 2.2.13 设 $\lim\limits_{n\to\infty}a_n=a$, 求极限

$$\lim_{n\to\infty}\frac{a_1+2a_2+\cdots+na_n}{n^2}.$$

解 令 $x_n=a_1+2a_2+\cdots+na_n$, $y_n=n^2$, 则 $\{y_n\}$ 是严格单调递增的正无穷大数列, 由

$$\lim_{n\to\infty}\frac{x_n-x_{n-1}}{y_n-y_{n-1}}=\lim_{n\to\infty}\frac{na_n}{n^2-(n-1)^2}$$
$$=\lim_{n\to\infty}\frac{na_n}{2n-1}=\frac{a}{2},$$

得到

$$\lim_{n\to\infty}\frac{a_1+2a_2+\cdots+na_n}{n^2}=\frac{a}{2}.$$

例 2.2.14 求极限

$$\lim_{n\to\infty}\frac{1^k+2^k+\cdots+n^k}{n^{k+1}} \text{ (其中} k \text{为自然数)}.$$

解 令 $x_n = 1^k + 2^k + \cdots + n^k,\ y_n = n^{k+1}$, 由

$$\lim_{n\to\infty} \frac{x_n - x_{n-1}}{y_n - y_{n-1}} = \lim_{n\to\infty} \frac{n^k}{n^{k+1} - (n-1)^{k+1}}$$

$$= \lim_{n\to\infty} \frac{n^k}{(k+1)n^k - C_{k+1}^2 n^{k-1} + \cdots} = \frac{1}{k+1},$$

得到

$$\lim_{n\to\infty} \frac{1^k + 2^k + \cdots + n^k}{n^{k+1}} = \frac{1}{k+1}.$$

注 2.2.5 Stolz 定理对 $\dfrac{0}{0}$ 型不定式也成立, 参见习题.

习　题　2.2

A1. 求下列极限:

(1) $\lim\limits_{n\to\infty} \dfrac{3n^3 - 4n^2 + 1}{4n^3 + 5n + 2}$;

(2) $\lim\limits_{n\to\infty} \dfrac{3n + 2}{n^2 + 1}$;

(3) $\lim\limits_{n\to\infty} \dfrac{(-2)^n + (n+1)^5}{(-2)^{n+1} + n^3}$;

(4) $\lim\limits_{n\to\infty} \sqrt{n}(\sqrt{n+2} - \sqrt{n-1})$;

(5) $\lim\limits_{n\to\infty} \left(\dfrac{1}{1\cdot 2} + \dfrac{1}{2\cdot 3} + \cdots + \dfrac{1}{n\cdot(n+1)} \right)$;

(6) $\lim\limits_{n\to\infty} \left(\dfrac{1}{2} + \dfrac{3}{2^2} + \cdots + \dfrac{2n-1}{2^n} \right)$.

A2. 求下列极限:

(1) $\lim\limits_{n\to\infty} (\sqrt[n]{1} + \sqrt[n]{2} + \cdots + \sqrt[n]{8})$;

(2) $\lim\limits_{n\to\infty} (\sqrt[n]{2} - 1)\sin n$;

(3) $\lim\limits_{n\to\infty} \sqrt[n]{1 - \dfrac{1}{n}}$;

(4) $\lim\limits_{n\to\infty} \sqrt[n]{n^2 \ln n}$;

(5) $\lim\limits_{n\to\infty} \left(\dfrac{1}{n^2} + \dfrac{1}{(n+1)^2} + \cdots + \dfrac{1}{(2n)^2} \right)$;

(6) $\lim\limits_{n\to\infty} \left(\dfrac{1}{\sqrt{n^2+1}} + \dfrac{1}{\sqrt{n^2+2}} + \cdots + \dfrac{1}{\sqrt{n^2+n}} \right)$.

A3. 设 $a_1, a_2, \cdots, a_m$ 为 m 个正数, 证明:

$$\lim_{n\to\infty} \sqrt[n]{a_1^n + a_2^n + \cdots + a_m^n} = \max\{a_1, a_2, \cdots, a_m\}.$$

A4. 设数列 $\{a_n\}$ 满足下列条件: 存在正常数 m, M, 使 $0 < m \leqslant a_n \leqslant M, \forall n \in \mathbb{Z}^+$, 证明: $\lim\limits_{n\to\infty} \sqrt[n]{a_n} = 1$.

A5. 设 $\lim\limits_{n\to\infty} a_n = a$, 证明:

(1) $\lim\limits_{n\to\infty} \dfrac{[na_n]}{n} = a$;

(2) 若 $a > 0$, 则 $\lim\limits_{n\to\infty} \sqrt[n]{a_n} = 1$.

A6. 证明下列数列为无穷大量:

(1) $\{n - \sin n\}$;

(2) $\{n - \ln n\}$;

(3) $\left\{ \dfrac{1}{\sqrt{n}+1} + \dfrac{1}{\sqrt{n}+\sqrt{2}} + \cdots + \dfrac{1}{2\sqrt{n}} \right\}$; (4) $\sqrt[n]{n!}$.

A7. 利用 Stolz 公式求极限:

(1) $\lim\limits_{n\to\infty} \dfrac{1+3^2+5^2+\cdots+(2n+1)^2}{n^3}$;

(2) $\lim\limits_{n\to\infty} \dfrac{\log_a n}{n}$, 其中, $a>1$;

(3) $\lim\limits_{n\to\infty} \dfrac{n^m}{a^n}$, 其中, $a>1, m$ 是正整数;

(4) $\lim\limits_{n\to\infty} \dfrac{\sum\limits_{p=1}^{n} p!}{n!}$;

(5) 设 $\lim\limits_{n\to\infty} a_n = a, \lambda_i > 0, i = 1,2,\cdots$, 且当 $n \to \infty$ 时, $\lambda_1 + \lambda_2 + \cdots + \lambda_n \to +\infty$, 求
$\lim\limits_{n\to\infty} \dfrac{\lambda_1 a_1 + \lambda_2 a_2 + \cdots + \lambda_n a_n}{\lambda_1 + \lambda_2 + \cdots + \lambda_n}$.

B8. 求下列极限:

(1) $\lim\limits_{n\to\infty} \dfrac{1}{2} \cdot \dfrac{3}{4} \cdot \cdots \cdot \dfrac{2n-1}{2n}$; (2) $\lim\limits_{n\to\infty} (1+\alpha)(1+\alpha^2)\cdots(1+\alpha^{2^n}), |\alpha| < 1$;

(3) $\lim\limits_{n\to\infty} \left(1-\dfrac{1}{2^2}\right)\left(1-\dfrac{1}{3^2}\right)\cdots\left(1-\dfrac{1}{n^2}\right)$; (4) $\lim\limits_{n\to\infty}[(n+1)^\alpha - n^\alpha], 0 < \alpha < 1$.

B9. 应用平均值不等式、夹逼性质以及例 2.2.5 证明下列结论: 若 $a_n > 0, \lim\limits_{n\to\infty} a_n = a$, 则
$$\lim\limits_{n\to\infty} \sqrt[n]{a_1 a_2 \cdots a_n} = a.$$

B10. 设 $0 < a_1 < 1, a_{n+1} = a_n(1-a_n), n = 1,2,\cdots$, 证明数列 $\{a_n\}$ 为无穷小数列, 且与 $\left\{\dfrac{1}{n}\right\}$ 是等价的无穷小数列, 即 $\lim\limits_{n\to\infty} na_n = 1$.

C11. 定理 2.2.4 的逆命题成立吗? 或一般地, 试讨论数列 $\{|a_n|\}$ 与 $\{a_n\}$ 收敛的关系. 特别地, 请关注数列 $\{|a_n|\}$ 与 $\{a_n\}$ 中有一个极限为 0 的情况.

C12. 设 $\{a_n\}$ 与 $\{b_n\}$ 中一个是收敛数列, 另一个是发散数列.

(1) 证明 $\{a_n \pm b_n\}$ 是发散数列;

(2) $\{a_n b_n\}$ 和 $\left\{\dfrac{a_n}{b_n}\right\} (b_n \neq 0)$ 是否必为发散数列?

(3) 如果 $\{a_n\}$ 与 $\{b_n\}$ 均是发散数列, 重新研究上述问题.

C13. (1) Stolz 定理中 $a = \infty$ 时结论是否成立?

(2) Stolz 定理的逆命题是否成立?

(3) 试证明 $\dfrac{0}{0}$ 型的 Stolz 定理: 设 $\{x_n\}$ 和 $\{y_n\}$ 是两个无穷小数列, 且 $\{y_n\}$ 严格单调递减. 若
$$\lim\limits_{n\to\infty} \dfrac{x_n - x_{n-1}}{y_n - y_{n-1}} = a \,(a可以为有限数, 或 \pm\infty),$$
则
$$\lim\limits_{n\to\infty} \dfrac{x_n}{y_n} = a.$$

§2.3　数列极限存在的判别法则

按照 ε-N 定义验证数列极限存在的前提是要先知道或猜到极限值, 然后再加以验证. 在很多情况下这不是一件容易的事情, 并且, 经常地, 我们可能事先根本就不 "认识" 极限值这个数. 更进一步, 如果极限概念只是已知数 (极限) 用一列数 (数列) 来逼近, 那将使我们研究极限的意义大打折扣. 事实上, 通过极限概念, 我们将认识许多新的数, 甚至新的函数等, 这种认识新事物的思想方法正是我们要从数学分析课程中加以学习的. 本节就是在不要求事先已知极限值的情况下给出数列收敛的判别法则. 这种判别法可称为数列收敛的 "内在判别法". 并且, 如果先解决了存在性问题, 即使极限的精确值很难确定, 也可以用逼近的方法求得近似值. 这样的内在判别法主要是单调有界原理 (monotone bounded principle) 和 Cauchy 收敛准则 (Cauchy convergence criterion).

§2.3.1　单调有界原理

前面的收敛必要性定理即定理 2.2.2 告诉我们, 收敛数列必有界, 但反之未必成立. 因此, 对有界数列需要再加上适当的条件才能保证数列收敛. 单调性就是这样一个非常重要的条件.

定理 2.3.1(单调有界原理)　单调的有界数列必收敛.

这个定理很有用, 也比较直观. 但要证明它, 则需要用到实数连续性. 我们用上一章的确界原理来证明. 不妨设 $\{a_n\}$ 是单调递增的, 则随着 n 的增加, a_n 越来越大. 但它是有上界的, 因此可以猜测, 如果收敛, 极限必定是由数列 $\{a_n\}$ 的项所组成的数集的最小上界, 即上确界.

证明　设 $\{a_n\}$ 是单调递增的有界数列, 则由数列 $\{a_n\}$ 中各项组成的数集是有界的, 因此由确界原理知这个数集有上确界, 记其为 β, 即

$$\beta = \sup\{a_n | n \in \mathbb{N}^+\}.$$

下面按照定义即可证明:

$$\lim_{n \to \infty} a_n = \beta.$$

事实上, 由上确界定义, 对任何 $\varepsilon > 0$, 总有 a_N, 使得 $\beta - \varepsilon < a_N \leqslant \beta$. 又因为数列是单调递增的, 所以, $n > N$ 时, $\beta - \varepsilon < a_N \leqslant a_n \leqslant \beta < \beta + \varepsilon$. 由数列极限定义即知, $\lim\limits_{n \to \infty} a_n = \beta$.

对递减的情况类似可证. 或可以考虑数列 $\{-a_n\}$, 它是单调递增的.　　　　□

例 2.3.1　证明: $(0,1)$ 中任一无限十进制小数 $\alpha = 0.b_1 b_2 \cdots b_n \cdots$ 的不足近似值所组成的数列 $\{\alpha_n\}$, 即

$$\alpha_1 = \frac{b_1}{10}, \alpha_2 = \frac{b_1}{10} + \frac{b_2}{10^2}, \cdots, \alpha_n = \frac{b_1}{10} + \frac{b_2}{10^2} + \cdots + \frac{b_n}{10^n}, \cdots,$$

收敛, 其中 $b_1, b_2, \cdots, b_n, \cdots$ 是不超过 9 的自然数.

证明 $\{\alpha_n\}$ 单调递增: $\alpha_n - \alpha_{n-1} = \dfrac{b_n}{10^n} \geqslant 0$, 且有界: $0 \leqslant \alpha_n \leqslant 1$, 所以 $\{\alpha_n\}$ 收敛. $\qquad\square$

此例表明, 承认了单调有界原理, 即可证明用十进制小数表示实数的合理性.

例 2.3.2 设 $a_1 = \sqrt{2}, a_{n+1} = \sqrt{3 + 2a_n}, n = 1, 2, 3, \cdots$, 证明数列 $\{a_n\}$ 收敛并求其极限.

证明 先证明单调.

$$a_{n+1} - a_n = \sqrt{3 + 2a_n} - a_n = \frac{3 + 2a_n - a_n^2}{\sqrt{3 + 2a_n} + a_n} = \frac{(3 - a_n)(1 + a_n)}{\sqrt{3 + 2a_n} + a_n},$$

由此启发我们先要证明 $a_n < 3, \forall n \in \mathbb{N}$. 这可由归纳法容易证得. 因此数列 $\{a_n\}$ 收敛.

注意, 我们也可以应用数学归纳法证明数列 $\{a_n\}$ 单调递增.

设极限为 a, 则由递推公式两边取极限立得 $a = \sqrt{3 + 2a}$, 由此得到 $a = 3$. $\qquad\square$

例 2.3.3 设 $a_1 > 0, a_{n+1} = 1 + \dfrac{a_n}{1 + a_n}, n = 1, 2, 3, \cdots$, 证明数列 $\{a_n\}$ 收敛并求其极限.

证明 有界性比较显然:$1 < a_n < 2, n \geqslant 2$. 再考虑单调性: 由于 $a_2 = 1 + \dfrac{a_1}{1 + a_1}$ 与 a_1 的大小关系不易判断, 我们改用下法:

$$a_{n+1} - a_n = 1 + \frac{a_n}{1 + a_n} - \left(1 + \frac{a_{n-1}}{1 + a_{n-1}}\right) = \frac{a_n - a_{n-1}}{(1 + a_n)(1 + a_{n-1})},$$

这说明, 对一切 $n \geqslant 2, a_{n+1} - a_n$ 不变号, 或恒为 0. 因此 $\{a_n\}$ 单调. 由单调有界原理可知数列收敛.

下面再求极限值. 设极限值为 a, 在递推关系式 $a_{n+1} = 1 + \dfrac{a_n}{1 + a_n}$ 两边取极限, 得 $a = 1 + \dfrac{a}{1 + a}$, 由此解得 $a = \dfrac{1 + \sqrt{5}}{2}$ (另一负根舍掉). $\qquad\square$

§2.3.2 三个重要常数 π, e, γ

在这部分, 我们介绍由数列极限引出的三个重要常数: π, e 和 γ. 特别是前两个数堪称数学中最重要的两个常数.

1. 圆周率 π 和圆的面积

计算 π 与计算圆的面积或周长几乎是同义语. 古代的人们就知道圆的周长与直径之比为常数, 即 π, 或者说, 单位圆的面积就是 π. 因此, 我们用式 (2.1.1) 即可任意逼近 π. 通常, 我们用正 $3 \cdot 2^n$ 边形的面积 T_n 来逼近 π. 这时显然有 $\{T_n\}$ 单调递增且有界, 从而收敛. 实际上, 逼近 π 的办法有很多, 我们在以后还会介绍更加实用的计算办法.

2. 常数 e 和自然对数

数学上十分重要的常数 e 是由 Euler 首先引入, 并把它作为自然对数的底: $\log_{\mathrm{e}} x = \ln x$. 尽管中学数学中多用以 10 为底的常用对数 $y = \lg x$, 但微分学内容告诉我们, 在自然科学中, 自然对数 $\ln x$ 确实比以其他数为底的对数更自然、更常用. 这个 e 可由下列数列的极限而得.

例 2.3.4 证明数列 $\left\{\left(1+\dfrac{1}{n}\right)^n\right\}$ 单调增加且有界.

证明 令

$$\mathrm{e}_n = \left(1+\frac{1}{n}\right)^n,$$

$$S_n = 1 + \frac{1}{1!} + \frac{1}{2!} + \cdots + \frac{1}{n!},$$

则由二项式定理知

$$\mathrm{e}_n = 1 + \sum_{k=1}^{n} C_n^k \frac{1}{n^k} = 1 + \frac{1}{1!} + \frac{1}{2!}\left(1-\frac{1}{n}\right) + \frac{1}{3!}\left(1-\frac{1}{n}\right)\left(1-\frac{2}{n}\right) + \cdots$$
$$+ \frac{1}{n!}\left(1-\frac{1}{n}\right)\cdots\left(1-\frac{n-1}{n}\right),$$

$$\mathrm{e}_{n+1} = 1 + \frac{1}{1!} + \frac{1}{2!}\left(1-\frac{1}{n+1}\right) + \frac{1}{3!}\left(1-\frac{1}{n+1}\right)\left(1-\frac{2}{n+1}\right) + \cdots$$
$$+ \frac{1}{n!}\left(1-\frac{1}{n+1}\right)\cdots\left(1-\frac{n-1}{n+1}\right) + \frac{1}{(n+1)^{n+1}},$$

由此可见, $\mathrm{e}_n < \mathrm{e}_{n+1}$, 并且由 $n! \geqslant 2^{n-1}, n \geqslant 2$, 我们有

$$\mathrm{e}_n \leqslant S_n \leqslant 1 + 1 + \frac{1}{2} + \frac{1}{2^2} + \cdots + \frac{1}{2^{n-1}} < 3,$$

因此, $\{\mathrm{e}_n\}$ 单调递增且有界.   □

由单调有界原理知道该数列收敛, 习惯上, 记其极限为 e, 即

$$\lim_{n\to\infty}\left(1+\frac{1}{n}\right)^n = \mathrm{e}. \tag{2.3.1}$$

由前面的讨论知, $2 < \mathrm{e} \leqslant 3$. 经过计算可以得到 e 的近似值: $\mathrm{e} \approx 2.7182818\cdots$. 但直接用 e_n 来求 e 的近似值速度很慢. 下面我们证明数列 $\{S_n\}$ 也收敛于 e, 且可检验, 用 S_n 逼近 e 比用 e_n 要快得多.

首先, $\{S_n\}$ 也是单调递增的, 且 $S_n < 3$, 所以收敛, 记其极限为 S, 下面我们证明 $S = \mathrm{e}$.

一方面, 由 $\mathrm{e}_n < S_n$ 知 $\mathrm{e} \leqslant S$. 另一方面, 对任何 n, 以及任何 $m > n$, 有

$$\mathrm{e}_m \geqslant 1 + \sum_{k=1}^{n} \frac{1}{k!}\left(1-\frac{1}{m}\right)\left(1-\frac{2}{m}\right)\cdots\left(1-\frac{k-1}{m}\right).$$

令 $m \to +\infty$, 得

$$\mathrm{e} \geqslant \sum_{k=0}^{n} \frac{1}{k!} = S_n,$$

再令 $n \to \infty$, 得 $e \geqslant S$, 因此 $S = e$.

　　由于 e 的重要性, 相关的研究颇多. 比如, $\{e_n\}$ 的单调性, 还可应用平均值不等式得到:

$$e_n = \left(1 + \frac{1}{n}\right)^n \cdot 1 < \left[\frac{n\left(1 + \frac{1}{n}\right) + 1}{n+1}\right]^{n+1} = e_{n+1}.$$

若再引入

$$f_n = \left(1 + \frac{1}{n}\right)^{n+1},$$

则同样可证 $\{f_n\}$ 单调减少:

$$\frac{1}{f_n} = \left(\frac{n}{n+1}\right)^{n+1} \cdot 1 < \left(\frac{(n+1)\frac{n}{n+1} + 1}{n+2}\right)^{n+2} = \frac{1}{f_{n+1}},$$

于是,

$$2 < e_n < e_{n+1} < e_{n+1}\left(1 + \frac{1}{n+1}\right) = f_{n+1} < f_n < f_1 = 4. \tag{2.3.2}$$

因此, 数列 $\{e_n\}$ 与数列 $\{f_n\}$ 都收敛, 且极限相同.

　　进一步, 由不等式 (2.3.2) 可得

$$\left(1 + \frac{1}{n}\right)^n = e_n < e < f_n = \left(1 + \frac{1}{n}\right)^{n+1},$$

再取对数即得

$$\frac{1}{n+1} < \ln\left(1 + \frac{1}{n}\right) < \frac{1}{n}, \tag{2.3.3}$$

这是一个重要的不等式. 由此又可得

$$\lim_{n\to\infty} \frac{\ln\left(1 + \frac{1}{n}\right)}{\frac{1}{n}} = 1.$$

　　利用这一重要极限, 可以求一些相关的极限. 例如,

$$\lim_{n\to\infty}\left(1 + \frac{1}{n-2}\right)^n = \lim_{n\to\infty}\left(1 + \frac{1}{n-2}\right)^{n-2}\left(1 + \frac{1}{n-2}\right)^2 = e,$$

$$\lim_{n\to\infty}\left(1 - \frac{1}{n+3}\right)^n = \lim_{n\to\infty}\frac{1}{\left(1 + \frac{1}{n+2}\right)^n} = e^{-1}.$$

3. Euler 常数 γ

先讨论如下数列的敛散性.

例 2.3.5　考虑数列 $\{S_n\}$, 其中, $S_n = 1 + \dfrac{1}{2^p} + \dfrac{1}{3^p} + \cdots + \dfrac{1}{n^p}$, 则当 $p > 1$ 时 $\{S_n\}$ 收敛, 当 $0 < p \leqslant 1$ 时, $\{S_n\}$ 是正无穷大量.

证明　$\{S_n\}$ 显然是单调递增的. 下面只要证明 $p > 1$ 时 $\{S_n\}$ 有界. 注意到

$$\frac{1}{2^p} + \frac{1}{3^p} < \frac{1}{2^p} + \frac{1}{2^p} = \frac{1}{2^{p-1}},$$

记 $r = \dfrac{1}{2^{p-1}}$, 则

$$\frac{1}{4^p} + \frac{1}{5^p} + \frac{1}{6^p} + \frac{1}{7^p} \leqslant \frac{1}{4^{p-1}} = r^2,$$

一般地, $\forall n \in \mathbb{Z}^+$,

$$S_n \leqslant a_{2^n-1} = 1 + \underbrace{\frac{1}{2^p} + \frac{1}{3^p}} + \underbrace{\frac{1}{4^p} + \frac{1}{5^p} + \frac{1}{6^p} + \frac{1}{7^p}} + \cdots + \underbrace{\frac{1}{2^{(n-1)p}} + \cdots + \frac{1}{(2^n-1)^p}}$$

$$< 1 + r + r^2 + \cdots + r^{n-1} < \frac{1}{1-r},$$

所以这时 $\{S_n\}$ 收敛.

而当 $0 < p \leqslant 1$ 时, $\{a_n\}$ 是正无穷大量: 根据 Stolz 公式可得

$$\lim_{n\to\infty} \frac{1 + \frac{1}{2} + \cdots + \frac{1}{n}}{\ln n} = \lim_{n\to\infty} \frac{\frac{1}{n}}{\ln\left(1 + \frac{1}{n-1}\right)} = 1, \tag{2.3.4}$$

因此, $1 + \dfrac{1}{2} + \cdots + \dfrac{1}{n}$ 是无穷大量, 从而, 当 $0 < p \leqslant 1$ 时, $\{S_n\}$ 也是正无穷大量. □

进一步, 由 $p = 1$ 时的这个无穷大量引入一个新的数列.

例 2.3.6　设 $b_n = 1 + \dfrac{1}{2} + \dfrac{1}{3} + \cdots + \dfrac{1}{n} - \ln n$, 则数列 $\{b_n\}$ 是单调减少的非负数列.

证明　首先, 由

$$b_{n+1} - b_n = \frac{1}{n+1} - \ln(n+1) + \ln n$$
$$= \frac{1}{n+1} - \ln\frac{n+1}{n},$$

及式 (2.3.3) 知, $\{b_n\}$ 单调减少.

其次, 仍然由式 (2.3.3) 知,

$$b_n = 1 + \frac{1}{2} + \frac{1}{3} + \cdots + \frac{1}{n} - \ln n$$
$$> \ln\frac{2}{1} + \ln\frac{3}{2} + \ln\frac{4}{3} + \cdots + \ln\frac{n+1}{n} - \ln n$$
$$= \ln(n+1) - \ln n > 0.$$

这说明数列 $\{b_n\}$ 非负, 因此 $\{b_n\}$ 收敛. □

习惯上记其极限为 γ, 称为 Euler 常数, 其数值 $\gamma \approx 0.577215664\cdots$. 由此得

$$1 + \frac{1}{2} + \frac{1}{3} + \cdots + \frac{1}{n} = \ln n + \gamma + \alpha_n, \tag{2.3.5}$$

式中, $\{\alpha_n\}$ 为一无穷小量.

例 2.3.7 证明 $\lim\limits_{n\to\infty}\left(\dfrac{1}{n+1} + \dfrac{1}{n+2} + \cdots + \dfrac{1}{2n}\right) = \ln 2$.

证明 记 $c_n = \dfrac{1}{n+1} + \dfrac{1}{n+2} + \cdots + \dfrac{1}{2n}$, 则显然有

$$c_n = b_{2n} - b_n + \ln(2n) - \ln n = b_{2n} - b_n + \ln 2.$$

由 $\lim\limits_{n\to\infty} b_n = \gamma$ 易知 $\lim\limits_{n\to\infty} b_{2n} = \gamma$. 于是得到

$$\lim_{n\to\infty} c_n = \lim_{n\to\infty}\left(\frac{1}{n+1} + \frac{1}{n+2} + \cdots + \frac{1}{2n}\right) = \ln 2.$$

□

§2.3.3 子数列与致密性定理 (抽子列定理)

为了深入讨论数列收敛问题, 下面引入子数列的概念.

定义 2.3.1 设 $\{a_n\}$ 是一个数列, 而

$$n_1 < n_2 < \cdots < n_k < n_{k+1} < \cdots$$

是一个严格递增的正整数列, 即是自然数的一个子列, 则

$$a_{n_1}, a_{n_2}, \cdots, a_{n_k}, \cdots$$

也形成一个数列, 称为数列 $\{a_n\}$ 的子列 (subsequence), 记为 $\{a_{n_k}\}$.

由定义可知, 对任何自然数 k, 都有 $k \leqslant n_k$, 并且 a_{n_k} 在子列 $\{a_{n_k}\}$ 中是第 k 项, 而在原来的数列 $\{a_n\}$ 中是第 n_k 项.

给定数列 $\{a_n\}$, 通常可以考虑它的奇子列 $\{a_{2n-1}\}$、偶子列 $\{a_{2n}\}$ 以及子列 $\{a_{3n-2}\}$, $\{a_{3n-1}\}$, $\{a_{3n}\}$ 等. 例如, $\{(-1)^{n-1}\}$ 的奇子列是常数列

$$1, 1, \cdots, 1, \cdots,$$

偶子列也是常数列

$$-1, -1, \cdots, -1\cdots,$$

它们均收敛, 但极限不同.

定理 2.3.2 设数列 $\{a_n\}$ 收敛于 a, 则它的任何子列也收敛于 a.

证明 由 $\lim\limits_{n\to\infty} a_n = a$ 可知, $\forall \varepsilon > 0, \exists N, \forall n > N$, 有

$$|a_n - a| < \varepsilon.$$

取 $K = N$, 于是当 $k > K$ 时, 有 $n_k \geqslant k > N$, 因而成立

$$|a_{n_k} - a| < \varepsilon.$$ □

由上面的定理容易证得下面的两推论.

推论 2.3.1 数列 $\{a_n\}$ 收敛 $\iff$ $\{a_n\}$ 的每个子列都收敛.

推论 2.3.2 若数列 $\{a_n\}$ 有一个子列发散, 或有两个子列收敛, 但其极限不同, 则数列 $\{a_n\}$ 发散.

例 2.3.8 求证数列 $\{(-1)^{n-1}\}$, $\left\{\sin \dfrac{n\pi}{4}\right\}$ 都是发散的.

证明 对于数列 $\{(-1)^{n-1}\}$, 取 $n_k^{(1)} = 2k, n_k^{(2)} = 2k + 1$, 则子列 $\{x_{n_k^{(1)}}\}$ 收敛于 -1, 而子列 $\{x_{n_k^{(2)}}\}$ 收敛于 1, 因此数列 $\{(-1)^{n-1}\}$ 发散.

对于数列 $\left\{\sin \dfrac{n\pi}{4}\right\}$, 取 $n_k^{(1)} = 4k, n_k^{(2)} = 8k + 2$, 则子列 $\{x_{n_k^{(1)}}\}$ 收敛于 0, 而子列 $\{x_{n_k^{(2)}}\}$ 收敛于 1, 因此数列 $\left\{\sin \dfrac{n\pi}{4}\right\}$ 发散.   □

特别地, 对奇子列与偶子列, 我们有下面更进一步的结论.

命题 2.3.1 数列 $\{a_n\}$ 收敛 $\iff$ 奇子列 $\{a_{2n-1}\}$ 和偶子列 $\{a_{2n}\}$ 都收敛, 且它们的极限相等.

证明 必要性由上一推论可知. 下面证明充分性.

设 $\lim\limits_{n \to \infty} a_{2n} = \lim\limits_{n \to \infty} a_{2n-1} = a$, 记 $b_n = a_{2n}, c_n = a_{2n-1}$, 由极限定义可知, 对任意 $\varepsilon > 0$, 存在 $N > 0$, 使当 $n > N$ 时,

$$|a_{2n} - a| = |b_n - a| < \varepsilon, \quad |a_{2n-1} - a| = |c_n - a| < \varepsilon.$$

于是, 取 $N' = 2N$, 则对任何自然数 n, 当 $n > N'$ 时, 若 $n = 2k$, 或 $n = 2k - 1$, 都有 $k > N$, 因此必有 $|a_n - a| < \varepsilon$.   □

例 2.3.9 求证 $\lim\limits_{n \to \infty} \left[1 - \dfrac{1}{2} + \dfrac{1}{3} - \cdots + (-1)^{n+1} \dfrac{1}{n}\right] = \ln 2$.

证明 令 $a_n = 1 - \dfrac{1}{2} + \dfrac{1}{3} - \cdots + (-1)^{n+1} \dfrac{1}{n}$, 则由式 (2.3.5) 知

$$\begin{aligned} a_{2n} &= 1 - \frac{1}{2} + \frac{1}{3} - \cdots + \frac{1}{2n-1} - \frac{1}{2n} \\ &= 1 + \frac{1}{2} + \frac{1}{3} + \cdots + \frac{1}{2n} - 2\left(\frac{1}{2} + \frac{1}{4} + \cdots + \frac{1}{2n}\right) \\ &= \ln(2n) + \gamma - (\ln n + \gamma) - \alpha_n + \alpha_{2n}, \end{aligned}$$

其中, α_n 由式 (2.3.5) 定义. 由此可知 $a_{2n} \to \ln 2 (n \to \infty)$. 而 $a_{2n-1} = a_{2n} + \dfrac{1}{2n} \to \ln 2 (n \to \infty)$. 因此由命题 2.3.1 知结论获证.   □

例 2.3.10 Fibonacci 数列 (续). 例 1.1.5 已经引入了 Fibonacci 数列, 即

$$a_1 = a_2 = 1, \ a_{n+1} = a_n + a_{n-1}, \ n \geqslant 2.$$

现令 $b_n = \dfrac{a_{n+1}}{a_n}$, 则 $\{b_n\}$ 收敛.

证明 注意到

$$b_n = \frac{a_{n+1}}{a_n} = 1 + \frac{1}{b_{n-1}}, \quad b_{n+1} - b_n = \frac{b_{n-1} - b_n}{b_n b_{n-1}},$$

由此可知, $\{b_n\}$ 不是单调数列. 但是, $\{b_{2n}\}$ 和 $\{b_{2n-1}\}$ 是单调数列.

事实上,

$$b_{n+1} = 1 + \frac{1}{b_n} = 1 + \frac{1}{1 + \dfrac{1}{b_{n-1}}}, \tag{2.3.6}$$

$$b_{n+1} - b_{n-1} = \frac{b_{n-1} - b_{n-3}}{(b_{n-1} + 1)(b_{n-3} + 1)}, \tag{2.3.7}$$

并且

$$b_1 = 1, b_2 = 2, b_3 = \frac{3}{2}, b_4 = \frac{5}{3},$$

所以 $\{b_{2n-1}\}$ 单调递增, $\{b_{2n}\}$ 单调递减. 又 $1 \leqslant b_n \leqslant 2$, 所以数列 $\{b_{2n-1}\}$ 和 $\{b_{2n}\}$ 都收敛. 记其极限分别为 α, β, 易见, α, β 均满足方程 $x^2 - x - 1 = 0$. 该方程有唯一正解

$x = \dfrac{1 + \sqrt{5}}{2}$, 即 $\alpha = \beta = \dfrac{1 + \sqrt{5}}{2}$. 根据性质 2.3.1 知道 $\{b_n\}$ 收敛, 且

$$\lim_{n \to \infty} b_n = \frac{1 + \sqrt{5}}{2}, \quad \lim_{n \to \infty} b_n - 1 = \frac{\sqrt{5} - 1}{2} \approx 0.618.$$

$\square$

注 2.3.1 Fibonacci 数列起源于一个如今看起来非常 "初等" 的问题. 1202 年, 意大利数学家 Fibonacci(斐波那契) 出版了《算盘全书》. 他在书中提出了一个关于兔子繁殖的问题:

开始时有一对刚出生的兔子, 要经过 2 个季度到达成熟并繁殖, 且每对成熟的兔子每个季度繁殖一对. 假设兔子没有死亡, 这样到第 n 个季度的兔对总数 a_n 即恰好是 Fibonacci 数列的第 n 项. 注意到 $b_n - 1 = \dfrac{a_{n+1} - a_n}{a_n}$, 即为兔群在第 $n+1$ 个季度的增长率, 那么, 上述讨论表明, 在不考虑兔子死亡的前提下, 经过较长一段时间, 兔群逐季增长率趋于黄金分割数 $\dfrac{\sqrt{5} - 1}{2} \approx 0.618$.

Fibonacci 数列是一个很神奇的数列, 美国还在 1963 年创刊了《斐波那契季刊》专门研究该数列. 在股市中, 斐波那契数列的作用在于预测未来走势的升跌幅. Fibonacci 数列有一系列特殊的性质. 例如, 从第二项开始, 每个奇数项的平方都比前后两项之积多 1, 每个偶数项的平方都比前后两项之积少 1. 例 1.1.5 表明, Fibonacci 数列有通项公式:

$$a_n = \frac{1}{\sqrt{5}} \left[\left(\frac{1 + \sqrt{5}}{2} \right)^n - \left(\frac{1 - \sqrt{5}}{2} \right)^n \right],$$

这是用无理数表示有理数的范例.

Fibonacci 数列还与二项式系数有关. 可以证明

$$a_n = C_{n-1}^0 + C_{n-2}^1 + \cdots + C_{n-k-1}^k,$$

式中, $k = \left[\dfrac{n}{2}\right]$, $C_0^0 = 1$, $C_n^m = 0, m > n \geqslant 0$.

我们知道, 有界数列未必收敛, 需要加条件才能保证收敛. 如果不加条件, 可以得到什么样的结论?

定理 2.3.3(致密性定理) *有界数列必有收敛子列.*

致密性定理也称为 Bolzano-Weierstrass 定理, 或抽子列定理. 为证明这个定理, 我们先证明下面的引理.

引理 2.3.1 *每个数列必存在单调子列.*

证明 任意给定数列 $\{a_n\}$. 若它有单调递增的子列, 则结论已经成立. 现假设 $\{a_n\}$ 不存在递增的子列. 此时必存在最大项, 即存在 $n_1 \in \mathbb{N}^+$, 使对任何 $n > n_1$, 有 $a_n < a_{n_1}$.

又对数列 $\{a_n\}_{n > n_1}$, 则它也不存在递增的子列 (否则 $\{a_n\}$ 也存在递增的子列), 于是必存在 n_1 后面的所有项中的最大项, 即存在 $n_2 > n_1$, 使得 $a_n < a_{n_2}, \forall n > n_2$. 此时得到 $a_{n_2} < a_{n_1}$. 依此类推, 可得 $\{a_n\}$ 的一个 (严格) 递减的子列. $\qquad\square$

由上述引理及单调有界原理立得定理 2.3.3 的证明.

定理 2.3.4 *若 $\{a_n\}$ 是一个无界数列, 则存在其子列 $\{a_{n_k}\}$, 使得 $a_{n_k} \to \infty (k \to \infty)$.*

证明 由于 $\{a_n\}$ 无界, 因此对任意 $M > 0$, $\{a_n\}$ 中必存在无穷多个 a_n, 使得 $|a_n| > M$, 否则可以得出 $\{a_n\}$ 有界的结论.

令 $M_1 = 1$, 则存在 a_{n_1}, 使得 $|a_{n_1}| > 1$; 再令 $M_2 = 2$, 因为在 $\{a_n\}$ 中有无穷多项满足 $|a_n| > 2$, 可以取到排在 a_{n_1} 之后的 a_{n_2}, 即 $n_2 > n_1$, 使得 $a_{n_2} > 2$; 继续令 $M_3 = 3$, 同理可以取到 a_{n_3}, 且 $n_3 > n_2$, 使得 $|a_{n_3}| > 3$; $\cdots$. 依此类推便得到 $\{a_n\}$ 的一个子列 $\{a_{n_k}\}$, 满足

$$|a_{n_k}| > k.$$

由定义即知, $\lim\limits_{k \to \infty} a_{n_k} = \infty$. $\qquad\square$

§2.3.4 Cauchy 收敛准则

单调有界原理只对单调数列适用, 一般情况, 由抽子列定理只能得到存在某子列收敛. 本段给出数列收敛的充分必要条件, 并且同样不依赖极限定义中的极限值. 这就是 Cauchy 收敛准则. 这是一个一般的收敛准则, 在今后的学习中, 它将以适当的面孔不断出现. 对初学者而言, 尽管在接受与使用上比单调有界原理要困难, 但应给予足够重视.

定理 2.3.5(Cauchy 收敛准则) *数列 $\{a_n\}$ 收敛的充分必要条件是: 对于任意给定的 $\varepsilon > 0$, 存在正整数 N, 使得*

$$|a_n - a_m| < \varepsilon, \forall m, n > N. \tag{2.3.8}$$

证明 必要性: 设 $\{a_n\}$ 收敛于 a, 则对任何 $\varepsilon > 0$, 存在 $N > 0$, 当 $n > N$ 时, $|a_n - a| < \dfrac{\varepsilon}{2}$. 于是, 对任何 $n, m > N$, 有

$$|a_n - a_m| \leqslant |a_n - a| + |a_m - a| < \frac{\varepsilon}{2} + \frac{\varepsilon}{2} = \varepsilon.$$

充分性: 对任何 $\varepsilon > 0$, 存在正整数 N, 使得式 (2.3.8) 成立, 即

$$|a_n - a_m| < \varepsilon, \forall m, n > N.$$

首先, 对 $\varepsilon = 1$, 存在 $N_0 > 0$, 使对任何 $n > N_0$, 都有

$$|a_n - a_{N_0+1}| < 1, \text{因此} |a_n| < |a_{N_0+1}| + 1,$$

由此可知数列 $\{a_n\}$ 有界.

其次, 由抽子列定理, $\{a_n\}$ 有收敛子列, 记为 $\{a_{n_k}\}, a_{n_k} \to a(k \to \infty)$. 下面我们证明 $a_n \to a(n \to \infty)$.

事实上, 对任何 $\varepsilon > 0$, 存在正整数 $K > 0$, 当 $k > K$ 时, $|a_{n_k} - a| < \varepsilon$. 由式 (2.3.8) 知, 存在 $N > 0$, 当 $n, k > N$ 时,

$$|a_n - a_{n_k}| < \varepsilon,$$

于是, $n > N$ 时, 取 $k > K, k > N$, 有

$$|a_n - a| \leqslant |a_n - a_{n_k}| + |a_{n_k} - a| < \varepsilon + \varepsilon = 2\varepsilon.$$

这即表示 $\lim\limits_{n \to \infty} a_n = a$. □

注 2.3.2 数列如果满足定理 2.3.5 的充分条件, 即式 (2.3.8), 则称之为 Cauchy 列 (Cauchy sequence), 或基本列 (basic sequence). 因此, 定理 2.3.5 可重新叙述为

$$\text{数列 } \{a_n\} \text{ 收敛} \Longleftrightarrow \{a_n\} \text{ 为 Cauchy 列}.$$

例 2.3.11 证明数列 $\{a_n\}$ 收敛, 其中, $a_n = \sin 1 + \dfrac{\sin 2}{2^2} + \dfrac{\sin 3}{3^2} + \cdots + \dfrac{\sin n}{n^2}, n = 1, 2, \cdots$.

证明 数列 $\{a_n\}$ 不是单调数列, 因此不适合用单调有界原理. 现用 Cauchy 收敛准则.

对任意正整数 n 与 m, 不妨设 $m > n$, 则

$$\begin{aligned}
|a_m - a_n| &= \left| \frac{\sin(n+1)}{(n+1)^2} + \frac{\sin(n+2)}{(n+2)^2} + \cdots + \frac{\sin m}{m^2} \right| \\
&\leqslant \frac{1}{(n+1)^2} + \frac{1}{(n+2)^2} + \cdots + \frac{1}{m^2} \\
&< \frac{1}{n(n+1)} + \frac{1}{(n+1)(n+2)} + \cdots + \frac{1}{(m-1)m} \\
&= \left(\frac{1}{n} - \frac{1}{n+1} \right) + \left(\frac{1}{n+1} - \frac{1}{n+2} \right) + \cdots + \left(\frac{1}{m-1} - \frac{1}{m} \right) \\
&= \frac{1}{n} - \frac{1}{m} < \frac{1}{n},
\end{aligned}$$

对任意给定的 $\varepsilon > 0$, 取 $N = \left[\dfrac{1}{\varepsilon} \right]$, 当 $m > n > N$ 时, 成立

$$|a_m - a_n| < \varepsilon.$$

即数列 $\{a_n\}$ 是一个 Cauchy 列, 故由 Cauchy 收敛准则知 $\{a_n\}$ 收敛. □

例 2.3.12　证明数列 $\{a_n\}$ 发散, 其中, $a_n = 1 + \dfrac{1}{2} + \dfrac{1}{3} + \cdots + \dfrac{1}{n}$, $n = 1, 2, \cdots$.

证明　对任意正整数 n, 有

$$\begin{aligned}
a_{2n} - a_n &= \frac{1}{n+1} + \frac{1}{n+2} + \cdots + \frac{1}{2n} \\
&> n \cdot \frac{1}{2n} \\
&= \frac{1}{2}.
\end{aligned}$$

取 $\varepsilon_0 = \dfrac{1}{2}$, 无论 N 取多大, 总存在正整数 $m, n > N$, 例如, 取 $n = N+1, m = 2n$, 使得

$$|a_m - a_n| = |a_{2n} - a_n| > \varepsilon_0.$$

因此 $\{a_n\}$ 不是 Cauchy 列, 即该数列发散.　　　　　　　　　　　　　　　　　　　　　□

注 **2.3.3**　前面应用 Stolz 定理已经证明过该数列发散, 且与 $\ln n$ "差不多是同样的无穷大", 即满足式 (2.3.4) 和式 (2.3.5). 这里又应用 Cauchy 收敛准则给出了该数列发散的一个新证明. 由于 $\ln n$ 趋于无穷的速度很慢, 所以可知 a_n 趋于无穷大的速度也很慢: a_{83} 才第一次大于 5, a_{12367} 才刚超过 10, 以至于人们很难想象它是无穷大量.

事实上, 关于该数列发散有多种证明, 历史上最早的是由 Oresme (奥列斯米) 在 1360 年左右发表的, 后来 Bernoulli (伯努利) 兄弟 (Jacobi Bernoulli (雅可比), Johann Bernoulli (约翰)) 在 1689 年又给出了两个证明. 容易看到:

$$a_{2^n} = 1 + \frac{1}{2} + \underbrace{\frac{1}{3} + \frac{1}{4}} + \underbrace{\frac{1}{5} + \cdots + \frac{1}{8}} + \cdots + \underbrace{\frac{1}{2^{n-1}+1} + \cdots + \frac{1}{2^n}} > 1 + \frac{n}{2},$$

且

$$\frac{1}{n+1} + \frac{1}{n+2} + \cdots + \frac{1}{n^2} > \frac{n^2 - n}{n^2} = 1 - \frac{1}{n},$$

因此,

$$\frac{1}{n} + \frac{1}{n+1} + \cdots + \frac{1}{n^2} > 1,$$

于是, $a_4 > 2, a_{25} = a_4 + \dfrac{1}{5} + \cdots + \dfrac{1}{25} > 3$, 依此类推.

例 2.3.13　假设存在 $k \in (0, 1)$, 使得

$$|a_{n+1} - a_n| \leqslant k|a_n - a_{n-1}|, \quad n = 1, 2, 3, \cdots,$$

则数列 $\{a_n\}$ 收敛.

证明　只要证明 $\{a_n\}$ 是一个基本数列即可.

首先对于一切 n, 我们有

$$|a_{n+1} - a_n| \leqslant k|a_n - a_{n-1}| \leqslant k^2|a_{n-1} - a_{n-2}| \leqslant \cdots \leqslant k^{n-1}|a_2 - a_1|,$$

设 $m > n$, 则

$$
\begin{aligned}
|a_m - a_n| &\leqslant |a_m - a_{m-1}| + |a_{m-1} - a_{m-2}| + \cdots + |a_{n+1} - a_n| \\
&\leqslant k^{m-2}|a_2 - a_1| + k^{m-3}|a_2 - a_1| + \cdots + k^{n-1}|a_2 - a_1| \\
&< \frac{k^{n-1}}{1-k}|a_2 - a_1| \to 0 \ (n \to \infty).
\end{aligned}
$$

而对任何 $\varepsilon > 0$, 存在 $N > 0$, 当 $n > N$ 时, $\dfrac{k^{n-1}}{1-k}|a_2 - a_1| < \varepsilon$. 从而, 当 $n, m > N$ 时, $|a_m - a_n| < \varepsilon$. 这说明 $\{a_n\}$ 是一个基本数列, 从而收敛. $\qquad\square$

习 题 2.3

A1. 证明下列数列极限存在并求其值:

(1) $a_n = \dfrac{c^n}{n!}(c > 0), n = 1, 2, \cdots$;

(2) 设 $a_1 = \sqrt{3}, a_{n+1} = \sqrt{3a_n}, n = 1, 2, \cdots$;

(3) 设 $a_1 = c > 0, a_{n+1} = \sqrt{c^2 + a_n}, n = 1, 2, \cdots$;

(4) 设 $0 < a_1 < 1, a_{n+1} = a_n(2 - a_n), n = 1, 2, \cdots$.

A2. 利用 $\lim\limits_{n \to \infty}\left(1 + \dfrac{1}{n}\right)^n = \mathrm{e}$, 求下列极限:

(1) $\lim\limits_{n \to \infty}\left(1 - \dfrac{1}{n-1}\right)^n$; (2) $\lim\limits_{n \to \infty}\left(1 + \dfrac{1}{n+1}\right)^n$;

(3) $\lim\limits_{n \to \infty}\left(1 + \dfrac{1}{2n}\right)^n$; (4) $\lim\limits_{n \to \infty}\left(1 + \dfrac{1}{n^2}\right)^n$.

A3. 证明以下数列收敛并求极限:

(1) $\lim\limits_{n \to \infty}\left(1 + \dfrac{1}{n} - \dfrac{1}{n^2}\right)^n$; (2) $\lim\limits_{n \to \infty}\left(1 + \dfrac{2}{n}\right)^n$;

(3) $\lim\limits_{n \to \infty}\left(1 + \dfrac{k}{n}\right)^n$, 其中 k 为自然数; (4) $\lim\limits_{n \to \infty}\left(1 + \dfrac{3}{n^2}\right)^n$.

A4. 证明: $\left|\mathrm{e} - \left(1 + \dfrac{1}{n}\right)^n\right| < \dfrac{3}{n}$.

A5. 证明: 若 $a_n > 0$, 且 $\lim\limits_{n \to \infty}\dfrac{a_n}{a_{n+1}} = l > 1$, 则 $\lim\limits_{n \to \infty}a_n = 0$.

A6. 设 $a > 0, \sigma > 0, a_1 = \dfrac{1}{2}\left(a + \dfrac{\sigma}{a}\right), a_{n+1} = \dfrac{1}{2}\left(a_n + \dfrac{\sigma}{a_n}\right), n = 1, 2, \cdots$. 证明: 数列 $\{a_n\}$ 收敛, 且其极限为 $\sqrt{\sigma}$.

A7. 给定两正数 a_1 与 b_1, 且 $a_1 > b_1$, 分别作出其等差中项 $a_2 = \dfrac{a_1 + b_1}{2}$ 与等比中项 $b_2 = \sqrt{a_1 b_1}$, 一般地, 令

$$
a_{n+1} = \frac{a_n + b_n}{2}, \quad b_{n+1} = \sqrt{a_n b_n}, n = 1, 2, \cdots,
$$

证明: $\lim\limits_{n \to \infty}a_n$ 与 $\lim\limits_{n \to \infty}b_n$ 皆存在且相等.

A8. 设数列 $\{a_n\}$ 满足: 存在正数 M, 对一切 n 有

$$A_n = |a_2 - a_1| + |a_3 - a_2| + \cdots + |a_n - a_{n-1}| \leqslant M.$$

证明: 数列 $\{a_n\}$ 与 $\{A_n\}$ 都收敛.

A9. 证明: 若单调数列 $\{a_n\}$ 有一个收敛子列, 则 $\{a_n\}$ 收敛.

A10. 数列 $\{a_n\}$ 收敛当且仅当 $\{a_{3k-2}\}$, $\{a_{3k-1}\}$ 和 $\{a_{3k}\}$ 都收敛且有相同的极限.

A11. 证明以下数列发散:

(1) $\left\{ (-1)^n \dfrac{n}{n+1} \right\}$;   (2) $\{n^{(-1)^n}\}$.

A12. 讨论下列数列的收敛性:

(1) 设 $a_1 = 2, a_{n+1} = \dfrac{2}{2+a_n}, n = 1, 2, \cdots$;

(2) 设 $x_1 = 4, x_{n+1} = \sqrt{6 - x_n}, n = 1, 2, \cdots$;

(3) 任意给定 $x \in \mathbb{R}$, 令 $x_1 = \cos x, x_{n+1} = \cos x_n, n = 1, 2, \cdots$.

A13. 应用 Cauchy 收敛准则, 证明以下数列 $\{a_n\}$ 收敛:

(1) $a_n = \dfrac{\cos 1}{2} + \dfrac{\cos 2}{2^2} + \cdots + \dfrac{\cos n}{2^n}, n = 1, 2, \cdots$;

(2) $a_n = 1 - \dfrac{1}{2} + \dfrac{1}{3} + \cdots + (-1)^{n+1} \dfrac{1}{n}, n = 1, 2, \cdots$.

B14. 讨论数列的收敛性, 并求其极限.

(1) 设 $\alpha, \beta > 0$ 为常数, 令 $a_1 = \alpha, a_{n+1} = \sqrt{\beta a_n}, n = 1, 2, \cdots$;

(2) 设 $\alpha, \beta, \gamma > 0$ 为常数, 令 $a_1 = \alpha, a_{n+1} = \sqrt{\beta a_n + \gamma}, n = 1, 2, \cdots$.

B15. 设 $a_1 > 0, a_{n+1} = a_n + \dfrac{1}{a_n}, n \in \mathbb{N}^+$, 证明 $\displaystyle\lim_{n \to \infty} \dfrac{a_n}{\sqrt{2n}} = 1$.

C16. 在例 2.3.2 中, 改变 a_1 的值, 会发生什么情况? 例如, 令 $a_1 = 4$ 如何? 或只假定 $a_1 > 0$, 请再研究其收敛性.

C17. 设数列 $\{a_n\}$ 是发散的数列.

(1) 若数列 $\{a_n\}$ 有界, 则必存在两个收敛子列, 其极限不相等;

(2) 若数列 $\{a_n\}$ 无界, 但不是无穷大量, 则必存在两个子列, 其中一个子列收敛于一个实数, 另一子列趋于无穷大.

C18. 在有理数集中, Cauchy 收敛准则是否成立? 为什么?

§2.4   级 数 初 步

§2.4.1   级数概念

在前面的讨论中出现过一类特殊的数列 $\{S_n\}$, 其通项是和的形式: $S_n = a_1 + a_2 + \cdots + a_n$. 例如, 在例 2.3.5 中,

$$S_n = 1 + \frac{1}{2^p} + \frac{1}{3^p} + \cdots + \frac{1}{n^p},$$

是 n 项之和, 且当 $p > 1$ 时 $\{S_n\}$ 收敛, 当 $p \leqslant 1$ 时 $\{S_n\}$ 发散.

又例如, 在例 2.3.4 中,

$$S_n = 1 + \frac{1}{1!} + \frac{1}{2!} + \cdots + \frac{1}{n!}$$

是 $(n+1)$ 项之和, 且 $\{S_n\}$ 收敛于 e.

显然, 当 $n \to \infty$ 时 S_n 由有限和趋于无限和, 我们称这个无限和为无穷级数.

一般来说, 设 $\{a_n\}$ 为一个数列, 将它的各项依次用 "+" 连接起来构成的形式和

$$a_1 + a_2 + \cdots + a_n + \cdots \tag{2.4.1}$$

称为**无穷级数**(infinite series), 或**数项级数**(numerical series), 简称为级数, 记为 $\sum\limits_{n=1}^{\infty} a_n$, 并称 a_n 为级数的**通项** (general term), 而

$$S_n = a_1 + a_2 + \cdots + a_n, \quad n = 1, 2, \cdots, \tag{2.4.2}$$

称为级数 $\sum\limits_{n=1}^{\infty} a_n$ 的前 n 项**部分和** (partial sum), 简称为部分和. 下面对形式和式 (2.4.1) 的意义作出规定.

定义 2.4.1 如果级数 $\sum\limits_{n=1}^{\infty} a_n$ 的部分和数列 $\{S_n\}$ 收敛于有限数 S, 则称级数 $\sum\limits_{n=1}^{\infty} a_n$**收敛**, 且称它的 (无穷) 和为 S, 记为 $S = \sum\limits_{n=1}^{\infty} a_n$; 如果部分和数列 $\{S_n\}$ 发散, 则称级数 $\sum\limits_{n=1}^{\infty} a_n$**发散**.

于是根据定义, 级数

$$\sum_{n=1}^{\infty} \frac{1}{n^p} = 1 + \frac{1}{2^p} + \frac{1}{3^p} + \cdots + \frac{1}{n^p} + \cdots$$

当 $p > 1$ 时收敛, 当 $p \leqslant 1$ 时发散. 这个级数今后称为 p 级数.

同样, 级数

$$\sum_{n=0}^{\infty} \frac{1}{n!} = 1 + \frac{1}{1!} + \frac{1}{2!} + \cdots + \frac{1}{n!} + \cdots$$

收敛, 且收敛于 e.

由此可见, 级数, 作为无穷和, 当且仅当收敛时才是有意义的, 否则只是形式和.

利用级数的概念, $(0,1)$ 中任一无限十进制小数 $\alpha = 0.b_1 b_2 \cdots b_n \cdots$ 实际上应理解为一个级数 $\sum\limits_{n=1}^{\infty} \frac{b_n}{10^n}$.

例 2.4.1 等比级数(或几何级数 (geometric series))

$$a + aq + aq^2 + \cdots + aq^n + \cdots \quad (q \neq 1)$$

的部分和

$$S_n = \sum_{k=1}^{n} aq^{k-1} = a\frac{1-q^n}{1-q}.$$

所以当 $|q| < 1$ 时等比级数是收敛的, 且其和 $S = \lim\limits_{n \to \infty} S_n = \frac{a}{1-q}$; 当 $|q| > 1$ 时是发散的. 易见, $q = \pm 1$ 时级数也发散.

例 2.4.2　级数
$$\frac{1}{1\cdot 2}+\frac{1}{2\cdot 3}+\cdots+\frac{1}{n(n+1)}+\cdots$$

的部分和

$$S_n=\left(1-\frac{1}{2}\right)+\left(\frac{1}{2}-\frac{1}{3}\right)+\cdots+\left(\frac{1}{n}-\frac{1}{n+1}\right)=1-\frac{1}{n+1}.$$

显然 $\lim\limits_{n\to\infty} S_n$ 存在, 即该级数收敛, 且 $S=\lim\limits_{n\to\infty} S_n=1$.

例 2.4.3　级数
$$\sum_{n=1}^{\infty}\ln\left(1+\frac{1}{n}\right)$$

的部分和

$$S_n=\ln 2+(\ln 3-\ln 2)+\cdots+(\ln(n+1)-\ln n)=\ln(n+1).$$

由 $\lim\limits_{n\to\infty} S_n=+\infty$ 知级数 $\sum\limits_{n=1}^{\infty}\ln\left(1+\frac{1}{n}\right)$ 发散到 $+\infty$.

§2.4.2　收敛级数的性质

由于级数 $\sum\limits_{n=1}^{\infty} a_n$ 的收敛性是由其部分和数列 $\{S_n\}$ 的收敛性来定义的, 因此可将有关数列收敛的结果移植到级数上来.

定理 2.4.1 (线性性质)　设级数 $\sum\limits_{n=1}^{\infty} a_n$ 和级数 $\sum\limits_{n=1}^{\infty} b_n$ 都收敛, 则 $\forall\alpha,\beta\in\mathbb{R}$, 级数 $\sum\limits_{n=1}^{\infty}(\alpha a_n+\beta b_n)$ 也收敛, 且若 $\sum\limits_{n=1}^{\infty} a_n=A, \sum\limits_{n=1}^{\infty} b_n=B$, 则

$$\sum_{n=1}^{\infty}(\alpha a_n+\beta b_n)=\alpha A+\beta B. \tag{2.4.3}$$

证明　设 $\sum\limits_{n=1}^{\infty} a_n$ 的部分和数列为 $\{S_n^{(1)}\}$, $\sum\limits_{n=1}^{\infty} b_n$ 的部分和数列为 $\{S_n^{(2)}\}$, $\sum\limits_{n=1}^{\infty}(\alpha a_n+\beta b_n)$ 的部分和数列为 $\{S_n\}$, 则

$$S_n=\alpha S_n^{(1)}+\beta S_n^{(2)}.$$

于是由数列极限的线性性质知, $\{S_n^{(1)}\}$ 和 $\{S_n^{(2)}\}$ 收敛蕴含 $\{S_n\}$ 收敛, 且

$$\lim_{n\to\infty} S_n=\alpha\lim_{n\to\infty} S_n^{(1)}+\beta\lim_{n\to\infty} S_n^{(2)}=\alpha A+\beta B.$$

$\square$

例 2.4.4　求级数 $\sum\limits_{n=1}^{\infty}\frac{3^{n-1}-1}{6^{n-1}}$ 的值.

解　因为几何级数 $\sum\limits_{n=0}^{\infty}\left(\frac{1}{2}\right)^n$ 与 $\sum\limits_{n=0}^{\infty}\left(\frac{1}{6}\right)^n$ 都收敛, 所以有

$$\sum_{n=1}^{\infty}\frac{3^{n-1}-1}{6^{n-1}}=\sum_{n=1}^{\infty}\left(\frac{1}{2}\right)^{n-1}-\sum_{n=1}^{\infty}\left(\frac{1}{6}\right)^{n-1}=\frac{1}{1-\frac{1}{2}}-\frac{1}{1-\frac{1}{6}}=\frac{4}{5}.$$

例 2.4.5 计算二进制无限循环小数 $(101.101\,101\cdots)_2$ 的值.

解 设

$$(101.101\,101\cdots)_2 = 2^2 + 2^0 + \frac{1}{2} + \frac{1}{2^3} + \frac{1}{2^4} + \frac{1}{2^6} + \frac{1}{2^7} + \frac{1}{2^9} + \cdots$$

的部分和数列为 $\{S_n\}$, 则

$$S_{2n} = \sum_{k=1}^{n}\left(\frac{1}{2^{3k-5}} + \frac{1}{2^{3k-3}}\right) = 3\frac{3}{7}\left[1 - \left(\frac{1}{8}\right)^n\right],$$

$$S_{2n+1} = S_{2n} + \frac{1}{2^{3n-2}},$$

令 $n \to \infty$, 得

$$\lim_{n\to\infty} S_n = 3\frac{3}{7},$$

即二进制无限循环小数 $(101.101\,101\cdots)_2$ 的值为 $3\frac{3}{7}$.

例 2.4.6 计算级数 $\sum\limits_{n=1}^{\infty}\dfrac{2n-1}{2^n}$ 的和.

解 设级数的部分和数列为 S_n, 则

$$S_n = 2S_n - S_n = 2\sum_{k=1}^{n}\frac{2k-1}{2^k} - \sum_{k=1}^{n}\frac{2k-1}{2^k} = \sum_{k=1}^{n}\frac{2k-1}{2^{k-1}} - \sum_{k=1}^{n}\frac{2k-1}{2^k}$$

$$= \sum_{k=0}^{n-1}\frac{2k+1}{2^k} - \sum_{k=1}^{n}\frac{2k-1}{2^k} = 1 + \sum_{k=1}^{n-1}\left(\frac{2k+1}{2^k} - \frac{2k-1}{2^k}\right) - \frac{2n-1}{2^n}$$

$$= 1 + \sum_{k=1}^{n-1}\frac{1}{2^{k-1}} - \frac{2n-1}{2^n} = 1 + \sum_{k=0}^{n-2}\frac{1}{2^k} - \frac{2n-1}{2^n},$$

于是

$$\lim_{n\to\infty} S_n = 1 + \sum_{k=0}^{\infty}\frac{1}{2^k} = 3.$$

类似可以算得 $\sum\limits_{n=1}^{\infty}\dfrac{an+b}{2^n}$ 的和为 $2a + b$.

定理 2.4.2(级数收敛的必要条件) 设级数 $\sum\limits_{n=1}^{\infty} a_n$ 收敛, 则其通项所构成的数列 $\{a_n\}$ 是无穷小数列, 即

$$\lim_{n\to\infty} a_n = 0. \tag{2.4.4}$$

证明 由关系式

$$a_n = S_n - S_{n-1}, n = 1, 2, \cdots$$

立得. 其中, $S_0 = 0$. □

例 2.4.3 表明, 通项收敛于 0 是级数收敛的必要而非充分的条件. 下面讨论一类特殊的级数.

§2.4.3　正项级数

定义 2.4.2　*如果级数 $\sum\limits_{n=1}^{\infty} a_n$ 的各项都是非负实数, 即*

$$a_n \geqslant 0, \quad n = 1, 2, \cdots,$$

则称此级数为**正项级数** (series of positive terms).

正项级数 $\sum\limits_{n=1}^{\infty} a_n$ 有一个特征, 就是它的部分和数列 $\{S_n\}$ 是单调增加的:

$$S_n = \sum_{k=1}^{n} x_k \leqslant \sum_{k=1}^{n+1} x_k = S_{n+1}, \quad n = 1, 2, \cdots,$$

于是根据数列的单调有界原理, 立刻可以得到

定理 2.4.3(正项级数的收敛原理)　正项级数收敛的充分必要条件是它的部分和数列有上界.

若正项级数的部分和数列无上界, 则其必发散到 $+\infty$.

由正项级数的收敛原理, 判断正项级数的收敛性, 只要判断部分和的有界性. 由此可得下面的正项级数收敛的比较判别法.

定理 2.4.4(比较判别法 (comparison test))　*设 $\sum\limits_{n=1}^{\infty} x_n$ 与 $\sum\limits_{n=1}^{\infty} y_n$ 是两个正项级数, 若存在常数 $M > 0$, 使得*

$$x_n \leqslant My_n, \quad n = 1, 2, \cdots, \tag{2.4.5}$$

则

(1) *当 $\sum\limits_{n=1}^{\infty} y_n$ 收敛时, $\sum\limits_{n=1}^{\infty} x_n$ 也收敛;*

(2) *当 $\sum\limits_{n=1}^{\infty} x_n$ 发散时, $\sum\limits_{n=1}^{\infty} y_n$ 也发散.*

证明　设级数 $\sum\limits_{n=1}^{\infty} x_n$ 的部分和数列为 $\{S_n\}$, 级数 $\sum\limits_{n=1}^{\infty} y_n$ 的部分和数列为 $\{T_n\}$, 则显然有

$$S_n \leqslant MT_n, \quad n = 1, 2, \cdots.$$

于是当 $\{T_n\}$ 有上界时, $\{S_n\}$ 也有上界, 而当 $\{S_n\}$ 无上界时, $\{T_n\}$ 必定无上界. 由定理 2.4.3 即得结论.　　　□

注 2.4.1　由于改变级数有限个项的数值, 并不会改变它的敛散性, 所以定理的条件可以放宽为:"存在自然数 N 与常数 $M > 0$, 使得 $x_n \leqslant My_n$ 对一切 $n > N$ 成立".

例 2.4.7　(1) 对于调和级数 $\sum\limits_{n=1}^{\infty} \dfrac{1}{n}$, 由于

$$0 < \ln\left(1 + \frac{1}{n}\right) \leqslant \frac{1}{n} \quad (n \geqslant 1),$$

所以由例 2.4.3 知调和级数 $\sum\limits_{n=1}^{\infty} \dfrac{1}{n}$ 发散.

(2) 对于级数 $\sum\limits_{n=1}^{\infty} \dfrac{1}{n^2}$, 由于

$$\frac{1}{n^2} \leqslant \frac{1}{n(n-1)} \quad (n \geqslant 2),$$

所以由例 2.4.2 知 $\sum\limits_{n=1}^{\infty} \dfrac{1}{n^2}$ 收敛.

例 2.4.8 判断级数 $\sum\limits_{n=1}^{\infty} \dfrac{[2+(-1)^n]^n}{2^{2n+1}}$ 的敛散性.

解 由

$$0 \leqslant \frac{[2+(-1)^n]^n}{2^{2n+1}} \leqslant \frac{3^n}{2 \cdot 4^n} < \left(\frac{3}{4}\right)^n$$

及 $\sum\limits_{n=1}^{\infty} \left(\dfrac{3}{4}\right)^n$ 收敛可知, $\sum\limits_{n=1}^{\infty} \dfrac{[2+(-1)^n]^n}{2^{2n+1}}$ 收敛.

应用比较判别法, 即定理 2.4.4, 需要找到常数 $M > 0$, 使不等式 (2.4.5) 对充分大的 n 都成立, 这往往有些困难. 而下面的比较判别法的极限形式常常用起来更方便.

定理 2.4.5 (比较判别法的极限形式 (limit comparison test)) 设 $\sum\limits_{n=1}^{\infty} x_n$ 与 $\sum\limits_{n=1}^{\infty} y_n$ 是两个正项级数, 且

$$\lim_{n\to\infty} \frac{x_n}{y_n} = l \quad (0 \leqslant l \leqslant +\infty), \tag{2.4.6}$$

(1) 若 $0 \leqslant l < +\infty$, 则当 $\sum\limits_{n=1}^{\infty} y_n$ 收敛时, $\sum\limits_{n=1}^{\infty} x_n$ 也收敛;

(2) 若 $0 < l \leqslant +\infty$, 则当 $\sum\limits_{n=1}^{\infty} y_n$ 发散时, $\sum\limits_{n=1}^{\infty} x_n$ 也发散.

特别地, 当 $0 < l < +\infty$ 时, $\sum\limits_{n=1}^{\infty} x_n$ 与 $\sum\limits_{n=1}^{\infty} y_n$ 同时收敛或同时发散.

证明 下面只给出 (1) 的证明, (2) 的证明类似.

由于 $\lim\limits_{n\to\infty} \dfrac{x_n}{y_n} = l < +\infty$, 由极限的性质知, 存在正整数 N, 当 $n > N$ 时, $\dfrac{x_n}{y_n} < l+1$, 因此 $x_n < (l+1)y_n$. 由定理 2.4.4 即得所需结论. $\qquad\square$

例 2.4.9 判断下列级数的敛散性.

(1) $\sum\limits_{n=1}^{\infty} \dfrac{1}{2^n-n}$; (2) $\sum\limits_{n=1}^{\infty} \sin\dfrac{\pi}{n}$.

解 (1) 由于

$$\lim_{n\to\infty} \frac{2^n}{2^n-n} = 1,$$

由 $\sum\limits_{n=1}^{\infty} \dfrac{1}{2^n}$ 的收敛性, 可知 $\sum\limits_{n=1}^{\infty} \dfrac{1}{2^n-n}$ 收敛.

(2) 由于

$$\lim_{n\to\infty} \frac{\sin\dfrac{\pi}{n}}{\dfrac{1}{n}} = \pi,$$

由 $\sum\limits_{n=1}^{\infty} \dfrac{1}{n}$ 的发散性, 可知 $\sum\limits_{n=1}^{\infty} \sin\dfrac{\pi}{n}$ 发散.

例 2.4.10　判断下列级数的敛散性.

(1) $\sum\limits_{n=1}^{\infty}(\mathrm{e}^{\frac{1}{n^2}}-1)$;　　　　(2) $\sum\limits_{n=1}^{\infty}\left(1-\cos\dfrac{\pi}{n}\right)$;　　　　(3) $\sum\limits_{n=1}^{\infty}\left(\mathrm{e}^{\frac{1}{n^2}}-\cos\dfrac{\pi}{n}\right)$.

解　(1) 由于

$$\mathrm{e}^{\frac{1}{n^2}}-1 \sim \frac{1}{n^2} \quad (n\to\infty),$$

由 $\sum\limits_{n=1}^{\infty} \dfrac{1}{n^2}$ 的收敛性, 可知 $\sum\limits_{n=1}^{\infty}(\mathrm{e}^{\frac{1}{n^2}}-1)$ 收敛.

(2) 由于

$$1-\cos\frac{\pi}{n} \sim \frac{\pi^2}{2}\cdot\frac{1}{n^2} \quad (n\to\infty),$$

由 $\sum\limits_{n=1}^{\infty} \dfrac{1}{n^2}$ 的收敛性, 可知 $\sum\limits_{n=1}^{\infty}\left(1-\cos\dfrac{\pi}{n}\right)$ 收敛.

(3) 由 $\mathrm{e}^{\frac{1}{n^2}}-\cos\dfrac{\pi}{n}=(\mathrm{e}^{\frac{1}{n^2}}-1)+\left(1-\cos\dfrac{\pi}{n}\right)$, 以及 (1)、(2) 的结论立得, $\sum\limits_{n=1}^{\infty}\left(\mathrm{e}^{\frac{1}{n^2}}-\cos\dfrac{\pi}{n}\right)$ 收敛.

习　题　2.4

A1. 证明下列级数的收敛性, 并求其和.

(1) $\sum\limits_{n=1}^{\infty} \dfrac{1}{(4n-3)\cdot(4n+1)}$;　　　　(2) $\sum\limits_{n=1}^{\infty} \dfrac{2n-1}{5^n}$;

(3) $\sum\limits_{n=1}^{\infty}\left(\dfrac{1}{3^n}-\dfrac{1}{5^n}\right)$;　　　　(4) $\sum\limits_{n=1}^{\infty} \dfrac{1}{n(n+1)(n+2)}$;

(5) $\sum\limits_{n=1}^{\infty}(\sqrt{n+2}-2\sqrt{n+1}+\sqrt{n})$;　　　　(6) $\sum\limits_{n=1}^{\infty} \dfrac{1}{\sqrt{n(n+1)}(\sqrt{n+1}+\sqrt{n})}$;

(7) $\sum\limits_{n=1}^{\infty} \dfrac{1}{(b+n-1)(b+n)}$;　　　　(8) $\sum\limits_{n=1}^{\infty}(-1)^{n+1}\dfrac{2n+1}{n(n+1)}$.

A2. 判别下列级数的敛散性:

(1) $\sum\limits_{n=1}^{\infty}\left(\dfrac{n}{2n+1}\right)^n$;　　　　(2) $\sum\limits_{n=1}^{\infty} \dfrac{n^{n-1}}{(n+1)^{n+1}}$;

(3) $\sum\limits_{n=1}^{\infty} 2^{-n-(-1)^n}$;　　　　(4) $\sum\limits_{n=1}^{\infty} 2^n\sin\dfrac{x}{3^n}\ (x>0)$;

(5) $\sum\limits_{n=1}^{\infty}\left(1-\cos\sqrt{\dfrac{\pi}{n}}\right)$;　　　　(6) $\sum\limits_{n=1}^{\infty} \dfrac{1}{1+p^n}\ (p>0)$;

(7) $\sum\limits_{n=1}^{\infty} \dfrac{2^n n!}{n^n}$;　　　　(8) $\sum\limits_{n=1}^{\infty} \dfrac{3n-1}{2^{2n-1}}$;

(9) $\sum\limits_{n=1}^{\infty} \dfrac{a^n}{(1+a)(1+a^2)\cdots(1+a^n)}\ (a>0)$;　　　　(10) $\sum\limits_{n=1}^{\infty} n^{\alpha}\sin\dfrac{\pi}{2\sqrt{n}}$;

(11) $\sum\limits_{n=1}^{\infty} \dfrac{1}{(an^2 + bn + c)^p}$ $(a > 0, b > 0)$; (12) $\sum\limits_{n=1}^{\infty} n^{\alpha} \beta^n$ $(\beta > 0)$.

A3. 判别下列级数的敛散性:

(1) $\sum\limits_{n=2}^{\infty} \dfrac{1}{\sqrt{n}} \ln \dfrac{n+1}{n-1}$; (2) $\sum\limits_{n=2}^{\infty} \dfrac{1! + 2! + \cdots + n!}{(2n)!}$;

(3) $\sum\limits_{n=1}^{\infty} \left(\dfrac{1}{n} - \ln \dfrac{n+1}{n} \right)$; (4) $\sum\limits_{n=1}^{\infty} \dfrac{\ln n}{n^{3/2}}$;

(5) $\sum\limits_{n=1}^{\infty} \left(1 - \dfrac{x_n}{x_{n-1}} \right)$, 其中$\{x_n\}$是有界递增正数列; (6) $\sum\limits_{n=2}^{\infty} \dfrac{1}{(\ln n)^{\ln n}}$;

(7) $\sum\limits_{n=1}^{\infty} \dfrac{1}{3^{\ln n}}$; (8) $\sum\limits_{n=1}^{\infty} \dfrac{1}{2^{\ln n}}$.

A4. 设级数 $\sum\limits_{n=1}^{\infty} u_n$ 收敛, 级数 $\sum\limits_{n=1}^{\infty} v_n$ 发散, 证明级数 $\sum\limits_{n=1}^{\infty} (u_n + v_n)$ 必发散.

A5. 若级数 $\sum\limits_{n=1}^{\infty} u_n$ 发散, $c \neq 0$, 证明级数 $\sum\limits_{n=1}^{\infty} c u_n$ 也发散.

B6. 求下列级数的和:

(1) $\sum\limits_{n=1}^{\infty} \dfrac{2n+1}{(n^2+1)[(n+1)^2+1]}$; (2) $\sum\limits_{n=1}^{\infty} q^n \sin nx$ $(|q| < 1)$;

(3) $\sum\limits_{n=1}^{\infty} \arctan \dfrac{1}{2n^2}$; (4) $\sum\limits_{n=1}^{\infty} \dfrac{1}{\sqrt{n(n+1)}(\sqrt{n+1} + \sqrt{n})}$.

C7. (1) 若级数 $\sum\limits_{n=1}^{\infty} u_n$ 和 $\sum\limits_{n=1}^{\infty} v_n$ 发散, 问: 级数 $\sum\limits_{n=1}^{\infty} (u_n + v_n)$ 是否一定发散? 又若对一切 $n \in \mathbb{N}$, u_n, v_n 都是非负的, 结论又如何?

(2) 若级数 $\sum\limits_{n=1}^{\infty} u_n$ 和 $\sum\limits_{n=1}^{\infty} v_n$ 都收敛, 问: 级数 $\sum\limits_{n=1}^{\infty} u_n v_n$ 是否一定收敛?

第 3 章　函数极限与连续

上一章我们学习了数列的极限, 本章将研究函数极限. 极限概念是整个数学分析的基础. 一方面, 17 世纪 Newton、Leibniz 的微积分在诸多领域中的应用获得了巨大的成功与荣耀, 另一方面, 微积分因其基础不牢而饱受质疑甚至责难. d'Alembert (达朗贝尔)、Cauchy、Weierstrass (魏尔斯特拉斯) 等一大批数学家, 在微积分诞生后长达 200 年时间里, 不断探索, 终于为微积分这幢宏伟大厦奠定了坚实的基础. 这就是严格的极限理论. 上一章学习的是数列极限, 本章学习函数极限, 它是数列极限的一般化. 微积分的主要概念都是依据函数极限概念来定义的.

§3.1　函数的极限

本节要研究诸如 x 趋于 0 时函数 $\dfrac{\sin x}{x}$ 的变化趋势和 x 趋于无穷大时函数 $\left(1+\dfrac{1}{x}\right)^x$ 的变化趋势, 亦即函数极限.

§3.1.1　函数极限的定义

函数极限可以看做数列极限的推广, 但类型较多, 下面我们将一一介绍.

1. 当 $x \to +\infty$, $x \to -\infty$ 以及 $x \to \infty$ 时函数极限的定义

这三种情况与数列极限相似.

定义 3.1.1　设函数 $f(x)$ 在 $[a, +\infty)$ 上有定义, A 是一个常数, 若对任意的正数 ε, 总存在 $X > a$, 使当 $x > X$ 时, 有

$$|f(x) - A| < \varepsilon,$$

则称函数 $f(x)$ 当 $x \to +\infty$ 时以 A 为极限, 记为

$$\lim_{x \to +\infty} f(x) = A, \ \text{或} \ f(x) \to A \, (x \to +\infty).$$

此时也称当 $x \to +\infty$ 时 $f(x)$ 有极限, 或收敛. 如果当 $x \to +\infty$ 时 $f(x)$ 不以任何常数 A 为极限, 则称函数 $f(x)$ 当 $x \to +\infty$ 时极限不存在, 或无极限.

注 3.1.1　在此定义中, X 的作用相当于数列极限定义中的 N, 但不限于自然数. 同样, 类似于数列极限, 我们可以给出上述定义的几何解释, 参见图 3.3.1(1).

对于任意给定的 $\varepsilon > 0$, 我们有平面上由两条平行于 x 轴的直线 $y = A \pm \varepsilon$ 所围成的带型区域. 在直线 $x = X$ 的右方, 曲线 $y = f(x)$ 全都进入该带型区域. 一般来说, 当带型区域变窄时, 直线 $x = X$ 会向右方移动.

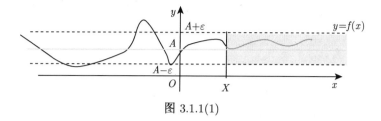

图 3.1.1(1)

例 3.1.1 设 $a > 1$, 证明 $\lim\limits_{x \to +\infty} a^{-x} \sin x = 0$.

证明 事实上, $\forall \varepsilon > 0$, 不妨设 $\varepsilon < 1$. 欲使 $|a^{-x} \sin x| < \varepsilon$, 只要 $a^{-x} < \varepsilon$, 亦即 $x > -\log_a \varepsilon$. 因此, 取 $X = -\log \varepsilon$ 即可. $\qquad \square$

类似地, 我们有 $x \to -\infty$ 和 $x \to \infty$ 时函数极限的定义.

定义 3.1.2 设函数 $f(x)$ 在 $(-\infty, b)$ 上有定义, 如果存在常数 A, 使对任意的正数 ε, 存在 $X < b$, 使当 $x < X$ 时, 有

$$|f(x) - A| < \varepsilon,$$

则称函数 $f(x)$ 当 $x \to -\infty$ 时以 A 为极限, 记为

$$\lim_{x \to -\infty} f(x) = A, \ \text{或} \ f(x) \to A \, (x \to -\infty).$$

若函数 $f(x)$ 在 $(-\infty, +\infty)$ 上有定义, 且存在常数 A, 使对任意的正数 ε, 存在 $X > 0$, 使当 $|x| > X$ 时, 有

$$|f(x) - A| < \varepsilon,$$

则称函数 $f(x)$ 当 $x \to \infty$ 时以 A 为极限, 记为

$$\lim_{x \to \infty} f(x) = A, \ \text{或} \ f(x) \to A \, (x \to \infty),$$

其几何意义参见图 3.1.1(2).

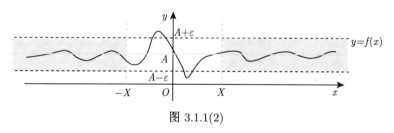

图 3.1.1(2)

显然, 下列命题成立.

命题 3.1.1 $\lim\limits_{x \to \infty} f(x) = A \Longleftrightarrow \lim\limits_{x \to +\infty} f(x) = \lim\limits_{x \to -\infty} f(x) = A$.

例 3.1.2 证明 $\lim\limits_{x \to +\infty} \dfrac{\mathrm{e}^x}{1 + \mathrm{e}^x} = 1$, $\lim\limits_{x \to -\infty} \dfrac{\mathrm{e}^x}{1 + \mathrm{e}^x} = 0$, 因此 $\lim\limits_{x \to \infty} \dfrac{\mathrm{e}^x}{1 + \mathrm{e}^x}$ 不存在.

证明 事实上, 当 $x \to +\infty$ 时, 对任给的正数 ε, 只要取 $X = -\ln \varepsilon$, 则当 $x > X$ 时, $\left| \dfrac{\mathrm{e}^x}{1 + \mathrm{e}^x} - 1 \right| = \dfrac{1}{1 + \mathrm{e}^x} \leqslant \mathrm{e}^{-x} < \mathrm{e}^{-X} = \varepsilon$. 而当 $x \to -\infty$ 时, 由 $\dfrac{\mathrm{e}^x}{1 + \mathrm{e}^x} \leqslant \mathrm{e}^x$ 即知

$$\lim_{x\to-\infty}\frac{\mathrm{e}^x}{1+\mathrm{e}^x}=0.$$ 再根据命题 3.1.1 知, $x\to\infty$ 时函数的极限不存在.   □

2. $x\to a$ 时函数极限的定义

所谓 $x\to a$ 时, 函数 $f(x)$ 以 A 为极限, 是指当 x 充分接近 a 时, $f(x)$ 可以任意接近 A. 为了刻画 $f(x)$ 接近 A 的程度, 我们任取正数 ε, 使成立 $|f(x)-A|<\varepsilon$, 而为刻画 x 趋近 a, 则用另一可任意小的正数 δ, 使成立 $|x-a|<\delta$.

例如, $x\to0$ 时, $f(x)=2^{-\frac{1}{x^2}}\to0$. 但请注意, 函数 $f(x)$ 在 $x=0$ 点没有定义. 也就是说, 函数在一点 a 处的极限与函数在该点附近有关, 但与函数在该点是否有定义可以没有关系. 于是我们引入去心邻域的概念.

a 的 ρ 去心邻域是指在 a 的 ρ 邻域中去掉 a 点, 记为 $U^\circ(a,\rho)$, 即

$$U^\circ(a,\rho)=(a-\rho,a+\rho)\setminus\{a\}=(a-\rho,a)\cup(a,a+\rho).$$

有时也可省去 ρ, 直接记为 $U^\circ(a)$.

下面给出 $x\to a$ 时函数极限的定义, 通常称之为函数极限的 ε-δ 定义.

定义 3.1.3 (ε-δ 定义) 设函数 $y=f(x)$ 在点 a 的某去心邻域 $U^\circ(a,\rho)$ 中有定义, A 是一常数. 如果对于任意给定的 $\varepsilon>0$, 总可以找到 $\delta>0(\delta\leqslant\rho)$, 使当

$$0<|x-a|<\delta \tag{3.1.1}$$

时, 成立

$$|f(x)-A|<\varepsilon, \tag{3.1.2}$$

则称 $f(x)$ 在点 a 以 A 为极限, 或称 A 是 $f(x)$ 在点 a 处的极限, 记为

$$\lim_{x\to a}f(x)=A,$$

或

$$f(x)\to A\,(x\to a).$$

此时也称函数 $f(x)$ 在点 a 处有极限. 如果 $f(x)$ 在点 a 不以任何常数 A 为极限, 则称 $f(x)$ 在点 a 处没有极限, 或极限不存在.

仿照数列极限定义, 我们可以画出表征函数极限几何意义的图 (图 3.1.2).

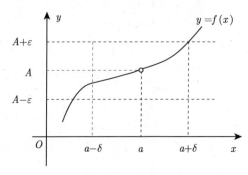

图 3.1.2

它表明, 对以直线 $y = A$ 为中心线、宽为 2ε 的水平带型区域, 必存在 a 的某去心邻域 $U^\circ(a, \delta)$, 使在此 $U^\circ(a, \delta)$ 上的曲线落在上述带型区域内.

例 3.1.3　对任何 $a > 0$, $\lim\limits_{x \to 0} a^x = 1$.

证明　$\forall \varepsilon > 0$, 不妨设 $\varepsilon < 1$, 要找 $\delta > 0$, 使当 $0 < |x| < \delta$ 时, $|a^x - 1| < \varepsilon$, 即

$$1 - \varepsilon < a^x < 1 + \varepsilon. \tag{3.1.3}$$

$a = 1$ 时, 对任何 $\delta > 0$, 式 (3.1.3) 显然成立.

$a > 1$ 时, 式 (3.1.3) 等价于 $\log_a(1 - \varepsilon) < x < \log_a(1 + \varepsilon)$, 因此, 取 $\delta = \min\{\log_a(1 + \varepsilon), -\log_a(1 - \varepsilon)\}$, 只要 $0 < |x| < \delta$, 就有 $|a^x - 1| < \varepsilon$, 即 $\lim\limits_{x \to 0} a^x = 1$.

而 $0 < a < 1$ 时, 式 (3.1.3) 等价于 $\log_a(1 - \varepsilon) > x > \log_a(1 + \varepsilon)$, 因此, 取 $\delta = \min\{-\log_a(1 + \varepsilon), \log_a(1 - \varepsilon)\}$, 只要 $0 < |x| < \delta$, 就有 $|a^x - 1| < \varepsilon$, 即 $\lim\limits_{x \to 0} a^x = 1$.　□

例 3.1.4　对任何 $a > 0, a \neq 1$, $\lim\limits_{x \to 0} \log_a(1 + x) = 0$.

证明　$\forall \varepsilon > 0$, 欲使 $-\varepsilon < \log_a(1 + x) < \varepsilon$, 只要 $a^{-\varepsilon} - 1 < x < a^\varepsilon - 1 (a > 1)$ 或 $a^{-\varepsilon} - 1 > x > a^\varepsilon - 1 (a < 1)$, 因此, 取 $\delta = \min\{|a^{-\varepsilon} - 1|, |a^\varepsilon - 1|\}$, 则当 $0 < |x| < \delta$ 时, $|\log_a(1 + x)| < \varepsilon$, 即 $\lim\limits_{x \to 0} \log_a(1 + x) = 0$.　□

注 3.1.2　与数列极限的情况一样, ε 既是任意的, 又是给定的, 说它任意的, 是指它可以取任意小的正数; 说它是给定的, 是指在给定的 ε 后再寻求相应的正数 δ. 这里的 δ 一般是依赖 ε 的, 但它并不是由 ε 唯一确定. 事实上, 只要找到一个 δ, 则任一比它小的正数都可以起到与 δ 相同的作用.

例 3.1.5　证明 $\lim\limits_{x \to 1} \dfrac{x^2 - 1}{x - 1} = 2$.

证明　因为

$$\left| \frac{x^2 - 1}{x - 1} - 2 \right| = |x - 1|, \quad x \neq 1,$$

所以, $\forall \varepsilon > 0$, 取 $\delta = \varepsilon$, 则当 $0 < |x - 1| < \delta$ 时, 成立

$$\left| \frac{x^2 - 1}{x - 1} - 2 \right| < \varepsilon.$$

从而证得 $\lim\limits_{x \to 1} \dfrac{x^2 - 1}{x - 1} = 2$.　□

注 3.1.3　从例 3.1.5 可以看到, 尽管函数 $f(x) = \dfrac{x^2 - 1}{x - 1}$ 在 $x = 1$ 处没有定义, 但该函数在 $x \to 1$ 时仍有极限. 事实上, 这样的现象非常普遍, 这也说明为什么在上述定义 3.1.3 中, 我们只要求 $f(x)$ 在 $x = a$ 的一个去心邻域内有定义, 并且不等式 (3.1.2) 也只要在 a 的某去心邻域中成立的原因.

例 3.1.6　证明 $\lim\limits_{x \to 1} \dfrac{x^2 - 1}{2x^2 - 3x + 1} = 2$.

证明　首先,

$$\left| \frac{x^2 - 1}{2x^2 - 3x + 1} - 2 \right| = \left| \frac{x + 1}{2x - 1} - 2 \right| = \frac{3}{|2x - 1|} |x - 1|.$$

其次, 对任何 $\varepsilon > 0$, 我们不宜直接通过解不等式 $\dfrac{3}{|2x-1|}|x-1| < \varepsilon$ 来找 δ, 而是先放大不等式, 因此先缩小分母:

$$|2x-1| = |2(x-1)+1| \geqslant 1 - 2|x-1| > \frac{1}{2}, \ \text{只要} |x-1| < \frac{1}{4},$$

这里, 要求 $|x-1| < \dfrac{1}{4}$ 总是可以的, 因为 $x \to 1$. 这种先限制 $|x-1| < \dfrac{1}{4}$ 的想法今后经常用到.

最后, 对任何 $\varepsilon > 0$, 只要取 $\delta = \min\left\{\dfrac{1}{4}, \dfrac{\varepsilon}{6}\right\}$, 则当 $0 < |x-1| < \delta$ 时, 必有

$$\left|\frac{x^2-1}{2x^2-3x+1} - 2\right| = \frac{3}{|2x-1|}|x-1| < 6|x-1| < \varepsilon. \qquad \Box$$

例 3.1.7　证明 $\displaystyle\lim_{x\to 0} x\sin\frac{1}{x} = 0$.

证明　对任何 $\varepsilon > 0$, 因为 $\left|x\sin\dfrac{1}{x}\right| \leqslant |x|$, 所以, 只要取 $\delta = \varepsilon$, 则当 $0 < |x| < \delta$ 时,

$\left|x\sin\dfrac{1}{x}\right| \leqslant |x| < \varepsilon$, 因此 $\displaystyle\lim_{x\to 0} x\sin\frac{1}{x} = 0$. 参见图 3.1.3. $\qquad \Box$

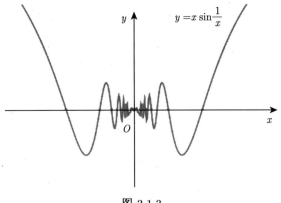

图 3.1.3

注意: $x \to a$ 时既可以大于 a, 也可以小于 a, 即 x 可以在 a 的左侧, 也可以在 a 的右侧. 如果只对某一侧的 x 要求不等式 (3.1.2) 成立, 则得相应的单侧极限的概念.

3. 单侧极限

定义 3.1.4　设 $f(x)$ 在 $(a-\rho, a)$ 内有定义 $(\rho > 0)$, 如果存在实数 A, 对于任意给定的 $\varepsilon > 0$, 总可以找到 $\delta > 0$, 使得当 $-\delta < x - a < 0$ 时, 成立 $|f(x) - A| < \varepsilon$, 则称 A 是函数 $f(x)$ 在点 a 处的左极限 (left-hand limit), 记为

$$\lim_{x\to a-} f(x) = A \ \text{或} f(a-) = A.$$

类似地, 可定义 $f(x)$ 在点 a 处的右极限 (right-hand limit), 记为

$$\lim_{x\to a+} f(x) = A \ \text{或} f(a+) = A.$$

左极限与右极限统称为单侧极限 (one-side limit).

根据定义, 我们容易证得下面定理.

定理 3.1.1 函数 $f(x)$ 在点 a 处极限存在的充分必要条件是 $f(x)$ 在 a 点的左、右极限都存在且相等, 即

$$\lim_{x \to a} f(x) = A \Longleftrightarrow f(a+) = f(a-) = A.$$

例 3.1.8 设 $f(x) = \operatorname{sgn} x$, 则 $x < 0$ 时 $f(x) = -1$, 所以 $f(0-) = -1$, 同理 $f(0+) = 1$, 因此 $f(x)$ 在点 0 处的极限不存在. 参见图 3.1.1.

例 3.1.9 $f(x) = \begin{cases} 2x+1, & x \leqslant 0; \\ 1-x^2, & x > 0, \end{cases}$ 求 $f(0+)$, $f(0-)$. 又问 $f(x)$ 在 $x = 0$ 的极限存在吗?

解 易求得

$$f(0-) = \lim_{x \to 0-} f(x) = \lim_{x \to 0-} (2x+1) = 1,$$

$$f(0+) = \lim_{x \to 0+} f(x) = \lim_{x \to 0+} (1-x^2) = 1,$$

因此, $f(0+) = f(0-) = 1$, 所以 $f(x)$ 在 $x = 0$ 的极限存在, 且为 1.

§3.1.2 函数极限的性质

函数极限有类似于数列极限的一些性质, 但略有不同, 请注意比较. 我们以其中一种极限形式 $x \to a$ 为例来说明, 其余情况请读者自己补充.

1. 极限的唯一性

定理 3.1.2 函数 $f(x)$ 在点 a 处有极限, 则极限必是唯一的.

证明 若 A 与 B 都是函数 $f(x)$ 在点 a 处的极限, 则根据函数极限的定义, 可知: $\forall \varepsilon > 0$,

$$\exists \delta_1 > 0, \quad \forall x(0 < |x - x_0| < \delta_1) : |f(x) - A| < \frac{\varepsilon}{2};$$

$$\exists \delta_2 > 0, \quad \forall x(0 < |x - x_0| < \delta_2) : |f(x) - B| < \frac{\varepsilon}{2};$$

取 $\delta = \min\{\delta_1, \delta_2\}$, 任意取定 $x \in U^\circ(x_0, \delta)$, 有

$$|A - B| \leqslant |f(x) - A| + |f(x) - B| < \varepsilon.$$

由 ε 的任意性知, $A = B$. □

2. 局部有界性

定理 3.1.3 若函数 $f(x)$ 在点 a 处有极限, 则必局部有界, 即 $f(x)$ 在 a 的某去心邻域内有界.

证明 设 $\lim_{x \to a} f(x) = A$, 则对 $\varepsilon = 1$, 存在 $\delta > 0$, 当 $0 < |x - x_0| < \delta$ 时, 成立

$$A - 1 < f(x) < A + 1.$$

由此可知 $f(x)$ 在 $U^\circ(a, \delta)$ 内有界. □

3. 局部保序性

定理 3.1.4　若 $\lim\limits_{x\to a} f(x) = A, \lim\limits_{x\to a} g(x) = B$, 且 $A > B$, 则存在 a 的某去心邻域 $U^\circ(a)$, 使成立 $f(x) > g(x), \forall x \in U^\circ(a)$.

证明　取 $\varepsilon = \dfrac{A-B}{2} > 0$. 由 $\lim\limits_{x\to x_0} f(x) = A, \exists \delta_1 > 0, \forall x(0 < |x - x_0| < \delta_1):$ $|f(x) - A| < \varepsilon_0$, 从而

$$\frac{A+B}{2} < f(x);$$

由 $\lim\limits_{x\to x_0} g(x) = B, \exists \delta_2 > 0, \forall x(0 < |x - x_0| < \delta_2) : |g(x) - B| < \varepsilon_0$, 从而

$$g(x) < \frac{A+B}{2}.$$

取 $\delta = \min\{\delta_1, \delta_2\}$, 当 $0 < |x - x_0| < \delta$, 成立

$$g(x) < \frac{A+B}{2} < f(x). \qquad \square$$

推论 3.1.1　设 $\lim\limits_{x\to a} f(x) = A > 0$, 则存在 a 的某去心邻域, 使在其内成立 $f(x) > 0$, 即由函数在一点的极限值为正, 可保证函数在该点的某去心邻域内都为正.

推论 3.1.2　设 $\lim\limits_{x\to a} f(x) = A, \lim\limits_{x\to a} g(x) = B$, 且存在 a 的某去心邻域 $U^\circ(a,r)$, 使在其内成立 $f(x) \leqslant g(x)$, 则 $A \leqslant B$.

证明　反证法. 若 $B < A$, 则由定理 3.1.4, 存在 $\delta > 0$, 当 $0 < |x - x_0| < \delta$ 时,

$$g(x) < f(x).$$

取 $\eta = \min\{\delta, r\}$, 则当 $0 < |x - x_0| < \eta$ 时, 即有 $g(x) < f(x)$, 此与在 $U^\circ(a,r)$ 内成立 $f(x) \leqslant g(x)$ 矛盾. $\qquad \square$

这里, 和数列极限中注 2.2.1 一样, 即使 $f(x)$ 严格小于 $g(x)$, 也未必一定有 $A < B$.

4. 绝对值性质

定理 3.1.5　若 $\lim\limits_{x\to a} f(x) = A$, 则 $\lim\limits_{x\to a} |f(x)| = |A|$.

证明　因为 $\lim\limits_{x\to a} f(x) = A$, 则 $\forall \varepsilon > 0, \exists \delta > 0, \forall x \in U^\circ(a, \delta)$, 都有 $|f(x) - A| < \varepsilon$. 因此有

$$\Big| |f(x)| - |A| \Big| \leqslant |f(x) - A| < \varepsilon, \forall x \in U^\circ(a, \delta).$$

由此即得 $\lim\limits_{x\to a} |f(x)| = |A|$. $\qquad \square$

该定理表明, 像数列极限一样, 对函数取极限也可以从绝对值号外入内, 即 $\lim\limits_{x\to a} |f(x)| = |\lim\limits_{x\to a} f(x)|$, 前提是极限 $\lim\limits_{x\to a} f(x)$ 存在.

5. 夹逼定理 (squeeze theorem)

定理 3.1.6　给定函数 $f(x)$, 若存在 a 的某去心邻域 $U^\circ(a)$ 及函数 $g(x), h(x)$, 使

$$g(x) \leqslant f(x) \leqslant h(x), \forall x \in U^\circ(a),$$

且 $\lim\limits_{x\to a} g(x) = \lim\limits_{x\to a} h(x) = A$, 则 $\lim\limits_{x\to a} f(x) = A$.

证明 $\forall \varepsilon > 0$, 由 $\lim\limits_{x \to x_0} h(x) = A$, 可知 $\exists \delta_1 > 0, \forall x(0 < |x - x_0| < \delta_1): |h(x) - A| < \varepsilon$, 从而

$$h(x) < A + \varepsilon;$$

$\lim\limits_{x \to x_0} g(x) = A$, 可知 $\exists \delta_2 > 0, \forall x(0 < |x - x_0| < \delta_2)$, 有 $|g(x) - A| < \varepsilon$, 从而

$$A - \varepsilon < g(x).$$

取 $\delta = \min\{\delta_1, \delta_2, r\}, \forall x(0 < |x - x_0| < \delta):$

$$A - \varepsilon < g(x) \leqslant f(x) \leqslant h(X) < A + \varepsilon,$$

此即 $\lim\limits_{x \to x_0} f(x) = A.$ $\qquad\qquad\qquad\qquad\qquad\qquad\qquad\qquad\qquad\qquad\qquad$ $\square$

例 3.1.10 证明 $\lim\limits_{x \to 0} x \left[\dfrac{1}{x}\right] = 1.$

证明 $\forall x \neq 0$ 有 $\dfrac{1}{x} - 1 < \left[\dfrac{1}{x}\right] \leqslant \dfrac{1}{x}.$

当 $x > 0$ 时,

$$1 - x < x \left[\dfrac{1}{x}\right] \leqslant 1.$$

由夹逼性质得

$$\lim\limits_{x \to 0+} x \left[\dfrac{1}{x}\right] = 1.$$

而当 $x < 0$ 时,

$$1 \leqslant x \left[\dfrac{1}{x}\right] < 1 - x,$$

同样由夹逼性质得

$$\lim\limits_{x \to 0-} x \left[\dfrac{1}{x}\right] = 1.$$

综上知, $\lim\limits_{x \to 0} x \left[\dfrac{1}{x}\right] = 1.$ $\qquad\qquad\qquad\qquad\qquad\qquad\qquad\qquad\qquad\qquad\qquad$ $\square$

6. 函数极限的四则运算性质

定理 3.1.7 设 $\lim\limits_{x \to x_0} f(x) = A$, $\lim\limits_{x \to x_0} g(x) = B$, 则对任何常数 α, β, 函数 $\alpha f(x) + \beta g(x), f \cdot g$ 在 x_0 点的极限也存在, 且有

(1) $\lim\limits_{x \to x_0} (\alpha f(x) + \beta g(x)) = \alpha A + \beta B.$

(2) $\lim\limits_{x \to x_0} (f(x)g(x)) = AB.$

又若 $B \neq 0$, 则函数 $\dfrac{f}{g}$ 在 x_0 点的极限也存在, 且

(3) $\lim\limits_{x \to x_0} \dfrac{f(x)}{g(x)} = \dfrac{A}{B}.$

证明　因 $\lim\limits_{x \to x_0} f(x) = A$, 由局部有界性知, $\exists M > 0, \delta_0 > 0, \forall x(0 < |x - x_0| < \delta_0)$:

$$|f(x)| \leqslant M,$$

且 $\forall \varepsilon > 0, \exists \delta_1 > 0, \forall x(0 < |x - x_0| < \delta_1)$:

$$|f(x) - A| < \varepsilon;$$

再由 $\lim\limits_{x \to x_0} g(x) = B$, 可知 $\exists \delta_2 > 0, \forall x(0 < |x - x_0| < \delta_2)$:

$$|g(x) - B| < \varepsilon.$$

取 $\delta = \min(\delta_0, \delta_1, \delta_2)$, 则 $\forall x(0 < |x - x_0| < \delta)$:

$$|(\alpha f(x) + \beta g(x)) - (\alpha A + \beta B)|$$
$$\leqslant |\alpha||f(x) - A| + |\beta||g(x) - B|$$
$$< (|\alpha| + |\beta|)\varepsilon,$$

及

$$|(f(x)g(x)) - AB|$$
$$= |(f(x)(g(x)) - B) + B(f(x) - A)|$$
$$< (M + |B|)\varepsilon.$$

因此 (1) 和 (2) 成立. 利用极限的绝对值性质与保序性可知, $\exists \delta_* > 0, \forall x(0 < |x - x_0| < \delta_*)$:

$$|g(x)| > \frac{|B|}{2}.$$

取 $\delta = \min(\delta_*, \delta_1, \delta_2)$, 则 $\forall x(0 < |x - x_0| < \delta)$:

$$\left| \frac{f(x)}{g(x)} - \frac{A}{B} \right| = \left| \frac{B(f(x) - A) - A(g(x) - B)}{Bg(x)} \right| < \frac{2(|A| + |B|)}{|B|^2}\varepsilon,$$

因此 (3) 也成立. □

函数极限的四则运算性质是求函数极限最常用到的方法.

例 3.1.11　$\lim\limits_{x \to 0} \dfrac{(x-1)^3 + 1 - 3x}{x^2 + 2x^3} = \lim\limits_{x \to 0} \dfrac{x^3 - 3x^2}{x^2 + 2x^3} = \lim\limits_{x \to 0} \dfrac{x^2(x-3)}{x^2(1+2x)} = \lim\limits_{x \to 0} \dfrac{x-3}{1+2x} = -3.$

7. 复合函数的极限

定理 3.1.8　设 $\lim\limits_{x \to x_0} g(x) = u_0$, $\lim\limits_{u \to u_0} f(u) = A$, 且在 x_0 的某去心邻域内 $g(x) \neq u_0$, 则复合函数 $y = f \circ g$ 在 x_0 处有极限, 且

$$\lim\limits_{x \to x_0} f(g(x)) = A. \tag{3.1.4}$$

证明 $\forall \varepsilon > 0$, 因为 $\lim\limits_{u \to u_0} f(u) = A$, 所以存在正数 $\eta > 0$, 使得当 $0 < |u - u_0| < \eta$ 时, $|f(u) - A| < \varepsilon$. 又因为 $\lim\limits_{x \to x_0} g(x) = u_0$, 所以对上述 $\eta > 0$, 存在 $\delta > 0$, 使得当 $0 < |x - x_0| < \delta$ 时, $0 < |g(x) - u_0| < \eta$. 因此, 当 $0 < |x - x_0| < \delta$ 时, $|f(g(x)) - A| < \varepsilon$. 即我们证明了式 (3.1.4). □

注意, 本定理的结论对 x_0 或 u_0 是 $\pm\infty$ 的情况也适用. 例如,

$$\lim_{x \to +\infty} 2^{\sqrt{x+1} - \sqrt{x}} = \lim_{u \to 0} 2^u = 1.$$

§3.1.3 两个重要极限

本小节, 我们应用夹逼性质来证明两个重要的函数极限.

1. 第一个重要极限

例 3.1.12

$$\lim_{x \to 0} \frac{\sin x}{x} = 1. \tag{3.1.5}$$

证明 首先, 依据中学关于圆与扇形的知识, 可建立重要不等式

$$|\sin x| < |x| < |\tan x|, \forall\, 0 < |x| < \frac{\pi}{2}. \tag{3.1.6}$$

事实上, 注意到 $\dfrac{\sin x}{x}, \dfrac{\tan x}{x}$ 都是偶函数, 所以只需要对 $0 < x < \dfrac{\pi}{2}$ 来证明不等式.

如图 3.1.4 所示, 下面的几何事实显然成立:

$\triangle OAB$ 的面积 $<$ 扇形 OAB 的面积 $< \triangle OAD$ 的面积,

由此立即有 $\sin x < x < \tan x, 0 < x < \dfrac{\pi}{2}$.

其次, 由上述不等式有

$$\cos x < \frac{\sin x}{x} < 1, \forall\, 0 < |x| < \frac{\pi}{2},$$

而由

$$|\cos x - 1| = 2\sin^2 \frac{x}{2} \leqslant \frac{x^2}{2} \to 0,$$

可知 $\lim\limits_{x \to 0} \cos x = 1$, 再由夹逼性质立得式 (3.1.5). □

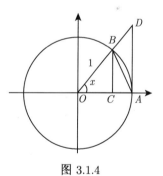

图 3.1.4

注 3.1.4 由不等式 (3.1.6) 容易知道下列不等式成立:

$$|\sin x| < |x|, \forall x \neq 0.$$

例 3.1.13 (1) 对任意实数 $\alpha \neq 0$, 有

$$\lim_{x \to 0} \frac{\sin \alpha x}{x} = \lim_{x \to 0} \left(\alpha \cdot \frac{\sin \alpha x}{\alpha x} \right) = \alpha.$$

所以对任意实数 α 有 $\lim\limits_{x\to 0}\dfrac{\sin\alpha x}{x}=\alpha$.

(2) $\lim\limits_{x\to 0}\dfrac{\tan x}{x}=\lim\limits_{x\to 0}\dfrac{\sin x}{x}\lim\limits_{x\to 0}\dfrac{1}{\cos x}=1.$

(3) $\lim\limits_{x\to 0}\dfrac{1-\cos x}{x^2}=\lim\limits_{x\to 0}\dfrac{2\sin^2\frac{x}{2}}{x^2}=\lim\limits_{x\to 0}\dfrac{1}{2}\cdot\dfrac{\sin^2\frac{x}{2}}{\left(\frac{x}{2}\right)^2}=\dfrac{1}{2}.$

2. 第二个重要极限

在上一章, 我们通过数列极限引入了重要常数 $\mathrm{e}=\lim\limits_{n\to\infty}\left(1+\dfrac{1}{n}\right)^n$, 下面我们用它来讨论函数的第二个重要极限.

例 3.1.14 *证明*

$$\lim_{x\to\infty}\left(1+\frac{1}{x}\right)^x=\mathrm{e}. \tag{3.1.7}$$

证明 先证 $\lim\limits_{x\to +\infty}\left(1+\dfrac{1}{x}\right)^x=\mathrm{e}$. 首先, 对于任意 $x\geqslant 1$, 有

$$\left(1+\frac{1}{[x]+1}\right)^{[x]}<\left(1+\frac{1}{x}\right)^x<\left(1+\frac{1}{[x]}\right)^{[x]+1},$$

式中, $[x]$ 表示 x 的整数部分. 因此上面的不等式左、右两侧都为数列, 且 $x\to +\infty$ 当且仅当 $[x]\to +\infty$. 又因为

$$\lim_{n\to\infty}\left(1+\frac{1}{n+1}\right)^n=\lim_{n\to\infty}\left(1+\frac{1}{n}\right)^{n+1}=\mathrm{e},$$

利用函数极限的夹逼性, 得到

$$\lim_{x\to +\infty}\left(1+\frac{1}{x}\right)^x=\mathrm{e}.$$

再证 $\lim\limits_{x\to -\infty}\left(1+\dfrac{1}{x}\right)^x=\mathrm{e}$. 为此令 $y=-x$, 于是当 $x\to -\infty$ 时, $y\to +\infty$, 从而有

$$\lim_{x\to -\infty}\left(1+\frac{1}{x}\right)^x=\lim_{y\to +\infty}\left(1-\frac{1}{y}\right)^{-y}=\lim_{y\to +\infty}\left(1+\frac{1}{y-1}\right)^y=\mathrm{e}.$$

将 $\lim\limits_{x\to +\infty}\left(1+\dfrac{1}{x}\right)^x=\mathrm{e}$ 与 $\lim\limits_{x\to -\infty}\left(1+\dfrac{1}{x}\right)^x=\mathrm{e}$ 结合起来, 就得到

$$\lim_{x\to\infty}\left(1+\frac{1}{x}\right)^x=\mathrm{e}. \qquad\qquad \square$$

例 3.1.15 *根据上述第二个重要极限式 (3.1.7), 令 $y=\dfrac{1}{x}$ 可得*

(1) $\lim\limits_{y\to 0}(1+y)^{\frac{1}{y}}=\mathrm{e}$;

再令 $y=-x$, 仍然由第二个重要极限式 (3.1.7) 可得

(2) $\lim\limits_{y\to\infty}\left(1-\dfrac{1}{y}\right)^y=\mathrm{e}^{-1}$.

§3.1.4 函数极限存在的充要条件

与数列极限的存在性对应, 本节讨论函数极限的存在性条件, 主要结果是归结原则和 Cauchy 收敛准则. 这两个准则都是函数极限存在的充要条件.

1. 归结原则

我们知道, 数列极限是函数极限的特例, 同时, 函数极限又可以利用数列极限来讨论. 事实上, 两者之间的密切关系即是由德国数学家 Heine(海涅) 提出的归结原则.

定理 3.1.9(归结原则) 设函数 $f(x)$ 在点 a 的某去心邻域 $U^\circ(a,\rho)$ 有定义, 则函数极限

$$\lim\limits_{x\to a}f(x)=A$$

的充分必要条件是: 对于 $U^\circ(a,\rho)$ 中任意的数列 $a_n\to a\,(n\to\infty)$, 有相应的数列极限

$$\lim\limits_{n\to\infty}f(a_n)=A.$$

证明 必要性: 对于任给的 $\varepsilon>0$ 以及 $U^\circ(a,\delta)$ 中任意的 $a_n\to a(n\to\infty)$, 因为函数极限

$$\lim\limits_{x\to a}f(x)=A,$$

所以存在 $\delta>0$, 不妨设 $\delta<\rho$, 使当 $0<|x-a|<\delta$ 时, $|f(x)-A|<\varepsilon$. 因为 $a_n\to a\,(n\to\infty)$, 所以, 对上述 $\delta>0$, 存在自然数 N, 使当 $n>N$ 时, 有 $0<|a_n-a|<\delta$, 从而 $|f(a_n)-A|<\varepsilon$, 因此数列极限 $\lim\limits_{n\to\infty}f(a_n)=A$.

充分性: 反证法. 设 $x\to a$ 时, $f(x)$ 不以 A 为极限. 于是, 存在 $\varepsilon_0>0$, 对任意 $\delta>0$, 存在相应的 $x\in U^\circ(a,\delta)$, 使得 $|f(x)-A|\geqslant\varepsilon_0$.

依次取 $\delta_1=\rho,\delta_2=\dfrac{\rho}{2},\cdots,\delta_n=\dfrac{\rho}{n},\cdots$, 则相应地存在 $x_1,x_2,\cdots,x_n,\cdots,x_n\in U^\circ\left(a,\dfrac{\rho}{n}\right),\forall n\in\mathbb{N}^+$, 使得 $|f(x_n)-A|\geqslant\varepsilon_0$. 显然, 数列 $\{x_n\}$ 收敛于 a, 且 $x_n\neq a$, 但数列 $\{f(x_n)\}$ 不收敛于 A, 矛盾. $\qquad\square$

归结原则也称为 Heine 定理, 是沟通函数极限和数列极限之间的桥梁. 根据归结原则, 函数极限问题可归结为数列极限问题, 反之亦然. 因此, 函数极限的性质可用数列极限的有关性质来加以证明. 例如, 前面的函数极限的唯一性等性质都可借助归结原则给出新的证明.

在求数列极限时, 归结原则起着重要的作用.

例 3.1.16 根据第一个重要极限和归结原则, 数列极限

$$\lim\limits_{n\to\infty}\sqrt{n}\sin\dfrac{1}{\sqrt{n}}=1,$$

根据第二个重要极限和归结原则, 数列极限

$$\lim\limits_{n\to\infty}\left(1+\dfrac{3}{n}\right)^n=\lim\limits_{n\to\infty}\left(\left(1+\dfrac{3}{n}\right)^{\frac{n}{3}}\right)^3=\mathrm{e}^3.$$

为了使用方便, 我们对归结原则稍作改进, 即有下面的

定理 3.1.10　设函数 $f(x)$ 在点 a 的某去心邻域 $U^{\circ}(a)$ 有定义, 则函数极限 $\lim\limits_{x \to a} f(x)$ 存在的充分必要条件: 对于 $U^{\circ}(a)$ 中任意的收敛于 a 的数列 $\{a_n\}$, 数列 $\{f(a_n)\}$ 也收敛.

证明　必要性: 同定理 3.1.9 的证明.

充分性: 条件看上去弱一点, 因为, 并没有假设所有数列 $\{f(a_n)\}$ 收敛的极限相同. 但事实上, 我们可以证明, 如果对于 $U^{\circ}(a)$ 中任意的收敛于 a 的数列 $\{a_n\}$, 数列 $\{f(a_n)\}$ 都收敛, 则这些极限必相等. 假如有两个数列 $\{a_n\}$ 和 $\{b_n\}$ 都收敛于 a, 但 $\{f(a_n)\}$ 和 $\{f(b_n)\}$ 的极限不相同, 则可构造数列 $\{x_n\}$ 如下: $x_{2n-1} = a_n, x_{2n} = b_n$, 则 $x_n \in U^{\circ}(a)$, 且 $x_n \to a\,(n \to \infty)$, 但 $\{f(x_n)\}$ 发散, 因为它的奇子列与偶子列的极限不同. 于是又回到上述定理的充分性的情况. □

根据归结原则的必要性条件还可以判断函数极限的不存在.

推论 3.1.3　如果在点 a 的某去心邻域 $U^{\circ}(a)$ 有一个收敛于 a 的数列 $\{a_n\}$, 使 $\{f(a_n)\}$ 不收敛, 或在 $U^{\circ}(a)$ 中有两个都收敛于 a 的数列 $\{a_n\}, \{b_n\}$, 使 $\{f(a_n)\}, \{f(b_n)\}$ 都收敛, 但极限不相等, 则函数 f 在点 a 的极限不存在.

例 3.1.17　证明函数 $\sin \dfrac{1}{x}$ 在 $x = 0$ 处的极限不存在.

证明　取 $x_n = \dfrac{1}{n\pi}, y_n = \dfrac{1}{2n\pi + \dfrac{\pi}{2}}, n = 1, 2, \cdots$, 则 x_n, y_n 都不等于 0 且收敛于 0, 但 $\sin \dfrac{1}{x_n} = 0, \sin \dfrac{1}{y_n} = 1$, 因此由上述推论知 $\sin \dfrac{1}{x}$ 在 $x = 0$ 处的极限不存在. □

函数 $y = \sin \dfrac{1}{x}$ 的图像如图 3.1.5 所示, 当 $x \to 0$ 的过程中, 其函数值在 -1 与 1 之间来回振荡而不趋于任何定数.

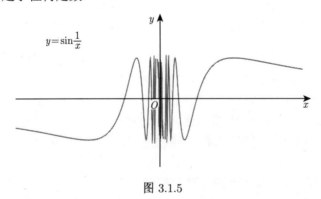

图 3.1.5

请读者将此例与例 3.1.7 比较.

例 3.1.18　Dirichlet 函数 $D(x)$ 在任意一点的极限都不存在.

证明　对任何 $a \in \mathbb{R}$, 由有理数与无理数的稠密性, 总可以取两列异于 a 的数列 $\{a_n\}$ 和 $\{b_n\}$ 都收敛于 a, 且一切 a_n 是有理数, 一切 b_n 为无理数. 于是, $D(a_n) = 1, D(b_n) = 0$, 从而, 由上述推论知道, $x \to a$ 时, $D(x)$ 的极限不存在. □

2. Cauchy 收敛准则

这一段, 我们讨论函数极限的 Cauchy 收敛准则. 我们只对 $x \to \infty$ 和 $x \to a-$ 两种极限情况进行讨论, 其余情况请读者自己补齐.

定理 3.1.11 $\lim\limits_{x \to \infty} f(x)$ 存在的充分必要条件: $\forall \, \varepsilon > 0, \, \exists \, G > 0, \, \forall x', x''$, 满足 $|x'|, |x''| > G$ 时, 有

$$|f(x') - f(x'')| < \varepsilon.$$

证明 必要性: 设 $\lim\limits_{x \to \infty} f(x)$ 存在, 记为 A, 则由极限存在的定义, $\forall \varepsilon > 0, \exists G > 0$, 当 $|x| > G$ 时, $|f(x) - A| < \dfrac{\varepsilon}{2}$.

于是, 当 $|x'|, |x''| > G$ 时, 有

$$|f(x') - f(x'')| \leqslant |f(x') - A| + |f(x'') - A| < \varepsilon.$$

充分性: 对任意 $\varepsilon > 0$, 由充分性条件, 存在 $G > 0, \forall x', x''$, 满足 $|x'|, |x''| > G$ 时, 有

$$|f(x') - f(x'')| < \varepsilon.$$

于是对任何无穷人数列 $\{x_n\}$, 存在 $N > 0$, 当 $n, m > N$ 时, $|x_n|, |x_m| > G$, 从而

$$|f(x_n) - f(x_m)| < \varepsilon.$$

由数列极限的 Cauchy 收敛准则知 $\{f(x_n)\}$ 收敛, 再由 Heine 归结原则知 $\lim\limits_{x \to \infty} f(x)$ 存在. $\qquad\square$

推论 3.1.4 $\lim\limits_{x \to \infty} f(x)$ 存在的充分必要条件是对任意两个无穷大数列 $\{x_n\}$ 和 $\{y_n\}$, 有 $f(x_n) - f(y_n) \to 0$.

例 3.1.19 应用上述推论可知, $x \to \infty$ 时, $\sin x$ 的极限不存在, 这是因为对 $x_n = 2n\pi, y_n = 2n\pi + \dfrac{\pi}{2}$, 它们都趋于无穷大, 但 $|\sin x_n - \sin y_n| = 1$.

定理 3.1.12 $\lim\limits_{x \to a-} f(x)$ 存在的充分必要条件是 $\forall \varepsilon > 0, \exists \delta > 0, \forall x', x'' \in (a - \delta, a)$, 都有

$$|f(x') - f(x'')| < \varepsilon.$$

证明略.

应用 Cauchy 收敛, 同样可以证明例 3.1.17 的结论, 即 $x \to 0$ 时, $\sin \dfrac{1}{x}$ 的极限不存在, 请读者自己完成.

习　题　3.1

A1. 按定义证明下列极限:

(1) $\lim\limits_{x \to +\infty} \dfrac{2x + \sin x}{x} = 2$;

(2) $\lim\limits_{x \to \infty} \dfrac{x^2 - 3}{2x^2 - 1} = \dfrac{1}{2}$;

(3) $\lim\limits_{x \to 1} \dfrac{x-1}{\sqrt{x}-1} = 2$;

(4) $\lim\limits_{x \to 1-} \sqrt{1-x^2} = 0$;

(5) $\lim\limits_{x \to x_0} a^x = a^{x_0}$;

(6) $\lim\limits_{x \to 1} \dfrac{x^2-1}{4x^2-7x+3} = 2$;

(7) $\lim\limits_{x \to 2} \dfrac{x+1}{x^2-x} = \dfrac{3}{2}$;

(8) $\lim\limits_{x \to 1} \sqrt{\dfrac{7}{16x^2-9}} = 1$.

A2. 讨论下列函数在 $x = 0$ 处的极限:

(1) $f(x) = \dfrac{|x|}{x}$;   (2) $f(x) = \dfrac{[x]}{x}$;   (3) $f(x) = \dfrac{\mathrm{e}^{\frac{1}{x}}-1}{\mathrm{e}^{\frac{1}{x}}+1}$;   (4) $f(x) = \begin{cases} 1, & x < 0, \\ 0, & x = 0, \\ \mathrm{e}^x + x^2, & x > 0. \end{cases}$

A3. 求下列极限:

(1) $\lim\limits_{x \to 0} \dfrac{x^2-2}{2x^2+x-1}$;   (2) $\lim\limits_{x \to 1} \dfrac{x^2-1}{2x^2-x-1}$;   (3) $\lim\limits_{x \to 1} \dfrac{x^n-1}{x^m-1} (n, m \in \mathbb{N}^+)$;

(4) $\lim\limits_{x \to 1} \dfrac{x+\cdots+x^n-n}{x-1}$; (5) $\lim\limits_{x \to 9} \dfrac{\sqrt{2x-2}-4}{\sqrt{x}-3}$;   (6) $\lim\limits_{x \to 0} \dfrac{\sqrt{1+x}-1}{x}$;

(7) $\lim\limits_{x \to 0} \dfrac{\sqrt[n]{1+x}-1}{x}$; (8) $\lim\limits_{x \to +\infty} \dfrac{(2x+3)^{40}(4-3x)^{20}}{(5x-1)^{60}}$; (9) $\lim\limits_{x \to -\infty} \dfrac{x-\cos x}{x}$;

(10) $\lim\limits_{x \to +\infty} \dfrac{x\sin x}{x^2-4}$; (11) $\lim\limits_{x \to \infty} \dfrac{[x]}{x}$;   (12) $\lim\limits_{x \to +\infty} x\left[\dfrac{1}{x}\right]$.

A4. 求下列极限:

(1) $\lim\limits_{x \to 0} \dfrac{\sin 2x}{3x}$;   (2) $\lim\limits_{x \to 0} \dfrac{\sin x^3}{(2\sin x)^2}$;   (3) $\lim\limits_{x \to \frac{\pi}{2}} \dfrac{\cos x}{x-\dfrac{\pi}{2}}$;

(4) $\lim\limits_{x \to 0} \dfrac{\arctan x}{x}$;   (5) $\lim\limits_{n \to +\infty} n\sin\dfrac{1}{n}$;   (6) $\lim\limits_{x \to a} \dfrac{\sin^2 x - \sin^2 a}{x-a}$;

(7) $\lim\limits_{x \to 0} \dfrac{\sqrt{1-\cos x^2}}{1-\cos x}$; (8) $\lim\limits_{x \to 0} \dfrac{\cos x - \cos 2x}{1-\cos x}$; (9) $\lim\limits_{x \to 0} \dfrac{4\cos x - \cos 2x - 3}{x^4}$;

(10) $\lim\limits_{n \to \infty} \left(1-\dfrac{2}{n}\right)^{-n}$; (11) $\lim\limits_{x \to 0} (1+3x)^{\frac{1}{x}}$; (12) $\lim\limits_{x \to +\infty} \left(1+\dfrac{\alpha}{x}\right)^{\frac{2x}{\alpha}} (0 \ne \alpha \in \mathbb{R})$.

A5. 设 $\lim\limits_{x \to a} f(x) = A \ne 0$, 则存在 a 的某去心邻域 $U^\circ(a)$, 使在 U 内成立 $|f(x)| > \dfrac{|A|}{2}$.

A6. 设 $f(x) \geqslant 0$, $\lim\limits_{x \to x_0} f(x) = A$. 证明:

$$\lim\limits_{x \to x_0} \sqrt[n]{f(x)} = \sqrt[n]{A},$$

其中, $n \geqslant 2$ 为正整数.

A7. 证明: 若 f 为周期函数, 且 $\lim\limits_{x \to +\infty} f(x) = 0$, 则 $f(x) \equiv 0$.

A8. 证明 $x \to 0$ 时, $y = \cos\dfrac{1}{x}$ 的极限不存在.

A9. 证明: 如果极限 $\lim\limits_{x \to +\infty} (a\sin x + b\cos x)$ 存在, 则 $a = b = 0$.

B10. (改进的归结原则) 设函数 $f(x)$ 在 a 的某左去心邻域 $U^\circ_-(a) \doteq (a-\delta, a)$ 有定义, 则函数极限 $\lim\limits_{x \to a-} f(x)$ 存在的充分必要条件是对于 $(a-\delta, a)$ 中任意的单调递增收敛于 a 的数列 $\{a_n\}$, 数列

$\{f(a_n)\}$ 也收敛.

B11. 设 f 为定义在 $[a, +\infty)$ 上的增 (减) 函数. 证明: $\lim\limits_{x \to +\infty} f(x)$ 存在的充要条件是 f 在 $[a, +\infty)$ 上有上 (下) 界.

B12. (函数极限的单调有界原理) 设 f 为 $U^{\circ}_{-}(a)$ (或 $U^{\circ}_{+}(a)$) 内的单调递增有界函数. 证明 $f(a-)$ (或 $f(a+)$) 存在, 且

$$f(a-) = \sup_{x \in U^{\circ}_{-}(a)} f(x) \quad (\text{或 } f(a+) = \inf_{x \in U^{\circ}_{+}(a)} f(x)).$$

C13. 讨论定理 3.1.5 的逆命题是否成立.

C14. (1) 试按照定义, 给出函数 $f(x)$ 当 $x \to a$ 时不以 A 为极限的正面陈述;

(2) 试分别根据归结原则和 Cauchy 收敛准则, 给出函数 $f(x)$ 当 $x \to a$ 时极限不存在的正面陈述;

(3) 试分别根据归结原则和 Cauchy 收敛准则, 给出函数 $f(x)$ 当 $x \to \infty$ 时极限不存在的正面陈述;

(4) 由此用两种方法证明 $\lim\limits_{x \to +\infty} \cos x$ 不存在.

C15. 试用归结原则和数列极限的性质证明函数极限的性质, 即定理 3.1.2~定理 3.1.7.

§3.2   无穷小量与无穷大量

可以说, 理清无穷小量与无穷大量概念是研究函数极限概念的起因. 无穷小量与无穷大量的概念最早出现在导数概念中, 并且, 其他的极限问题本质上都可以转化为无穷小量与无穷大量来研究. 本节主要研究无穷小量与无穷大量, 包括两者的相互关系、阶的概念以及在极限计算中的应用等.

§3.2.1   无穷小量及其阶的比较

1. 无穷小量的概念

作为无穷小数列概念的推广, 我们定义函数的无穷小量的概念.

定义 3.2.1   若 $\lim\limits_{x \to a} f(x) = 0$, 则称 $x \to a$ 时 $f(x)$ 为无穷小量 (infinitesimal).

对 $x \to a+, a-, -\infty, +\infty, \infty$ 等极限过程, 类似地可以定义无穷小量.

注意, 无穷小量是变量, 说到无穷小量, 必须指明变化过程. 例如, $y = \mathrm{e}^x$, 当 $x \to -\infty$ 时是无穷小量, 而当 $x \to 0$ 时就不是无穷小量.

极限问题的讨论本质上都可以转化为无穷小量的讨论, 因为我们有下面的

性质 3.2.1 $\lim\limits_{x \to a} f(x) = A \Longleftrightarrow f(x) - A$, 当 $x \to a$ 时为无穷小量.

请读者自行给出证明. 同样, 也容易证明无穷小量的如下性质:

性质 3.2.2   (1) $x \to a$ 时 $f(x)$ 为无穷小量当且仅当 $x \to a$ 时 $|f(x)|$ 为无穷小量;

(2) 设 $x \to a$ 时 $f(x), g(x)$ 均为无穷小量, 则它们的线性组合也是无穷小量, 即对任何常数 α, β, 当 $x \to a$ 时, $\alpha f(x) + \beta g(x)$ 也是无穷小量;

(3) 设 $x \to a$ 时 $f(x)$ 为无穷小量, $g(x)$ 在 a 的某去心邻域内有界, 则 $x \to a$ 时 $f(x)g(x)$ 为无穷小量.

下面要对无穷小量趋于零的快慢进行比较. 我们均对函数的无穷小量来叙述, 对无穷小数列的比较是类似的.

2. 无穷小量的阶的比较

设 $x \to a$ 时, $u(x), v(x)$ 均为无穷小量.

1) 高阶无穷小量 (higher order infinitesimal)

如果

$$\lim_{x \to a} \frac{u(x)}{v(x)} = 0,$$

则称当 $x \to a$ 时, $u(x)$ 是比 $v(x)$ **高阶无穷小量**, 记为 $u(x) = o(v(x))\,(x \to a)$.

记号 $u(x) = o(1)$, 表示 $u(x)$ 是无穷小量.

例如, 由例 3.1.13 知: $\sin x = o(1)$, $1 - \cos x = o(x)\,(x \to 0)$.

2) 同阶无穷小量 (same order infinitesimal)

首先, 引入记号 "$u(x) = O(v(x))(x \to a)$", 它表示: 存在 a 的去心邻域 $U^\circ(a)$ 及正常数 M, 使

$$\left| \frac{u(x)}{v(x)} \right| \leqslant M, \ \forall x \in U^\circ(a),$$

即 $\dfrac{u(x)}{v(x)}$ 局部有界.

记号 $u(x) = O(1)$, 表示 $u(x)$ 是局部有界量.

根据极限的局部有界性可以得到:

性质 3.2.3　设 $x \to a$ 时 $u(x), v(x)$ 均为无穷小量, 若 $\lim\limits_{x \to a} \dfrac{u(x)}{v(x)}$ 存在, 则 $u(x) = O(v(x))(x \to a)$.

当然, 性质 3.2.3 中的条件是一个充分而非必要的条件. 例如, $x \sin \dfrac{1}{x} = O(x), (x \to 0)$, 但是极限 $\lim\limits_{x \to a} \dfrac{u(x)}{v(x)} = \lim\limits_{x \to 0} \sin \dfrac{1}{x}$ 不存在.

其次, 若 $x \to a$ 时 $u(x) = O(v(x))$, 且 $v(x) = O(u(x))$, 即存在正数 $m, M(m < M)$, 使

$$0 < m \leqslant \left| \frac{u(x)}{v(x)} \right| \leqslant M, \forall x \in U^\circ(a),$$

则称当 $x \to a$ 时, $u(x)$ 与 $v(x)$ 是**同阶无穷小量**.

由性质 3.2.3 可以得到

性质 3.2.4　若 $\lim\limits_{x \to a} \dfrac{u(x)}{v(x)} = c \neq 0$, 则当 $x \to a$ 时, $u(x)$ 与 $v(x)$ 是同阶无穷小量.

特别地, 若 $k > 0$, $x \to a$ 时 $u(x)$ 与 $v(x) = (x - a)^k$ 是同阶的无穷小量, 则称 $x \to a$ 时 $u(x)$ 是 k 阶的无穷小量.

例如, 由例 3.1.13 知, 当 $x \to 0$ 时, $\sin x, \tan x$ 是 1 阶无穷小量, $1 - \cos x$ 是 2 阶无穷小量, 而由下面的例 3.2.4 知, $\tan x - \sin x$ 是 3 阶无穷小量.

$\dfrac{1}{\ln x} = o(1)\,(x \to 0^+)$, 但其无穷小阶数不好确定. 因为下面的例 3.2.2 说明, 对任何

$\alpha > 0$, $\dfrac{1}{\ln x}$ 比 x^α 阶数都要低: $x^\alpha \ln x \to 0, x \to 0^+$.

进一步, 当 $x \to 0^+$ 时, 对任意自然数 k, 对任何 $\alpha > 0$, $\left(\dfrac{1}{\ln x}\right)^k$ 是比 x^α 低阶的无穷

小. 这等价于 $x^\alpha(\ln x)^k \to 0$, 当 $x \to 0^+$.

3) 等价无穷小量 (equivalent infinitesimal)

若 $\lim\limits_{x \to a} \dfrac{u(x)}{v(x)} = 1$, 则称当 $x \to a$ 时, $u(x)$ 与 $v(x)$ 是**等价无穷小量**, 记为

$$u(x) \sim v(x) \ (x \to a).$$

上式也等价于

$$u(x) = v(x) + o(v(x)) \ (x \to a). \tag{3.2.1}$$

例如, 由第一个重要极限以及例 3.1.13 知道, 当 $x \to 0$ 时,

$$\sin x \sim x \sim \tan x, \tag{3.2.2}$$

因此

$$\sin x = x + o(x)(x \to 0), \quad \tan x = x + o(x)(x \to 0).$$

同样地,

$$1 - \cos x \sim \dfrac{x^2}{2}(x \to 0).$$

我们将常见的等价无穷小以命题形式汇总如下:

命题 3.2.1 $x \to 0$ 时, $x \sim \sin x \sim \tan x \sim \ln(1+x) \sim e^x - 1 \sim \dfrac{1}{\alpha}((1+x)^\alpha - 1)$, 其中, $\alpha \neq 0$.

证明 由例 3.1.13, 我们只需要证明 $x \sim \ln(1+x) \sim e^x - 1 \sim \dfrac{1}{\alpha}((1+x)^\alpha - 1)$.

由例 3.1.15、例 3.1.4 与复合函数求极限定理,

$$\lim\limits_{x \to 0} \ln \dfrac{(1+x)^{\frac{1}{x}}}{e} = \lim\limits_{x \to 0} \ln \left(1 + \dfrac{(1+x)^{\frac{1}{x}} - e}{e}\right) = 0,$$

因此有

$$\lim\limits_{x \to 0} \dfrac{\ln(1+x)}{x} = 1.$$

而若令 $e^x - 1 = t$, 则 $x = \ln(1+t)$, 由例 3.1.3 知道, $x \to 0$ 时, $t \to 0$, 并且

$$\lim\limits_{x \to 0} \dfrac{e^x - 1}{x} = \lim\limits_{t \to 0} \dfrac{t}{\ln(1+t)} = 1.$$

最后,

$$\lim\limits_{x \to 0} \dfrac{(1+x)^\alpha - 1}{x} = \lim\limits_{x \to 0} \dfrac{e^{\alpha \ln(1+x)} - 1}{x} = \lim\limits_{x \to 0} \dfrac{e^{\alpha \ln(1+x)} - 1}{\alpha \ln(1+x)} \cdot \dfrac{\alpha \ln(1+x)}{x} = \alpha.$$

§3.2.2　无穷大量及其阶的比较

1. 广义极限与无穷大量

为了方便起见, 我们把极限为实数 A 的情况推广到无穷大, 称为广义极限 (generalized limit). 以极限过程 $x \to a$ 情形为例.

定义 3.2.2　设 $f(x)$ 在 a 的某去心邻域 $U°(a, \rho)$ 内有定义, 如果对任何正数 G, 存在 $\delta \in (0, \rho)$, 使当 $x \in U°(a, \delta)$ 时, $f(x) > G$, 则称 $f(x)$ 在 a 的广义极限为 $+\infty$, 或称 $x \to a$ 时 $f(x)$ 为正无穷大量 (positive infinite), 记为

$$\lim_{x \to a} f(x) = +\infty.$$

如果 $x \to a$ 时 $-f(x)$ 为正无穷大量, 则称 $f(x)$ 在点 a 处的广义极限为 $-\infty$, 或称 $x \to a$ 时 $f(x)$ 为负无穷大量 (negative infinite), 记为

$$\lim_{x \to a} f(x) = -\infty.$$

如果 $x \to a$ 时 $|f(x)|$ 为正无穷大量, 则称 $x \to a$ 时 $f(x)$ 为无穷大量 (infinite). 以上情况之一成立, 我们也称 $f(x)$ 在 a 处存在广义极限.

类似可以定义 $x \to a+, a-, x \to \infty$ 等情形的广义极限.

记号: 为方便起见, 我们以 $x \to X$ 表示一般的极限过程, 即 $x \to X$ 可表示 $x \to a, x \to a+, a-, x \to +\infty, -\infty$ 以及 $x \to \infty$ 等任意一种情形. 而 $U°(X)$ 当 $X = +\infty$ 时表示 $+\infty$ 的某个邻域, 即某个区间 $(b, +\infty)$ 等.

例 3.2.1　证明 $\displaystyle\lim_{x \to 0+} \frac{\mathrm{e}^{\frac{1}{x}}}{x - 1} = -\infty$.

证明　对任何 $G > 0$, 不妨设 $G > 1, x < 1$, 则欲使 $\dfrac{\mathrm{e}^{\frac{1}{x}}}{x - 1} < -G$, 只要 $\dfrac{\mathrm{e}^{\frac{1}{x}}}{1 - x} > G$, 因为 $\dfrac{\mathrm{e}^{\frac{1}{x}}}{1 - x} > \mathrm{e}^{\frac{1}{x}}$, 因此只要 $0 < x < \dfrac{1}{\ln G}$. 取 $\delta = \min\left\{1, \dfrac{1}{\ln G}\right\}$ 即可.　□

对广义极限而言, 函数极限通常的性质未必成立, 例如, 四则运算性质就未必成立, 相关性质可参见无穷大数列的性质 2.2.2 自行给出.

2. 无穷大量的阶

设当 $x \to X$ 时, $u(x)$ 和 $v(x)$ 都是无穷大量.

1) 高阶无穷大量 (higher order infinity)

若 $\displaystyle\lim_{x \to X} \frac{u(x)}{v(x)} = \infty$, 则当 $x \to X$ 时, $u(x)$ 比 $v(x)$ 趋向 ∞ 的速度快, 我们称 $u(x)$ 是比 $v(x)$ **高阶无穷大量**, 或 $v(x)$ 是比 $u(x)$ 低阶的无穷大量.

例 3.2.2　容易证明, 当 $a > 1$ 时, 对任意自然数 k, 有

$$\lim_{x \to +\infty} \frac{a^x}{x^k} = +\infty, \quad \lim_{x \to +\infty} \frac{\ln^k x}{x} = 0,$$

所以当 $x \to +\infty$ 时, a^x 是比 x^k 高阶的无穷大量, 而 $\ln^k x$ 是比 x 低阶的无穷大量.

同理可证, $x \to 0+$ 时 $x \ln x$ 是无穷小量. 事实上, 令 $\ln x = -y$, 则 $x = \mathrm{e}^{-y}$, 且 $x \to 0+$ 时 $y \to +\infty$, 于是

$$x \ln x = -\frac{y}{\mathrm{e}^y} \to 0 \ (x \to 0+).$$

因此, 对任何 $\alpha > 0$, 当 $x \to 0+$ 时, $\ln x$ 都是比 $x^{-\alpha}$ 低阶的无穷大量.

注意, 对无穷大量, 不用记号 "o" 进行比较, 但仍然引进记号 "O".

2) 同阶无穷大量 (same order infinity)

若存在 X 的某个邻域 $U^\circ(X)$ 以及常数 $M > 0$, 使得

$$\left| \frac{u(x)}{v(x)} \right| \leqslant M,$$

即 $\dfrac{u(x)}{v(x)}$ 局部有界, 则记为 $u(x) = O(v(x))(x \to x_0)$.

例如, $x(\arctan x + \sin x) = O(x) \ (x \to +\infty)$.

若存在 X 的某个去心邻域 $U^\circ(X)$, 以及正常数 $M, m \ (m < M)$, 使得

$$m \leqslant |\frac{u(x)}{v(x)}| \leqslant M,$$

则称 $x \to X$ 时 $u(x)$ 与 $v(x)$ 是**同阶无穷大量**.

特别地, 当 $\lim\limits_{x \to x_0} \dfrac{u(x)}{v(x)} = c \neq 0$ 时, $u(x)$ 与 $v(x)$ 是同阶的无穷大量.

类似于无穷小量, 如果 $x \to a$ 时 $u(x)$ 与 $v(x) = (x-a)^{-k}$ 是同阶的无穷大量, 则称 $x \to a$ 时 $u(x)$ 是 k 阶的无穷大量, 或 $x \to \infty$ 时 $u(x)$ 是与 $|x|^k$ 同阶的无穷大量, 则称 $x \to \infty$ 时 $u(x)$ 是 k 阶无穷大量.

例如, $x \to +\infty$ 时, $\sqrt{x + \sqrt{x}}$ 是 $\dfrac{1}{2}$ 阶无穷大; 而 e^x 的阶数应该视为 $+\infty$, 因为, 对任何正数 k, $\dfrac{x^k}{\mathrm{e}^x} \to 0, x \to +\infty$.

3) 等价无穷大量 (equivalent infinity)

设 $x \to X$ 时, $u(x), v(x)$ 都是无穷大量, 若 $\lim\limits_{x \to x_0} \dfrac{u(x)}{v(x)} = 1$, 则称当 $x \to X$ 时 $u(x)$ 与 $v(x)$ 是**等价无穷大量**, 记为 $u(x) \sim v(x) \ (x \to X)$.

§3.2.3 等价量及其代换

在计算极限时, 有些情况下可以用等价的无穷小量或等价的无穷大量相互代换.

先看一个例子.

例 3.2.3　设 $n \leqslant m, b_m, b_n \neq 0$, 则

$$\lim_{x \to \infty} \frac{a_n x^n + a_{n+1} x^{n+1} + \cdots + a_m x^m}{b_n x^n + b_{n+1} x^{n+1} + \cdots + b_m x^m}$$

$$= \lim_{x \to \infty} \frac{a_m x^m}{b_m x^m} \cdot \frac{\dfrac{a_n x^n + a_{n+1} x^{n+1} + \cdots + a_m x^m}{a_m x^m}}{\dfrac{b_n x^n + b_{n+1} x^{n+1} + \cdots + b_m x^m}{b_m x^m}} = \frac{a_m}{b_m},\ a_m \neq 0;$$

$$\lim_{x \to 0} \frac{a_n x^n + a_{n+1} x^{n+1} + \cdots + a_m x^m}{b_n x^n + b_{n+1} x^{n+1} + \cdots + b_m x^m}$$

$$= \lim_{x \to 0} \frac{a_n x^n}{b_n x^n} \cdot \frac{\dfrac{a_n x^n + a_{n+1} x^{n+1} + \cdots + a_m x^m}{a_n x^n}}{\dfrac{b_n x^n + b_{n+1} x^{n+1} + \cdots + b_m x^m}{b_n x^n}} = \frac{a_n}{b_n},\ a_n \neq 0.$$

在这里我们看到, 当 $x \to \infty$ 时,

$$a_n x^n + a_{n+1} x^{n+1} + \cdots + a_m x^m \sim a_m x^m, a_m \neq 0,$$

$$b_n x^n + b_{n+1} x^{n+1} + \cdots + b_m x^m \sim b_m x^m, b_m \neq 0,$$

因此我们可以分别用 $a_m x^m$ 代替 $a_n x^n + a_{n+1} x^{n+1} + \cdots + a_m x^m$, 用 $b_m x^m$ 代替 $b_n x^n + b_{n+1} x^{n+1} + \cdots + b_m x^m$.

而当 $x \to 0$ 时,

$$a_n x^n + a_{n+1} x^{n+1} + \cdots + a_m x^m \sim a_n x^n, a_n \neq 0,$$

$$b_n x^n + b_{n+1} x^{n+1} + \cdots + b_m x^m \sim b_n x^n, b_n \neq 0.$$

受到上例的启发, 容易得到下面的一般的等价量代换定理.

定理 3.2.1　设 $u(x), v(x), w(x)$ 在 X 的某个去心邻域内有定义, 且 $v(x) \sim w(x), x \to X$, 是等价的无穷小量或无穷大量, 则

(1) $u(x)v(x) \to A(x \to X) \Longrightarrow u(x)w(x) \to A(x \to X)$;

(2) $\dfrac{u(x)}{v(x)} \to A(x \to X) \Longrightarrow \dfrac{u(x)}{w(x)} \to A(x \to X)$.

证明　(1) 只要注意到

$$u(x)w(x) = u(x)v(x) \cdot \frac{w(x)}{v(x)}$$

即可.

(2) 类似.　　　　　　　　　　　　　　　　　　　　　　　　　　　　　□

例 3.2.4　$\displaystyle \lim_{x \to 0} \frac{\tan x - \sin x}{x^3} = \lim_{x \to 0} \frac{\tan x (1 - \cos x)}{x^3} = \lim_{x \to 0} \frac{x \cdot \dfrac{x^2}{2}}{x^3} = \frac{1}{2}.$

注意, 计算中我们应用了等价无穷小代换: $\tan x \sim x, 1 - \cos x \sim \dfrac{x^2}{2}$ $(x \to 0)$, 但不能将 $\tan x$ 与 $\sin x$ 用 x 代入到分子 $\tan x - \sin x$ 中去. 定理 3.2.1 中用等价无穷小代换只适用于代换积、商运算中的因子, 而加减运算中则不能直接用等价无穷小代换.

例 3.2.5 求极限 $\lim\limits_{x \to 0} \dfrac{\sqrt{1+x} - \sqrt[3]{1+x}}{\ln(1+2x)}$.

解

$$\lim_{x \to 0} \frac{\sqrt{1+x} - \sqrt[3]{1+x}}{\ln(1+2x)} = \lim_{x \to 0} \frac{(\sqrt{1+x} - 1) - (\sqrt[3]{1+x} - 1)}{2x} \tag{3.2.3}$$

$$= \lim_{x \to 0} \frac{\sqrt{1+x} - 1}{2x} - \lim_{x \to 0} \frac{\sqrt[3]{1+x} - 1}{2x} = \lim_{x \to 0} \frac{\dfrac{x}{2}}{2x} - \lim_{x \to 0} \frac{\dfrac{x}{3}}{2x} = \frac{1}{12}, \tag{3.2.4}$$

这里, 我们利用了等价无穷小代换: 当 $x \to 0$ 时, $\sqrt{1+x} - 1 \sim \dfrac{x}{2}$, $\sqrt[3]{1+x} - 1 \sim \dfrac{x}{3}$, 但不是直接代入和差运算式 (3.2.3), 而是分开后再代换, 见式 (3.2.4).

在加减运算中要想用等价无穷小代换, 可利用公式 (3.2.1). 借此, 本例的另一个算法如下:

$$\lim_{x \to 0} \frac{\sqrt{1+x} - \sqrt[3]{1+x}}{\ln(1+2x)} = \lim_{x \to 0} \frac{(\sqrt{1+x} - 1) - (\sqrt[3]{1+x} - 1)}{2x} = \lim_{x \to 0} \frac{\dfrac{x}{2} + o(x) - \left(\dfrac{x}{3} + o(x) \right)}{2x}$$

$$= \frac{1}{12}. \tag{3.2.5}$$

为了进一步说明上述观点, 我们对例 3.2.5 稍作修改, 来看下面的例子.

例 3.2.6 求极限 $\lim\limits_{x \to 0} \dfrac{\sqrt{1+2x} - \sqrt[3]{1+3x}}{x^2}$.

解

$$\lim_{x \to 0} \frac{\sqrt{1+2x} - \sqrt[3]{1+3x}}{x^2} = \lim_{x \to 0} \frac{(\sqrt{1+2x} - (1+x)) - (\sqrt[3]{1+3x} - (1+x))}{x^2}.$$

$$\lim_{x \to 0} \frac{\sqrt{1+2x} - (1+x)}{x^2} = \lim_{x \to 0} \frac{-x^2}{x^2(\sqrt{1+2x} + (1+x))} = -\frac{1}{2}.$$

$$\lim_{x \to 0} \frac{\sqrt[3]{1+3x} - (1+x)}{x^2} = -1,$$

所以

$$\lim_{x \to 0} \frac{\sqrt{1+2x} - \sqrt[3]{1+3x}}{x^2} = \frac{1}{2}.$$

注意, 若仿照例 3.2.5 那样, 先将两个根式 $\sqrt{1+2x}$ 和 $\sqrt[3]{1+3x}$ 分别减去 1, 再将所求极限化为两个分式的极限, 或将 $\sqrt{1+2x} - 1$ 和 $\sqrt[3]{1+3x} - 1$ 分别换为等价无穷小 x 与 $o(x)$ 之和的形式都将无法算得结果. 事实上, 上面的计算结果告诉我们, $x \to 0$ 时, $\sqrt{1+2x} - \sqrt[3]{1+3x}$ 是 x 的 2 阶无穷小, 而 $\sqrt{1+x} - \sqrt[3]{1+x}$ 是 x 的 1 阶无穷小. 至于上面的计算中为什么是分别将两个根式减去 $1 + x$, 留给读者思考.

习   题   3.2

A1. 确定 α 和 β, 使下列各无穷小量或无穷大量等价于 αx^β:

(1) $2x^3 - x^5, x \to 0, x \to \infty$;

(2) $x \sin \sqrt{x}, x \to 0^+$;

(3) $\sqrt[3]{1+x} - \sqrt[3]{1-x}, x \to 0, x \to +\infty$;

(4) $\sqrt{1+x^3} - \mathrm{e}^{-x}, x \to 0, x \to +\infty$;

(5) $\sin 2x - 2\sin x, x \to 0$;

(6) $\dfrac{1}{1+x} - (1-x), x \to 0, x \to \infty$;

(7) $\sqrt{1+\tan x} - \sqrt{1+\sin x}, x \to 0$;

(8) $x + x^2(2 + \sin x), x \to 0, x \to \infty$ (对 $x \to \infty$ 只确定无穷大的阶数).

A2. (1) 若 $x^3 - 3x + 2 \sim \alpha(x-1)^\beta, x \to 1$, 求 α, β.

(2) 若 $x^3 + ax^2 + b \sim 5(x-1), x \to 1$, 求 a, b.

(3) 若 $\sin(2\pi\sqrt{n^2+1}) \sim \dfrac{\alpha}{n^\beta}, \mathbb{N} \ni n \to \infty$, 求 α, β.

(4) 确定 α, β, 使得当 $x \to 0$ 时 $\arctan x - \dfrac{\alpha x}{1+\beta x}$ 为尽可能高阶的无穷小.

A3. 求下列极限:

(1) $\lim\limits_{x \to \infty} \dfrac{x \arctan \dfrac{1}{x}}{x - \cos x}$;

(2) $\lim\limits_{x \to 0} \dfrac{\sqrt[3]{1+x} - \sqrt[4]{1+2x}}{\arcsin x}$;

(3) $\lim\limits_{x \to 0} \dfrac{\sqrt{1+x} - \sqrt[3]{1+2x^2}}{\ln(1+\sin x)}$;

(4) $\lim\limits_{x \to 0} \dfrac{\sqrt{1+x} - 1 - \dfrac{x}{2}}{x^2}$;

(5) $\lim\limits_{x \to 0} \dfrac{2\sqrt{1+2x} - \sqrt[3]{1+6x} - 1}{x^2}$;

(6) $\lim\limits_{x \to +\infty} \dfrac{\ln(1+x^2)}{\sqrt{x}}$;

(7) $\lim\limits_{x \to +\infty} x(\ln(1+x) - \ln x)$;

(8) $\lim\limits_{x \to -\infty} (\sqrt{1-x+x^2} - \sqrt{1+x+x^2})$;

(9) $\lim\limits_{n \to \infty} n(\sqrt[n]{x} - 1)(x > 0)$;

(10) $\lim\limits_{n \to \infty} n^2(\sqrt[n]{x} - \sqrt[n+1]{x})(x > 0)$.

A4. 设 $x \to a$ 时 $f(x)$ 和 $g(x)$ 是等价无穷小, 证明:

$$f(x) - g(x) = o(f(x)), \text{且} f(x) - g(x) = o(g(x)), \ (x \to a).$$

A5. 当 $x \to +\infty$ 时, 将下列无穷大量按照从高阶到低阶的顺序排列 (说明理由):

$$2^x, x^x, x^2, \ln^2(1+x^2), [x]!.$$

A6. 当 $x \to 0+$ 时, 将下列无穷小量按照从高阶到低阶的顺序排列 (说明理由):

$$x^2, 2^{-\frac{1}{x}}, \ln(1+x), 1 - \cos x^2.$$

§3.3 函数的连续与间断

§3.3.1 函数连续的定义

1. 在一点处的连续性

从几何直观上看, 连续的曲线就是连绵不间断. 如果曲线在某一点处断开, 即在该点不连续.

例如, 曲线 $y = f(x)$ 在 $x = 1$ 处连续, 在 $x = 2$ 处断开 (图 3.3.1).

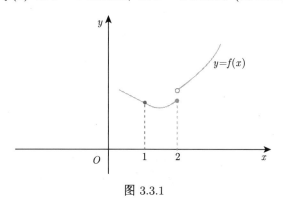

图 3.3.1

从几何上看, 函数 $y = f(x)$ 在定义域内一点 a 处连续, 就是指当 x 充分靠近 a 时, 相应的函数值 $f(x)$ 也充分靠近 $f(a)$.

借助极限的概念, 我们给出函数在一点处连续的定义.

定义 3.3.1 设函数 $y = f(x)$ 在点 a 的某邻域 $U(a, r)$ 内有定义, 并且成立

$$\lim_{x \to a} f(x) = f(a),$$

即对任何 $\varepsilon > 0$, 存在 $\delta \in (0, r)$, 使当 $|x - a| < \delta$ 时,

$$|f(x) - f(a)| < \varepsilon,$$

则称函数 $y = f(x)$ 在点 a 处是连续的 (continuous), 并称 a 是函数 $f(x)$ 的连续点.

注 3.3.1 记 $x - a = \Delta x, f(x) - f(a) = \Delta y$, 则 $y = f(x)$ 在 $x = a$ 点连续当且仅当

$$\lim_{\Delta x \to 0} \Delta y = 0,$$

也就是说, 当自变量作微小变化时, 函数的变化也是微小的.

2. 在开区间内的连续

定义 3.3.2 若 $f(x)$ 在开区间 (a, b) 内每一点都连续, 则称函数 $f(x)$ 在开区间 (a, b) 上连续.

例 3.3.1 $f(x) = \dfrac{1}{x}$ 在开区间 $(0, 1)$ 内连续.

证明　$\forall x_0 \in (0,1)$, $x \in (0,1)$, 根据极限的四则运算性质立得

$$\lim_{x \to x_0} \frac{1}{x} = \frac{1}{x_0},$$

即 $f(x) = \dfrac{1}{x}$ 在 x_0 点连续, 由 $x_0 \in (0,1)$ 的任意性知, $f(x)$ 在 $(0,1)$ 内连续. □

　　例 3.3.2　$f(x) = \sin x$, $g(x) = \cos x$ 在 $(-\infty, +\infty)$ 上连续.

　　证明　设 $x_0 \in (-\infty, +\infty)$ 是任意一点, 又 $\forall x \in (-\infty, +\infty)$, 由于

$$|\sin x - \sin x_0| = 2 \left| \cos \frac{x + x_0}{2} \sin \frac{x - x_0}{2} \right| \leqslant |x - x_0|,$$

所以, 对任意给定的 $\varepsilon > 0$, 取 $\delta = \varepsilon$, 则当 $|x - x_0| < \delta$ 时, 成立

$$|\sin x - \sin x_0| \leqslant |x - x_0| < \varepsilon.$$

这说明 $f(x)$ 在 x_0 点连续, 因此, $f(x) = \sin x$ 在 $(-\infty, +\infty)$ 上连续.

　　同样可以按定义证明 $g(x) = \cos x$ 在 $(-\infty, +\infty)$ 上连续. □

　　例 3.3.3　$f(x) = a^x \, (a > 0)$ 在 $(-\infty, +\infty)$ 上连续.

　　证明　$\forall x_0 \in (-\infty, +\infty)$, 有

$$f(x) - f(x_0) = a^x - a^{x_0} = a^{x_0}(a^{x - x_0} - 1).$$

因此, 要证明 $\lim\limits_{x \to x_0} a^x = a^{x_0}$, 只要证明 $\lim\limits_{t \to 0} a^t = 1$, 而这正是例 3.1.3 的结论. □

　　例 3.3.4　$f(x) = \log_a x \, (a > 0)$ 在 $(0, +\infty)$ 上连续.

　　证明　设 $x_0 \in (0, +\infty)$ 是任意一点,

$$f(x) - f(x_0) = \log_a \left(1 + \frac{x - x_0}{x_0} \right)$$

由例 3.1.4 知, $x \to x_0$ 时 $\log_a \left(1 + \dfrac{x - x_0}{x_0} \right) \to 0$, 即 $f(x) = \log_a x \, (a > 0)$ 在 x_0 点连续.

□

3. 在其他类型区间上的连续性

　　为定义在其他区间上的连续性, 需要下面的单侧连续的概念.

　　定义 3.3.3　设函数 $y = f(x)$ 在 a 的某右邻域内有定义, 如果

$$f(a+) = \lim_{x \to a+} f(x) = f(a),$$

则称 $f(x)$ 在 $x = a$ 点右连续 (right continuous). 类似可以定义左连续 (left continuous).

　　定义 3.3.4　如果函数 $y = f(x)$ 在开区间 (a,b) 上连续, 且在区间左端点 a 处右连续, 在右端点 b 处左连续, 则称 $f(x)$ 在闭区间 $[a,b]$ 上连续.

　　类似可定义在左开右闭区间 $(a,b]$ 和左闭右开区间 $[a,b)$ 上的连续性.

　　类似可定义函数在若干区间的并集上的连续性.

例 3.3.5 $f(x) = \sqrt{\sin x}$ 在闭区间 $[0, \pi]$ 上连续.

证明 对任意 $x_0 \in (0, \pi)$, 有

$$\left| \sqrt{\sin x} - \sqrt{\sin x_0} \right| = \left| \frac{\sin x - \sin x_0}{\sqrt{\sin x} + \sqrt{\sin x_0}} \right| \leqslant \frac{|x - x_0|}{\sqrt{\sin x_0}}.$$

$\forall \varepsilon > 0$, 当 $|x - x_0| < \delta = \varepsilon \sqrt{\sin x_0}$ 时, 有 $\left| \sqrt{\sin x} - \sqrt{\sin x_0} \right| < \varepsilon$, 所以 $\sqrt{\sin x}$ 在 $(0, \pi)$ 连续.

又 $x \in (0, \pi)$ 时, $|\sin x| < x$, 于是 $\forall \varepsilon > 0$, 可取 $\delta = \varepsilon^2$, 则当 $0 < x < \delta$ 时, 有

$$\sqrt{\sin x} < \sqrt{x} < \sqrt{\varepsilon^2} = \varepsilon,$$

所以 $f(x) = \sqrt{\sin x}$ 在 $x = 0$ 右连续. 类似可知它在 $x = \pi$ 左连续, 证明留给读者. 因此 $f(x) = \sqrt{\sin x}$ 在闭区间 $[0, \pi]$ 上连续. $\qquad\square$

§3.3.2 连续函数的局部性质

由函数在一点处连续, 可得函数在该点的某邻域内的某些性质. 这样的性质称为连续函数的局部性质.

1. 基本性质

性质 3.3.1 (1) 局部有界性: 如果 f 在 a 点连续, 则存在 a 的邻域 $U(a)$, 使 f 在 $U(a)$ 内有界.

(2) 局部保号性: 如果 f 在 a 点连续, 则对任何 $c: f(a) > c$, 都存在 a 的邻域 $U(a)$, 使 $\forall x \in U(a)$, 都有 $f(x) > c$.

特别地, 若 $f(a)$ 是正的, 则存在 a 的邻域 $U(a)$, 使 f 在 $U(a)$ 内都是正的.

(3) 绝对值保连续性: 如果 f 在 a 点连续, 则 $|f|$ 在 a 点也连续.

由于这些性质对应于极限的局部性质, 证明留作习题.

2. 四则运算性质

同样容易证明下列的四则运算性质成立.

定理 3.3.1 四则运算保持函数连续性, 即如果函数 f, g 都在 a 点连续, 则函数 $f(x) \pm g(x)$, $f(x)g(x)$ 以及 $\dfrac{f(x)}{g(x)}$ (此时 $g(a) \neq 0$) 在点 a 也连续.

例 3.3.6 任意一多项式在 $(-\infty, +\infty)$ 上连续. 有理函数在其定义域内连续.

证明 对于常数函数 $f(x) = c$ 与恒等函数 $g(x) = x$, 容易从定义出发证明它们的连续性, 然后由上述的连续函数的四则运算规则, 可以得到: 多项式是 $(-\infty, +\infty)$ 上的连续函数, 有理函数在其定义域内连续. $\qquad\square$

例 3.3.7 函数 $y = \tan x, y = \sec x$ 在其定义域 $\mathbb{R} \backslash \left\{ k\pi + \dfrac{\pi}{2}, k \in \mathbb{Z} \right\}$ 内连续.

同样, 函数 $\cot x, \csc x$ 在其定义域 $\mathbb{R} \backslash \{ k\pi, k \in \mathbb{Z} \}$ 内连续.

证明 之前已经验证了 $f(x) = \sin x, g(x) = \cos x$ 的连续性, 对它们使用连续函数的四则运算规则, 即可得到: 函数 $y = \tan x, y = \sec x$ 在其定义域 $\mathbb{R} \backslash \left\{ k\pi + \dfrac{\pi}{2}, k \in \mathbb{Z} \right\}$ 内连

续, 函数 $\cot x, \csc x$ 在其定义域 $\mathbb{R}\backslash\{k\pi, k\in\mathbb{Z}\}$ 内连续. □

3. 复合函数的连续性定理

定理 3.3.2　设 $\lim\limits_{x\to x_0} g(x) = u_0, f(u)$ 在 u_0 处连续, 则复合函数 $y = f\circ g$ 在 x_0 处有极限, 且

$$\lim_{x\to x_0} f(g(x)) = f(u_0). \tag{3.3.1}$$

证明　$\forall \varepsilon > 0$, 由于 f 在 u_0 点连续, 所以存在 $\eta > 0$, 当 $|u - u_0| < \eta$ 时, 有

$$|f(u) - f(u_0)| < \varepsilon. \tag{3.3.2}$$

又由于 $\lim\limits_{x\to x_0} g(x) = u_0$, 所以对上述 η, 存在 $\delta > 0$, 当 $|x - x_0| < \delta$ 时 $|g(x) - u_0| < \eta$. 从而不等式 (3.3.2) 成立, 即

$$|f(g(x)) - f(u_0))| < \varepsilon.$$

□

推论 3.3.1(复合函数的连续性)　若 $u = g(x)$ 在 $x = x_0$ 连续, $g(x_0) = u_0$, 又 $f(u)$ 在 u_0 处连续, 则复合函数 $y = f\circ g$ 在 x_0 处连续.

公式 (3.3.1) 表明, 当外函数连续时, 对复合函数求极限时极限符号 $\lim\limits_{x\to x_0}$ 可以从 f 的外面拿到里面, 即

$$\lim_{x\to x_0} f(g(x)) = f(\lim_{x\to x_0}(g(x))). \tag{3.3.3}$$

例 3.3.8　证明对任意实数 α, 幂函数 $f(x) = x^\alpha$ 在其定义域内连续.

证明　幂函数的定义域我们在 §1.2.4 节已经讨论过. 当 $\alpha = 0$ 时, $f(x) \equiv 1, \forall x \in (-\infty, +\infty)$, 结论成立.

对 $\alpha \neq 0$, 幂函数 $f(x) = x^\alpha$ 在 $(0, +\infty)$ 内总有定义.

$x^\alpha = \mathrm{e}^{\alpha\ln x}$, 因为 $y = \mathrm{e}^u$ 和 $u = \alpha\ln x$ 在定义域内连续, 由复合函数的连续性知, $y = x^\alpha$ 在 $(0, +\infty)$ 内连续.

$\alpha > 0$ 时, $f(x)$ 在 $x = 0$ 点有定义, 且

$$\lim_{x\to 0+} x^\alpha = \lim_{x\to 0+} \mathrm{e}^{\alpha\ln x} = 0 = f(0),$$

因此, $y = x^\alpha$ 在 $x = 0$ 点右连续, 这表明, $\alpha > 0$ 时, $y = x^\alpha$ 在 $[0, +\infty)$ 内连续.

当 $\alpha < 0$ 时, 幂函数在 $x = 0$ 处无定义.

因为当 $x < 0$ 时, 只有当 $\alpha = \dfrac{q}{p}$ 是有理数, 且 p 是奇数时该幂函数才有意义. 由于此时的幂函数要么是奇函数, 要么是偶函数, 因此该函数在 $(-\infty, 0)$ 处连续.

因此, 当 $\alpha = \dfrac{q}{p}$ 是有理数, 且 p 是奇数时幂函数 $f(x) = x^\alpha$ 在 $(-\infty, +\infty)\backslash\{0\}$ 内有定义且连续. 特别, 当此时 α 是正有理数时, 函数在 $x = 0$ 处左连续, 故在定义域 $(-\infty, +\infty)$ 内是连续的. □

§3.3.3　间断点及其分类

函数不连续的点, 称为间断点. 具体定义如下.

定义 3.3.5　设函数 f 在 a 的某去心邻域 $U^\circ(a)$ 内有定义, 若 f 在 a 点无定义, 或 f 在 a 点有定义, 但 f 在 a 点极限不存在, 或极限虽然存在但与 $f(a)$ 不相等, 则称 a 为 f 的不连续点, 或间断点 (discontinuious point).

据此, 我们将间断点分为两类.

1. 第一类间断点: 在点 a 处的左、右极限都存在

当左、右极限都存在时, 如果左、右极限还相等, 即极限也存在, 这时要么 f 在 a 点没定义, 要么极限不等于 $f(a)$, 这样的间断点称为可去间断点. (因为, 如果我们补充定义 $f(a)$ 或改变 $f(a)$ 的值, 使 $f(a)$ 等于在点 a 处的极限, 则函数在 a 点即可连续.)

如果左、右极限都存在, 但它们不相等, 则称点 a 为**跳跃间断点** (jump discontinuous point). $|f(a+) - f(a-)|$ 称为函数 f 在点 a 处的**跃度** (jump).

例如, 对 $f(x) = x \sin \dfrac{1}{x}$ 和 $g(x) = \dfrac{\sin x}{x}, x = 0$ 都是其可去间断点.

而对 $f(x) = \operatorname{sgn} x, x = 0$ 是跳跃间断点, 跃度为 2.

$g(x) = [x]$, 每个整数点都是跳跃间断点, 跃度为 1.

2. 第二类间断点: 左、右极限中至少有一个不存在

例如, 对 $f(x) = \mathrm{e}^{\frac{1}{x}}, x = 0$ 是第二类间断点, 因为左极限为 0, 右极限为 $+\infty$.

再看两个例子.

例 3.3.9　设 $f(x) = \dfrac{1}{x} - \left[\dfrac{1}{x}\right]$, 确定函数 $f(x)$ 的间断点及其类型.

解　显然, 可疑间断点是 $x = 0$, $x = \dfrac{1}{n}$, 其中 n 为整数.

考虑 $x = 0$. 任给 $a \in (0, 1)$, 对任何 $n \in \mathbb{N}^+$, 取 $x_n = \dfrac{1}{n + a}$, 则 $f(x_n) = a$, 当 $n \to \infty$ 时, $x_n \to 0, f(x_n) \to a$, 这表明 $f(0+)$ 不存在. 所以 $x = 0$ 是第二类间断点.

再考虑 $x = \dfrac{1}{n}, n \in \mathbb{N}^+$. 当 $x \to \dfrac{1}{n}+$ 时, $\dfrac{1}{x} \to n-$, 所以 $f(x) \to 1$, 即 $f\left(\dfrac{1}{n}+\right) = 1$.

类似可知左极限 $f\left(\dfrac{1}{n}-\right) = 0$, 即 $x = \dfrac{1}{n}$ 为跳跃间断点.

同理, n 为负整数时, $x = \dfrac{1}{n}$ 也为跳跃间断点.

综合可知, 间断点为 $x = 0$ 和 $x = \dfrac{1}{n}(n \in \mathbb{Z})$, 并且, $x = 0$ 是第二类间断点, 而 $x = \dfrac{1}{n}$ 为第一类的跳跃间断点.

例 3.3.10　Riemann 函数

$$
R(x) = \begin{cases} \dfrac{1}{p}, & x = \dfrac{q}{p}\,(p \in \mathbb{N}^+, q \in \mathbb{Z}, p,q\,互质), \\ 1, & x = 0, \\ 0, & x\,是无理数, \end{cases}
$$

在一切无理点处连续, 在有理点处间断, 且间断点均为可去间断点.

证明　首先注意到, $R(x)$ 是周期为 1 的周期函数.

事实上, 当 x 为无理数时, $x+1$ 也为无理数, 所以 $R(x) = R(x+1) = 0$.

而当 $x = \dfrac{q}{p}$ 为有理数时, 其中 $p \in \mathbb{N}^+, q \in \mathbb{Z}$, $R(x) = \dfrac{1}{p}$, 而 $x+1 = \dfrac{p+q}{p}$, 容易证明, $p+q$ 与 p 互质. 事实上, 设 m 是 p 和 $p+q$ 的因子, 则 m 是 q 的因子, 由 p,q 互质知道, $m = 1$. 所以 $R(x+1) = \dfrac{1}{p} = R(x)$. 因此只要讨论 $R(x)$ 在区间 $[0,1]$ 上的性质.

其次证明, 对任何 $a \in [0,1], \lim\limits_{x \to a} R(x) = 0$.

注意到, 对任何正整数 $n,(0,1)$ 内分母不超过 n 的有理数个数不超过 $\dfrac{n(n-1)}{2}$, 因此, 对任何 $\varepsilon > 0, [0,1]$ 内分母不超过 $\left[\dfrac{1}{\varepsilon}\right]$ 的分数只有有限个, 记为 $r_1, r_2, \cdots, r_m$, 且设它们均不等于 a. 再取 $\delta = \min\{|r_i - a|, i = 1, 2, \cdots, m\}$, 则当 $x \in [0,1]$ 为有理数, 且 $|x-a| < \delta$ 时, 其分母必定大于 $\left[\dfrac{1}{\varepsilon}\right]$, 因此, $R(x) \leqslant \dfrac{1}{\left[\dfrac{1}{\varepsilon}\right] + 1} < \varepsilon$. 而若 $x \in [0,1]$ 为无理数,

则 $R(x) = 0$, 由此可知, $\lim\limits_{x \to a} R(x) = 0$. □

例 3.3.11　区间 (a,b) 上单调函数的间断点必为第一类间断点, 且为跳跃间断点.

证明　我们用确界原理来证明. 不妨设 $f(x)$ 是 (a,b) 上的单调递增函数, $x = c$ 是 $f(x)$ 的间断点, $\forall a < c_1 < c < c_2 < b$, 由 f 的单调性可知

$$f(c_1) \leqslant f(x) \leqslant f(c_2), x \in [c_1, c_2].$$

由确界原理知必存在 $\sup\limits_{x \in [c_1, c)} f(x)$ 和 $\inf\limits_{x \in (c, c_2)} f(x)$.

根据确界的定义和 $f(x)$ 的单调性, 容易得出 (见习题 3.1 B12)

$$\lim_{x \to c-} f(x) = \sup_{x \in [c_1, c)} f(x),$$

$$\lim_{x \to c+} f(x) = \inf_{x \in (c, c_2)} f(x).$$

所以间断点 $x = c$ 是第一类间断点. □

本题结论也可用习题 3.3 B19 中改进的归结原则来证明, 我们把它留作习题.

注 3.3.2　对区间的左端点 a, 若右极限 $f(a+)$ 存在, 但不等于 $f(a)$, 或函数 f 在 a 点无定义, 则称 a 为第一类间断点, 或可去间断点; 若右极限不存在, 称它为第二类间断点. 对右端点类似讨论.

§3.3.4 有限闭区间上连续函数的性质

与前面的局部性质相比, 有限闭区间上的连续函数有很好的整体性质. 所谓整体性质, 就是指这些性质是在整个区间上都适用, 而不仅仅是点的某个邻域. 这些整体性质包括有界性、最大值、最小值的存在性以及零点的存在性与介值性等.

1. 有界性定理

定理 3.3.3 若函数 f 在闭区间 $[a,b]$ 上连续, 则它在 $[a,b]$ 上有界.

证明 用反证法. 若 f 在 $[a,b]$ 上无界, 则对任何自然数 n, 存在 $x_n \in [a,b]$, 使 $|f(x_n)| \geqslant n$, 因此 $f(x_n) \to \infty(n \to \infty)$. 因为 $\{x_n\}$ 是有界数列, 所以存在收敛子列, 记为 $\{x_{n_k}\}$, 且 $\lim\limits_{k\to\infty} x_{n_k} = c$. 由极限不等式性质, $c \in [a,b]$. 再由 f 在 c 点的连续性, $f(x_{n_k}) \to f(c)(k \to \infty)$, 此与 $f(x_n) \to \infty(n \to \infty)$ 矛盾. □

注 3.3.3 定理中有限闭区间的条件是重要的, 也就是说在无穷区间或开区间上的连续函数未必有界. 例如, $f(x) = x, x \in (-\infty, +\infty)$ 既上无界, 也下无界, 而 $g(x) = \dfrac{1}{x}$ 在开区间 $(0,1)$ 上无上界.

2. 最值定理 (extreme value theorem)

定理 3.3.4 (最值定理) 闭区间 $[a,b]$ 上的连续函数必取得最小值和最大值, 即存在 $\xi, \eta \in [a,b]$, 使得

$$f(\xi) \leqslant f(x) \leqslant f(\eta), \forall x \in [a,b].$$

证明 根据上面的有界性定理和确界原理知 (图 3.3.2), $M = \sup\{f(x), x \in [a,b]\}$ 存在, 且是有限数. 再根据上确界定义, 对任何 $\varepsilon > 0$, 存在 $x \in [a,b]$, 使 $f(x) > M - \varepsilon$. 取 $\varepsilon = \dfrac{1}{n}$, 则存在相应的点 x_n, 使 $f(x_n) > M - \dfrac{1}{n}$. 由于 $\{x_n\} \subset [a,b]$ 是有界数列, 所以, 根据抽子列定理, 它存在收敛子列, 记为 $\{x_{n_k}\}$, 使得 $\lim\limits_{k\to\infty} x_{n_k} = \eta \in [a,b]$, 且由 $f(x_{n_k}) > $

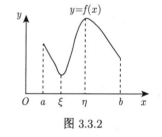

图 3.3.2

$M - \dfrac{1}{n_k}$, $\forall k \in \mathbb{N}$, 以及 f 在 η 处的连续性可推得 $f(\eta) = \lim\limits_{k\to\infty} f(x_{n_k}) \geqslant M$. 但 M 是 f 在 $[a,b]$ 上的一个上界, 所以 $f(\eta) = M$, 即 $f(\eta)$ 是 $f(x)$ 在 $[a,b]$ 上的最大值: $f(\eta) = \max\{f(x) : x \in [a,b]\}$. 类似可证最小值的存在性. □

与注 3.3.3 的情况类似, 如果将闭区间 $[a,b]$ 换为开区间 (a,b), 即使 $f(x)$ 在 (a,b) 上有界, 也未必有最大值或最小值. 例如, $f(x) = x$ 在开区间 $(0,1)$ 上有上确界 1 和下确界 0, 但 $f(x) = x$ 在开区间 $(0,1)$ 上既没有最大值也没有最小值.

3. 零点存在性定理和介值定理

定理 3.3.5 (零点存在性定理 (the existence theorem for roots)) 若 $f(x)$ 在闭区间 $[a,b]$ 上连续, 且在端点的函数值异号, 即 $f(a)f(b) < 0$, 则 $f(x)$ 在 (a,b) 内至少有一个零

点, 即存在 $\xi \in (a,b)$, 使 $f(\xi) = 0$.

证明 不妨设 $f(a) < 0, f(b) > 0$. 如图 3.3.3 所示. 由局部保号性知, 存在 $a_0 > a, b_0 < b$, 使

$$f(x) < 0, \forall x \in [a, a_0]; \quad f(x) > 0, \forall x \in [b_0, b]. \tag{3.3.4}$$

记 $S = \{c \in (a,b) : f(x) < 0, \forall x \in [a,c]\}$. 显然 $a_0 \in S$, 所以 S 非空有界, 因此存在上确界, 记为 $\xi = \sup S$. 易见, $\xi \in [a_0, b_0] \subset (a,b)$, 且存在 $x_n \in S$, 使得 $x_n \to \xi$. 因此由 f 在 ξ 点的连续性以及对每个 $n \in \mathbb{N}$ 有 $f(x_n) < 0$ 可知, $f(\xi) \leqslant 0$.

若 $f(\xi) < 0$, 则根据连续函数的局部保号性知, 存在 $\rho > 0$, 使 $\forall x \in [\xi - \rho, \xi + \rho]$, 都有 $f(x) < 0$. 又由于在 $[a, x_n]$ 都有 $f(x) < 0$, 而 n 充分大时 $x_n > \xi - \rho$, 因此, 在 $[a, \xi - \rho]$ 上都有 $f(x) < 0$. 从而在 $[a, \xi + \rho]$ 上都有 $f(x) < 0$. 由此推出 $\xi + \rho \in S$, 此与 ξ 是 S 的上确界矛盾. 因此 $f(\xi) = 0$. $\qquad\square$

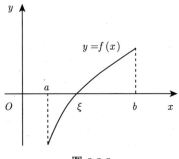

图 3.3.3

推论 3.3.2 若 $f(x)$ 在闭区间 $[a,b]$ 上连续, 且 $f(a)f(b) \leqslant 0$, 则 $f(x)$ 在 $[a,b]$ 上至少有一个零点, 即存在 $\xi \in [a,b]$, 使 $f(\xi) = 0$.

例 3.3.12 证明方程 $2^x - 4x = 0$ 在区间 $\left(0, \frac{1}{2}\right)$ 内至少有一个根.

证明 令 $f(x) = 2^x - 4x, x \in \left[0, \frac{1}{2}\right]$, 则显然 $f(x)$ 连续, 并且 $f(0) = 1 > 0, f\left(\frac{1}{2}\right) = \sqrt{2} - 2 < 0$, 所以由连续函数的零点定理知结论获证. $\qquad\square$

例 3.3.13 若函数 $f: [a,b] \to [a,b]$ 连续, 则 f 在 $[a,b]$ 上至少有一点 $x_0 \in [a,b]$, 使 $f(x_0) = x_0$. 这样的点 x_0 称为 f 的不动点 (图 3.3.4).

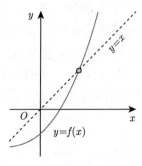

图 3.3.4

证明 作辅助函数 $F(x) = f(x) - x$, 则 $F(x)$ 在 $[a,b]$ 上连续, 且

$$F(a) = f(a) - a \geqslant 0, F(b) = f(b) - b \leqslant 0.$$

因此由零点存在性定理知, $F(x)$ 在 $[a,b]$ 上有零点 x_0, 即 $f(x_0) = x_0$, 结论获证. □

定理 3.3.6(介值定理 (intermediate value theorem)) **若函数 $f(x)$ 在闭区间 $[a,b]$ 上连续, 记**

$$M = f_{\max} = \max\{f(x) : x \in [a,b]\}, m = f_{\min} = \min\{f(x) : x \in [a,b]\},$$

则对任何 $\mu \in [m, M]$, 存在 $\xi \in [a,b]$, 使 $f(\xi) = \mu$.

证明 设 $f(\xi_1) = m$, $f(\xi_2) = M$, 见图 3.3.5. 不妨设 $\xi_1 < \xi_2$, 作辅助函数 $F(x) = f(x) - \mu$, 则 $F(\xi_1) = m - \mu \leqslant 0$, $F(\xi_2) = M - \mu \geqslant 0$, 应用连续函数的零点定理知, 存在 $\xi \in [\xi_1, \xi_2]$, 使得 $F(\xi) = 0$, 即 $f(\xi) = \mu$. □

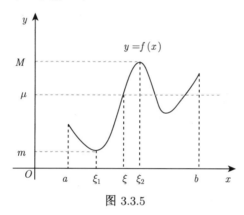

图 3.3.5

注 3.3.4 显然, 零点定理是介值定理的特殊情况: 当 $f(a)f(b) < 0$ 时, 取 $\mu = 0$ 即可. 而上面的证明说明, 两者实际是等价的.

根据介值定理可得下面有趣的结论.

推论 3.3.3 连续函数把闭区间映成闭区间, 即 $f([a,b]) = [m, M]$, 其中 $M = f_{\max} = \max\{f(x)|x \in [a,b]\}$, $m = f_{\min} = \min\{f(x)|x \in [a,b]\}$.

推论 3.3.4 连续函数把区间映成区间.

例 3.3.14 若函数 $f(x)$ 在闭区间 $[a,b]$ 上连续, $x_1, x_2, \cdots, x_n \in [a,b]$, 则存在 $\xi \in [a,b]$, 使

$$f(\xi) = \frac{f(x_1) + f(x_2) + \cdots + f(x_n)}{n}.$$

证明 根据介值定理, 我们只需要证明值 $\dfrac{f(x_1) + f(x_2) + \cdots + f(x_n)}{n}$ 介于函数 f 的最小值与最大值之间. 而注意到这个值是 n 个函数值 $f(x_1), f(x_2), \cdots, f(x_n)$ 的算术平均值, 所以必定介于最小值和最大值之间, 因此结论成立. □

§3.3.5 反函数的连续性定理

定理 3.3.7 严格单调的连续函数的反函数存在且连续.

证明   设函数 $y = f(x)$ 在 $[a,b]$ 上连续、严格递增, 记 $f(a) = \alpha$, $f(b) = \beta$ (图 3.3.6),
则根据推论 3.3.3, $R_f = [\alpha, \beta]$, 且由命题 1.2.1 知, f 在 $[a,b]$ 存在反函数. 记反函数为
$x = f^{-1}(y), y \in [\alpha, \beta]$. 下面只需证明 $x = f^{-1}(y)$ 在 $[\alpha, \beta]$ 上连续.

对任何 $y_0 \in (\alpha, \beta)$, 存在唯一的 $x_0 \in (a,b)$, 使 $f(x_0) = y_0$. 下面要证对任何正数
$\varepsilon > 0$, 存在 $\delta > 0$, 使当 $|y - y_0| < \delta$ 时, $|f^{-1}(y) - f^{-1}(y_0)| = |f^{-1}(y) - x_0| < \varepsilon$. 不妨设
$\varepsilon < \min\{b - x_0, x_0 - a\}$. 令 $y_1 = f(x_0 - \varepsilon)$, $y_2 = f(x_0 + \varepsilon)$, 并取 $\delta = \min\{y_2 - y_0, y_0 - y_1\}$,
则 $\delta > 0$, 且当 $y_0 - \delta < y < y_0 + \delta$ 时, $y_1 < y < y_2$, 因此由反函数的单调性可得

$$x_0 - \varepsilon = f^{-1}(y_1) < f^{-1}(y) < f^{-1}(y_2) = x_0 + \varepsilon,$$

即 $|f^{-1}(y) - f^{-1}(y_0)| < \varepsilon$.

$y_0 = \alpha$ 或 β 为端点的情况同理可证.   □

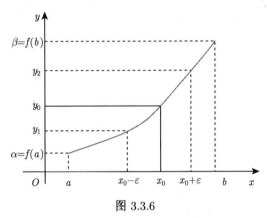

图 3.3.6

推论 3.3.5   设函数 $y = f(x)$ 在 (a,b) 上连续、严格递增, 记 $f(a+) = \alpha$, $f(b-) = \beta$,
则 f 在 (a,b) 上存在连续、严格递增的反函数 $f^{-1} : (\alpha, \beta) \to (a, b)$.

这里, a, α 可以是 $-\infty$, b, β 可以是 $+\infty$.

根据上述反函数的连续性定理可得

例 3.3.15   反三角函数在各自定义域内连续.

反正弦函数 $y = \arcsin x \in [-1, 1], y \in \left[-\frac{\pi}{2}, \frac{\pi}{2}\right]$, 严格单调递增, 且是奇函数;

反余弦函数 $y = \arccos x \in [-1, 1], y \in [0, \pi]$, 严格单调递减;

反正切函数 $y = \arctan x \in (-\infty, \infty), y \in \left(-\frac{\pi}{2}, \frac{\pi}{2}\right)$, 严格单调递增, 且是奇函数;

反余切函数 $y = \operatorname{arccot} x \in (-\infty, \infty), y \in (0, \pi)$, 严格单调下降.

它们的图形分别见图 1.2.4(a)~(c).

根据例 3.3.7 和反函数连续性定理可知, 上述反三角函数在各自定义域内连续.

例 3.3.16   根据例 3.3.3 及反函数连续性定理知道, 对数函数 $y = \log_a x (a > 0, a \neq 1)$
在 $(0, +\infty)$ 内连续, 其图形见图 1.2.5.

§3.3.6 初等函数的连续性

1. 初等函数的连续性

定理 3.3.8 任一初等函数在其定义区间内连续.

为此, 我们只要回顾总结一下前面的一些结论即可得到该定理.

所谓**初等函数**(elementary function), 是指由基本初等函数经过有限次四则运算与复合运算所得的函数. 由于四则运算和复合运算都保持连续性, 因此, 只要说明基本初等函数的连续性即可. 逐一对照 §1.2.4 中基本初等函数. 显然, 常函数是连续的, 而在前面的例题中我们已经证明, 指数函数与对数函数、幂函数、三角函数与反三角函数在其定义域都是连续的. 因此, 基本初等函数在其定义域都是连续的. 由此知定理的结论获证.

由此定理可知, 要研究初等函数的连续性, 等价于明确其定义域.

例 3.3.17 函数 $y = x^x$ 在其定义域 $(0, +\infty)$ 内连续. 这是因为, $y = x^x = \mathrm{e}^{x \ln x}$ 是初等函数. 而 $y = \ln x$ 的定义域是 $(0, +\infty)$.

2. 应用初等函数的连续性求极限

函数 $y = f(x)$ 在 a 点连续, 是指

$$\lim_{x \to a} f(x) = f(a) = f(\lim_{x \to a} x),$$

即极限运算与函数运算可交换.

初等函数是常见的函数, 所以利用初等函数的连续性定理求极限将较为方便.

例 3.3.18

$$\lim_{x \to \infty} \arctan \frac{\sqrt{x^4 + 1}}{1 + x^2} = \arctan \lim_{x \to \infty} \frac{\sqrt{x^4 + 1}}{1 + x^2} = \arctan \lim_{x \to \infty} \frac{\sqrt{1 + x^{-4}}}{1 + x^{-2}} = \arctan 1 = \frac{\pi}{4}.$$

例 3.3.19

$$\lim_{x \to 0} (\cos x)^{\frac{1}{x^2}} = \lim_{x \to 0} \mathrm{e}^{\frac{\ln \cos x}{x^2}} = \mathrm{e}^{\lim_{x \to 0} \frac{\ln(1 + (\cos x - 1))}{x^2}} = \mathrm{e}^{\lim_{x \to 0} \frac{\cos x - 1}{x^2}} = \mathrm{e}^{-\frac{1}{2}}.$$

事实上, 对一般的幂指函数 $f(x)^{g(x)}$ 的不定式的极限, 我们有

性质 3.3.2 (1) 设 $\lim_{x \to X} f(x) = \alpha > 0$, $\lim_{x \to X} g(x) = \beta \in (-\infty, +\infty)$, 则

$$\lim_{x \to X} f(x)^{g(x)} = \alpha^\beta.$$

(2) 设 $\lim_{x \to X} f(x) = 1$, $\lim_{x \to X} g(x) = \infty$, 且 $\lim_{x \to X} g(x)(f(x) - 1) = A$, 则

$$\lim_{x \to X} f(x)^{g(x)} = \mathrm{e}^A.$$

证明 (1)

$$\lim_{x \to X} f(x)^{g(x)} = \mathrm{e}^{\lim_{x \to X} g(x) \ln f(x)} = \mathrm{e}^{\beta \ln \alpha} = \alpha^\beta.$$

(2) 只要注意到

$$f(x)^{g(x)} = \mathrm{e}^{g(x) \ln(1 + (f(x) - 1))}, \quad \ln(1 + (f(x) - 1)) \sim f(x) - 1, x \to X,$$

同上可证. □

§3.3.7　一致连续性初步

前面, 我们已经知道, 函数 $f(x) = \sin x$ 在 $(-\infty, +\infty)$ 上连续. 我们不妨再详细审查其过程.

对任何 $x_0 \in (-\infty, +\infty)$ 以及任何 $\varepsilon > 0$, 要找 $\delta > 0$, 使当 $|x - x_0| < \delta$ 时, $|\sin x - \sin x_0| < \varepsilon$. 注意到

$$\left|\sin x - \sin x_0\right| = 2\left|\sin \frac{x - x_0}{2} \cos \frac{x + x_0}{2}\right| \leqslant 2\left|\sin \frac{x - x_0}{2}\right| \leqslant |x - x_0|,$$

因此, 可取 $\delta = \varepsilon$, 只要 $|x - x_0| < \delta$, 即有 $|\sin x - \sin x_0| < \varepsilon$.

请注意, 我们不仅根据 ε 找到了 δ, 而且, 这里的 δ 是与点 x_0 无关的, 亦即 δ 是对所有 $x_0 \in (-\infty, +\infty)$ 一致适用的. 我们称这样的连续函数在 $(-\infty, +\infty)$ 上一致连续.

是不是区间上的每个连续函数都是一致连续呢? 即都能找到与点 x_0 无关的 δ? 下面再看一个例子:

$$f(x) = \frac{1}{x}, x \in (0, +\infty).$$

我们也早已知道, $f(x) = \dfrac{1}{x}$ 在 $(0, +\infty)$ 上每一点 x_0 处连续, 但从图 3.3.7 容易直观地看到, 随着 x_0 越靠近 0, δ 必须越小, 以至于我们无法找到对所有 $x_0 \in (0, +\infty)$ 都一致适用的 δ. 因此它不具备函数 $y = \sin x$ 的那种一致连续性.

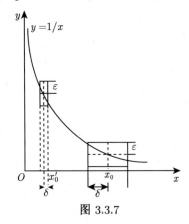

图 3.3.7

下面就来严格地讨论这种一致连续性, 它是一种更强的连续性, 将在后续的相关内容 (例如定积分的可积性理论) 中起重要作用.

定义 3.3.6　设函数 $f(x)$ 在区间 I 上有定义, 若对于任何 $\varepsilon > 0$, 存在 $\delta > 0$, 使对任何 $x', x'' \in I$, 只要 $|x' - x''| < \delta$, 就有 $|f(x') - f(x'')| < \varepsilon$, 则称函数 $f(x)$ 在区间 I 上一致连续 (uniform continuous on I).

例 3.3.20　$f(x) = \sin x$ 在 $(-\infty, +\infty)$ 上一致连续.

证明　$\forall \varepsilon > 0$, 由

$$|f(x') - f(x'')| = |\sin x' - \sin x''| = 2\left|\sin \frac{x' - x''}{2} \cos \frac{x' + x''}{2}\right| \leqslant |x' - x''|$$

知, 取 $\delta = \varepsilon$, 则对任何 $x', x'' \in (-\infty, +\infty)$, 只要 $|x' - x''| < \delta$, 即有 $|f(x') - f(x'')| < \varepsilon$. 因此 $f(x) = \sin x$ 在 $(-\infty, +\infty)$ 上一致连续. □

下面, 我们再来严格证明 $f(x) = \dfrac{1}{x}$ 在 $(0, +\infty)$ 上非一致连续.

为此, 先给出非一致连续的正面陈述: $f(x)$ 在 I 上非一致连续当且仅当存在 $\varepsilon_0 > 0$, 对任何 $\delta > 0$, 存在 $x', x'' \in I$, 虽然 $|x' - x''| < \delta$, 但 $|f(x') - f(x'')| \geqslant \varepsilon_0$.

取 $\varepsilon_0 = 1$, 对任何 $\delta > 0$, 取 $x_1 = \min\left\{\dfrac{1}{2}, \delta\right\}, x_2 = \dfrac{x_1}{2}$, 则 $|x_1 - x_2| = \dfrac{x_1}{2} < \delta$, 但 $|f(x_1) - f(x_2)| = \dfrac{1}{x_1} \geqslant 2$.

由定义可知, 函数 f 在区间上一致连续蕴含 f 在区间上连续, 但上面的例子表明, 反之未必成立, 即区间上连续函数未必在此区间上一致连续. 什么条件下由连续可推出一致连续呢? 下面我们不加证明地给出关于一致连续的 Cantor 定理 (证明留到第 7 章).

定理 3.3.9(Cantor 定理) 闭区间 $[a, b]$ 上的连续函数必定一致连续.

习 题 3.3

A1. 按 ε-δ 定义证明下列函数在其定义域内连续:

(1) $f(x) = \dfrac{1}{\sqrt{x}}$; $\qquad\qquad\qquad\qquad$ (2) $f(x) = \sqrt[3]{|x|}$.

A2. 按 ε-δ 定义证明: 若 f 在点 x_0 连续, 则 $|f|$ 与 f^2 也在点 x_0 连续. 又问: 若 $|f|$ 或 f^2 在点 x_0 连续, 那么 f 在点 x_0 是否必连续?

A3. 设当 $x \neq 0$ 时, $f(x) \equiv g(x)$, 而 $f(0) \neq g(0)$, 则 f 与 g 至多有一个在点 0 处连续.

A4. 设函数 f 在区间上 I 连续, 证明:

(1) 若对任何有理数 $r \in I$, 有 $f(r) = 0$, 则在 I 上 $f(x) \equiv 0$;

(2) 若对任意两个有理数 $r_1, r_2 \in I$, $r_1 < r_2$, 有 $f(r_1) < f(r_2)$, 则 f 在 I 上严格增.

A5. 指出下列函数的间断点并说明其类型:

(1) $f(x) = \dfrac{\sin x}{x}$; $\qquad$ (2) $f(x) = \dfrac{x}{\sin x}$; $\qquad$ (3) $f(x) = \dfrac{x^2 - 2x}{|x|(x^2 - 4)}$;

(4) $f(x) = \operatorname{sgn}(\sin x)$; $\qquad$ (5) $f(x) = [x]\sin\dfrac{1}{x}$; $\qquad$ (6) $f(x) = [\sin x]$;

(7) $f(x) = \dfrac{1}{1 - \mathrm{e}^{\frac{x}{1-x}}}$; $\qquad$ (8) $f(x) = \begin{cases} x, & x \in \mathbb{Q}, \\ -x, & x \notin \mathbb{Q}; \end{cases}$ $\qquad$ (9) $f(x) = \lim\limits_{n \to \infty} \dfrac{x^{2n+1} - x}{x^{2n} + 1}$;

(10) $f(x) = x(x-1)D(x)$, 其中 $D(x)$ 是 Dirichlet 函数;

(11) $f(x) = \begin{cases} \dfrac{1}{x+2}, & -\infty < x < -2, \\ x - 2, & -2 \leqslant x \leqslant 2, \\ (x-2)\sin\dfrac{1}{x-2}, & 2 < x < +\infty; \end{cases}$

(12) $f(x) = \begin{cases} \mathrm{e}^{\frac{1}{x}}, & x < 0, \\ 1, & x = 0, \\ \mathrm{e}^{-2} - (1-2x)^{\frac{1}{x}}, & 0 < x \leqslant \dfrac{1}{\pi}, \\ \tan\dfrac{1}{2x}, & \dfrac{1}{\pi} < x \leqslant 1, \\ (x-1)\sin\dfrac{1}{x-1}, & 1 < x < +\infty. \end{cases}$

A6. 延拓下列函数, 使其在 $\mathbb{R}$ 上连续:

(1) $f(x) = \dfrac{x^3 - 1}{x - 1}$;　　　　　　　　　　　　(2) $f(x) = \dfrac{1 - \cos x}{x^2}$.

A7. (广义的局部保号性) 设 f, g 在点 x_0 连续, 证明:

(1) 若 $f(x_0) > g(x_0)$, 则存在 $U(x_0, \delta)$, 使在其内有 $f(x) > g(x)$.

(2) 若在某 $U^\circ(x_0)$ 内有 $f(x) > g(x)$, 则 $f(x_0) \geqslant g(x_0)$.

A8. 设 f, g 在区间 I 上连续, 记

$$F(x) = \max\{f(x), g(x)\}, \quad G(x) = \min\{f(x), g(x)\}, \forall x \in I,$$

说明 F 和 G 也都在 I 上连续.

提示: 对任何两个数 a, b, $\max\{a, b\} = \dfrac{a + b}{2} + \dfrac{|a - b|}{2}$, $\min\{a, b\} = \dfrac{a + b}{2} - \dfrac{|a - b|}{2}$.

A9. 设 f 为 $\mathbb{R}$ 上的连续函数, 常数 $c > 0$, 记

$$F(x) = \begin{cases} -c, & f(x) < -c, \\ f(x), & |f(x)| \leqslant c, \\ c, & f(x) > c. \end{cases}$$

证明 F 在 $\mathbb{R}$ 上连续.

提示: $F(x) = \max\{-c, \min\{c, f(x)\}\}$.

A10. 证明: 若 f 在 $[a, b]$ 上连续, 且对任何 $x \in [a, b], f(x) \neq 0$, 则 f 在 $[a, b]$ 上恒正或恒负.

A11. 证明: 任一实系数奇数次多项式方程 $P_{2n-1}(x) = 0$ 至少有一个实根.

A12. 设 f 在 $[0, 2a]$ 上连续, 且 $f(0) = f(2a)$, 则存在点 $\xi \in [0, a]$, 使得 $f(\xi) = f(\xi + a)$.

A13. 设 f 在 $[a, b]$ 上连续, $x_1, x_2, \cdots, x_n \in [a, b]$, 另有一组正数 $\lambda_1, \lambda_2, \cdots, \lambda_n$ 满足 $\lambda_1 + \lambda_2 + \cdots + \lambda_n = 1$. 证明: 存在一点 $\xi \in [a, b]$, 使得

$$f(\xi) = \lambda_1 f(x_1) + \lambda_2 f(x_2) + \cdots + \lambda_n f(x_n).$$

A14. 设 a_1, a_2, a_3 为正数, $\lambda_1 < \lambda_2 < \lambda_3$. 证明: 方程

$$\frac{a_1}{x - \lambda_1} + \frac{a_2}{x - \lambda_2} + \frac{a_3}{x - \lambda_3} = 0$$

在区间 (λ_1, λ_2) 与 (λ_2, λ_3) 内各有一个根.

A15. 求极限:

(1) $\lim\limits_{x \to 0} (1 + e^x)^{2\cos x}$;　　　(2) $\lim\limits_{x \to 0} (x + e^x)^{\frac{1}{x}}$;　　　(3) $\lim\limits_{x \to 0} \left(\dfrac{1 + x}{1 - x} \right)^{\frac{1}{x}}$;

(4) $\lim\limits_{x \to +\infty} \left(\dfrac{3x + 2}{3x - 1} \right)^{2x - 1}$;　　　(5) $\lim\limits_{x \to a} \left(\dfrac{\sin x}{\sin a} \right)^{\frac{1}{x - a}}$;　　　(6) $\lim\limits_{n \to \infty} \tan^n \left(\dfrac{\pi}{4} + \dfrac{1}{n} \right)$.

A16. 证明 $f(x) = \sqrt{x}$ 在区间 $[1, +\infty)$ 上一致连续.

A17. 试用定义证明: 若 f, g 都在区间 I 上一致连续, 则 $f + g$ 也在 I 上一致连续.

A18. 设函数 f 在区间 I 上满足利普希茨 (Lipschitz) 条件, 即存在常数 $L > 0$, 使得对 I 上任意两点 x', x'' 都有

$$|f(x') - f(x'')| \leqslant L|x' - x''|.$$

证明 f 在 I 上一致连续.

B19. 用改进的归结原则 (见习题 3.1 B10) 重新证明例 3.3.11, 即区间 (a, b) 上单调函数的间断点必为跳跃间断点.

B20. 设函数 f 在区间 I 上有定义, 且只有可去间断点, 定义 $g(x) = \lim\limits_{y \to x} f(y)$, 证明 g 为 I 上连续函数.

B21. 设 f 为 $\mathbb{R}$ 上的单调函数, 定义 $g(x) = f(x+)$, 证明 g 在 $\mathbb{R}$ 每一点都右连续.

B22. 设函数 f 在开区间 (a,b) 内连续, 且 $f(a+), f(b-)$ 都存在且相等. 证明 f 在 (a,b) 内有最大值或最小值.

B23. 设 f 为 $[a,b]$ 上的增函数, 其值域为 $[f(a), f(b)]$. 证明 f 在 $[a,b]$ 上连续.

B24. 证明 $f(x) = \sqrt{x}$ 在 $[0, +\infty)$ 上一致连续.

B25. 证明 $f(x) = \cos \sqrt{x}$ 在 $[0, +\infty)$ 上一致连续.

B26. 设 f 在 $[0, +\infty)$ 上连续, 满足 $0 \leqslant f(x) \leqslant x, x \in [0, +\infty)$. 设 $a_1 \geqslant 0, a_{n+1} = f(a_n), n = 1, 2, \cdots$. 证明:

(1) $\{a_n\}$ 为收敛数列;

(2) 设 $\lim\limits_{n \to \infty} a_n = t$, 则有 $f(t) = t$;

(3) 若条件改为 $0 \leqslant f(x) < x, x \in (0, +\infty)$, 则 $t = 0$.

C27. 若对任何充分小的 $\varepsilon > 0$, f 在 $[a + \varepsilon, b - \varepsilon]$ 上连续, 能否由此推出

(1) f 在 (a, b) 内连续?

(2) f 在 $[a, b]$ 上连续?

C28. 举出定义在 $[0,1]$ 上分别符合下述要求的函数:

(1) 只在 $\dfrac{1}{2}, \dfrac{1}{3}$ 和 $\dfrac{1}{4}$ 三点不连续的函数;

(2) 只在 $\dfrac{1}{2}, \dfrac{1}{3}$ 和 $\dfrac{1}{4}$ 三点连续的函数;

(3) 只在 $\dfrac{1}{n} (n = 1, 2, 3, \cdots)$ 上间断的函数;

(4) 只在 $x = 0$ 右连续, 而在其他点都不连续的函数;

(5) 定义在闭区间 $[0,1]$ 上的无界函数.

C29. 讨论复合函数 $f \circ g$ 与 $g \circ f$ 的连续性: 如果 f 与 g 中有一个不连续, 那么它们的复合是否一定不连续? 请研究下面的例子.

(1) $f(x) = \operatorname{sgn} x, g(x) = 1 + x^2$;

(2) $f(x) = \operatorname{sgn} x, g(x) = (1 - x^2)x$;

(3) $f(x) = \sin x, g(x) = \begin{cases} x - \pi, & x \leqslant 0, \\ x + \pi, & x > 0. \end{cases}$

C30. 设 $f(x)$ 在区间 $[a, +\infty)$ 上连续.

(1) 能否肯定 $f(x)$ 在区间 $[a, +\infty)$ 上有界? 若肯定, 请证明. 若否定, 请举例说明.

(2) 若假定 $\lim\limits_{x \to +\infty} f(x)$ 存在, 且是有限数, 再回答 (1) 的问题.

(3) 在 (2) 的条件下, 能否肯定 $f(x)$ 在区间 $[a, +\infty)$ 上一定有最大值和最小值? 或者能否肯定 $f(x)$ 在区间 $[a, +\infty)$ 上一定有最大值或最小值?

(4) 若 f 为定义在 $\mathbb{R}$ 上的连续的周期函数, 再回答 (3) 的问题.

第 4 章 微分与导数

从本章开始研究微积分, 主要包括: 微分学、积分学、级数理论等, 本章只研究一元函数的微分和导数.

可以说, 微分 (differential) 和导数 (derivative) 起源于曲线的切线和极值问题. 其思想可以追溯到古希腊, 但公认的微分方法的第一个值得注意的先驱工作应是 1625 年 Fermat(费马) 在讨论 "定周长的矩形面积何时最大?" 问题中陈述的概念, 从中我们可以看到微分和导数的影子; Barrow (巴罗, Newton 的老师) 在研究曲线切线问题时事实上也用到了微分和导数的方法; 微分和导数的理论的最主要的贡献当然应归功于伟大的 Newton 和 Leibniz. 微积分中现在通用的很多记号, 如微分、积分等都来源于 Leibniz.

§4.1 微分和导数的定义

§4.1.1 微分概念的导出背景

公元前五世纪, 古希腊哲学家 Zeno (芝诺) 提出了著名的 Zeno 悖论, 其一是飞着的箭是静止的. 设想一支飞行的箭, 在某一时刻, 它位于空间中的一个特定位置, 是静止的, 由于箭在每个时刻都是静止的, 所以芝诺断定, 飞行的箭总是静止的, 它不可能在运动. 这看似有理但结论又很荒谬. 事实上, 这涉及时间的无限可分性、运动、瞬时速度以及无穷小的概念.

Zeno 悖论启发我们思考一个问题: 当一个函数的自变量有微小的改变时, 它的因变量一般来说也会有一个相应的微小改变, 那么如何描述这种微小的改变? 前一章连续概念是我们思考这个问题的一个工具, 但又如何刻画这种因变量的改变相对于自变量的改变的程度? 这就涉及微分和导数的概念.

另一方面, 在很多实际问题中, 需要通过数学的方法计算一些量, 但很多初始数据是测量得到的近似值, 同时由实际问题得到的数学模型往往也是舍弃了次要因素而得到的近似模型 (如我们经常将地球当成规则的球体), 因此我们无须 (有时也无法) 得到其精确值, 而只要能方便地获得近似值就足够了. 那什么样的近似值是方便易得的呢? 下面来看数学上两个具体的例子.

例 4.1.1 设正方形的边长为 x, 面积为 S, 则边长增为 Δx 时面积的改变量为

$$\Delta S = (x + \Delta x)^2 - x^2 = 2x\Delta x + (\Delta x)^2.$$

在计算 ΔS 时, 若 Δx 很小, 则为了计算的快捷和简单, 我们常会舍弃最后一项 $(\Delta x)^2$, 即有

$$\Delta S = (x + \Delta x)^2 - x^2 \approx 2x\Delta x.$$

如图 4.1.1 所示.

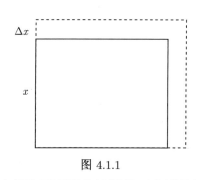

图 4.1.1

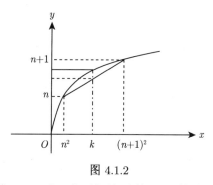

图 4.1.2

上例也可理解为当测量正方形的边长误差为 Δx 时, 对面积的误差 ΔS 的估计为 $\Delta S \approx 2x\Delta x$, 这是一个线性化的估计, 方便易得.

例 4.1.2 计算平方根 $\sqrt{k}$ 的近似值, 其中 k 不是完全平方数.

当 $k = 10\,001$ 时, 设 $a = \sqrt{10\,001}, b = \sqrt{10\,000} = 100$, 则

$$0 < a - b = \frac{1}{a+b} < \frac{1}{200}.$$

利用上式, 可知, $\sqrt{10\,001}$ 与 100 相差很小, 因此, 在近似计算中, 如果只要求近似到小数点后两位, 可以用 100 近似代替 $\sqrt{10\,001}$ 的值. 但是, 如果 k 很小或误差精度要求很高时, 以上方法就无法达到要求了. 那么我们是否还有其他方法呢?

我们再来看一个更一般的情况. 对任意非完全平方数的正整数 k, 存在正整数 n, 使得

$$n^2 < k < (n+1)^2.$$

这时, 我们用

$$n + \frac{k - n^2}{(n+1)^2 - n^2}$$

来近似代替 $\sqrt{k}$ 的值. 显然, 此近似值比 n 或 $n+1$ 精度要高.

此方法被称为线性插值法或割线法 (参见图 4.1.2, 请从几何的角度理解), 它实际上是已知函数 $f(x)$ 在某点的值 $f(x_0)$, 利用

$$f(x_0) + A(x - x_0)$$

来近似计算 $f(x)$ 的值, 其中 A 是某一 (与 x_0 有关) 固定值, 在本例中 $f(x) = \sqrt{x}, x_0 = n^2, x = k, A = \dfrac{1}{(n+1)^2 - n^2}$.

这是否有其理论根据呢? 从中我们又能得到什么启发呢?

从前面两个例子中可以看出, 为了计算方便或快速, 只要考虑其 "主要 (线性) 部分", 而舍弃其 "次要部分", 即高阶无穷小部分, 这种思想, 在几何上就是 "以直代曲", 分析中就是 "用线性代替非线性". 这样做, 对很多的实际问题, 既简化计算, 其误差又能控制. 而这种做法, 无论在实际中, 还是理论上都是很重要的, 这就是微分学思想的来源和应用.

下面, 我们借助极限概念给出微分的定义.

§4.1.2　微分的定义

定义 4.1.1　设函数 f 在 x_0 点的某邻域内有定义, 若存在只可能与 x_0 有关而与 Δx 无关的常数 $A = A(x_0)$, 使

$$\Delta y = f(x_0 + \Delta x) - f(x_0) = A\Delta x + o(\Delta x)(\Delta x \to 0), \qquad (4.1.1)$$

则称函数 $y = f(x)$ 在 x_0 点**可微** (differentiable), 并称其线性主部 $A\Delta x$ 为 f 在 x_0 点的**微分**(differential), 记为

$$\mathrm{d}y = A\Delta x. \qquad (4.1.2)$$

若函数 $y = f(x)$ 在某一开区间上的每一点都可微, 则称 $f(x)$ 在该区间上**可微**.

由此可知, 当 $|\Delta x|$ 很小时, $\mathrm{d}y \approx \Delta y$, 且两者相差一个关于 Δx 的高阶无穷小.

例 4.1.3　证明: $y = f(x) = x^n (n \in \mathbb{N}^+)$ 在任意点 $x \in (-\infty, +\infty)$ 可微, 且 $\mathrm{d}y = nx^{n-1}\Delta x$.

证明　对于任意一点 $x \in (-\infty, +\infty)$ 所产生的增量 Δx, 相应的函数增量为

$$\begin{aligned}
\Delta y &= (x + \Delta x)^n - x^n \\
&= nx^{n-1}\Delta x + \frac{n(n-1)}{2}x^{n-2}\Delta x^2 + \cdots + \Delta x^n \\
&= nx^{n-1}\Delta x + o(\Delta x)(\Delta x \to 0).
\end{aligned}$$

由定义, 函数 $y = x^n$ 在 x 处是可微的, 且它的微分是

$$\mathrm{d}y = \mathrm{d}(x^n) = nx^{n-1}\Delta x. \qquad \square$$

特别地, 对 $y = x$, 我们有

$$\mathrm{d}y = \mathrm{d}(x) = \Delta x.$$

鉴于此, 我们规定, 自变量的微分 $\mathrm{d}x = \Delta x$. 因此微分的表达式通常记为

$$\mathrm{d}y = A\mathrm{d}x. \qquad (4.1.3)$$

例 4.1.4　证明: 函数 $y = |x|$ 在 $x = 0$ 点连续, 但不可微.

证明　连续是显然的. 下证不可微. 在 $x = 0$ 点, $\Delta y = |\Delta x|$, 当 $\Delta x > 0$ 时, $\Delta y = \Delta x$, 当 $\Delta x < 0$ 时, $\Delta y = -\Delta x$, 则不存在常数 A, 使得 $\Delta y = A\Delta x + o(\Delta x)$, 所以 $y = |x|$ 在 $x = 0$ 不可微. $\square$

注 4.1.1　由可微定义即知, 如果函数在某一点可微, 则在该点必连续, 但上例表明反之不一定成立, 即连续未必可微. 事实上, 存在处处连续, 但处处不可微的例子 (这样的例子不易举出, Weierstrass 贡献了一个例子, 可参见《数学分析》(陈纪修等, 2004)).

注 4.1.2　Carathéodory 给出了可微的一个等价定义 (充要条件):

函数 $f(x)$ 在 x_0 点可微的充要条件是存在在 x_0 点连续的函数 $g(x)$, 使得

$$f(x) = f(x_0) + g(x)(x - x_0). \qquad (4.1.4)$$

请读者证明其等价性, 并在以后学习中体会思考Carathéodory 定义的优点.

§4.1.3 导数的定义

前面我们学习了微分的概念, 那么如何计算微分定义中的常数 A? 除了用微分定义外, 如何判断函数在某一点是否可微?

如果 f 在 x_0 点可微, 则式 (4.1.1) 成立, 因此有

$$A = \frac{f(x) - f(x_0)}{x - x_0} + o(1) = \frac{\Delta y}{\Delta x} + o(1),$$

因此 $A = \lim\limits_{\Delta x \to 0} \frac{\Delta y}{\Delta x} = \lim\limits_{\Delta x \to 0} \frac{f(x_0 + \Delta x) - f(x_0)}{\Delta x}$. 由此我们引出导数的概念.

定义 4.1.2 设函数 $y = f(x)$ 在 x_0 点的某邻域内有定义, 若极限

$$\lim_{\Delta x \to 0} \frac{\Delta y}{\Delta x} = \lim_{\Delta x \to 0} \frac{f(x_0 + \Delta x) - f(x_0)}{\Delta x} \tag{4.1.5}$$

存在, 则称函数 f 在点 x_0 处**可导** (derivable), 并称极限(4.1.5) 为函数 f 在点 x_0 处的**导数**(derivative), 记为

$$f'(x_0), \quad y'(x_0), \quad \frac{\mathrm{d}f}{\mathrm{d}x}\Big|_{x=x_0}, \quad \frac{\mathrm{d}y}{\mathrm{d}x}\Big|_{x=x_0}. \tag{4.1.6}$$

若函数 f 在开区间 (a, b) 内每一点都可导, 则称函数 f 在开区间 (a, b) 内可导, 并且得到函数: $x \to f'(x)$, 称为函数 f 的**导函数**, 记为 $y = f'(x), x \in (a, b)$, 简称为 f 的导数.

例 4.1.5 证明: $y = \sin x$ 在任意点 $x \in \mathbb{R}$ 处可导, 且 $(\sin x)' = \cos x$.

证明 因为

$$\Delta y = \sin(x + \Delta x) - \sin x = 2\cos\left(x + \frac{\Delta x}{2}\right)\sin\frac{\Delta x}{2},$$

由 $\cos x$ 的连续性与 $\sin\dfrac{\Delta x}{2} \sim \dfrac{\Delta x}{2}(\Delta x \to 0)$ 可知:

$$\lim_{\Delta x \to 0} \frac{\sin(x + \Delta x) - \sin x}{\Delta x} = \lim_{\Delta x \to 0} \cos\left(x + \frac{\Delta x}{2}\right) \cdot \lim_{\Delta x \to 0} \frac{\sin\dfrac{\Delta x}{2}}{\dfrac{\Delta x}{2}} = \cos x,$$

根据定义知, $\sin x$ 在任意点 $x \in \mathbb{R}$ 可导, 且 $(\sin x)' = \cos x$. □

例 4.1.6 考察函数 $y = \begin{cases} x\sin\dfrac{1}{x}, & x \neq 0 \\ 0, & x = 0 \end{cases}$ 在 $x = 0$ 处的可导性.

解 对 $\Delta x \neq 0$,

$$\frac{f(\Delta x) - f(0)}{\Delta x} = \frac{\Delta x \cdot \sin\dfrac{1}{\Delta x}}{\Delta x} = \sin\frac{1}{\Delta x},$$

当 $\Delta x \to 0$ 时, 上式的极限不存在, 所以函数在 $x = 0$ 处不可导.

由导数定义 4.1.2 前的分析可知, 函数 f 在点 x_0 处可微必可导, 且有关系:

$$\mathrm{d}y = f'(x_0)\mathrm{d}x, \quad \text{或} \quad \frac{\mathrm{d}y}{\mathrm{d}x} = f'(x_0). \tag{4.1.7}$$

因此, 可以将导数看成因变量微分与自变量微分之商, 简称为微商. 并且, 容易证明, 可导也必可微, 即有下面的定理.

定理 4.1.1　函数 f 在 x_0 点可微的充分必要条件是 f 在 x_0 点可导.

证明　下面只要证明可导蕴含可微. 设 f 在 x_0 点可导, 则式 (4.1.5) 成立, 因此有

$$\frac{\Delta y}{\Delta x} = f'(x_0) + o(1) \ (\Delta x \to 0),$$

即

$$\Delta y = f'(x_0)\Delta x + o(1)\Delta x,$$

显然, $o(1)\Delta x = o(\Delta x) \ (\Delta x \to 0)$, 所以 f 在 x_0 点可微, 且 $A = f'(x_0)$. □

§4.1.4　产生导数的实际背景

运动的**瞬时速度**与曲线的**切线斜率**问题通常认为是导数产生的实际背景. 从历史上看, 导数是伴随微分产生的, 并且是研究微分的有力工具: $\mathrm{d}y = f'(x)\mathrm{d}x$. 但导数的计算比微分更直接, 表示也更简洁, 并且导数也有深刻的实际背景, 因此对导数的研究更多些.

Fermat 在研究最值和切线时的方法已经与现在导数的定义有关, 但那时 Descartes 坐标系还未建立, 因此在它的方法中无法用分析的思想和语言; Barrow 在研究切线问题时, 认识到求切线方法的关键概念是 "特征三角形" 或 "微分三角形", 即 $\dfrac{\mathrm{d}y}{\mathrm{d}x}$ 对于决定切线的重要性, 他用几何形式给出面积与切线的某种关系; Leibniz 进一步发展了 Barrow 的方法 (Leibniz 本人认为是受到了 Pascal(帕斯卡) 的特征三角形的启发), 他认为, 对任意给定的曲线都可以作这样的无限小 "特征三角形", 由此 "可迅速地、毫无困难地建立大量的定理"; Newton 最早是从运动学的瞬时速度开始研究导数的, 同时他从一个新的角度理解曲线: 曲线是由一点连续运动生成的, 他将变动的量称为流 (fluent), 流的变化度称为流数 (fluxion)(即导数).

1. 瞬时速度

下面我们来详细分析**瞬时速度**的问题. 速度是刻画物体运动快慢的物理量. 所谓物体做匀速直线运动, 是指运动的方向与快慢都不随时间改变, 此时位移的改变量与所用时间的比是常数, 即为运动的速度. 如果运动物体的快慢随时间改变, 那么人们是如何来刻画 t_0 时刻运动快慢的?

设物体的位移可以用函数 $s = s(t)$ 来描述, 考虑时间段 $[t_0, t_0 + \Delta t]$, 这段时间内位移的改变量为 $\Delta s = s(t_0 + \Delta t) - s(t_0)$, 此时, 位移的改变量与所用时间的比, 即 $\dfrac{\Delta s}{\Delta t}$ 只是表示这一段时间内运动平均的快慢情况, 即所谓的平均速度 $\bar{v}$. 当 Δt 越小, 这个平均速度越能刻画时间 t_0 时刻物体的运动快慢情况, 因此自然地, 我们定义物体在时刻 t_0 的速度, 即瞬时速度 $v(t_0)$ 是当 $\Delta t \to 0$ 时 $\bar{v}$ 的极限值, 即

$$v(t_0) = \lim_{\Delta t \to 0} \frac{\Delta s}{\Delta t} = \lim_{\Delta t \to 0} \frac{s(t_0 + \Delta t) - s(t_0)}{\Delta t}.$$

于是, 当这个极限存在时, $v(t_0) = s'(t_0)$, 也即运动物体的速度是它的位移函数的导数.

2. 一般平面曲线的切线

切线斜率问题在 17 世纪前被认为是非常重要和困难的数学问题, Descartes 称它为 "不仅是我所知道而且是我想知道的最有用最一般的数学问题". 在中学的解析几何里,

我们学过圆和椭圆的切线. 那时的定义: 若一条直线与圆 (或椭圆) 只相交于一点, 那么称这条直线为该圆 (或椭圆) 的切线. 但是要将这个定义运用到一般的曲线上去是不行的. 例如, 对抛物线 $y = x^2$, 在 $(0,0)$ 点就有两条直线 (x 轴和 y 轴) 与抛物线只交于一点. x 轴应是其切线, 而 y 轴不是. 事实上, 切线应是在某一点周围与曲线 "贴得最近" 的直线. 下面我们给出一般曲线的切线定义.

设 $y = f(x)$ 是 xOy 平面上的一条光滑的曲线 C, $P(x_0, f(x_0))$ 是曲线上一个定点, 现考虑曲线 C 上 P 附近的任意一点 $Q(x_0 + \Delta x, f(x_0 + \Delta x))$, 连接 P 和 Q 两点可以唯一确定曲线 C 的一条割线, 并且, 当点 Q 在曲线上向 P 点移动时将引起割线位置的不断变化. 曲线的切线定义: 如果在点 Q 沿着曲线无限趋近于点 P (即 $\Delta x \to 0$) 时, 这些变化的割线存在着唯一的极限位置, 处于这个极限位置的直线 T 就被称为曲线 $y = f(x)$ 在点 P 处的**切线**(tangent line), 而过点 P 且与切线垂直的直线 N 称为**法线**(normal line). 参见图 4.1.3.

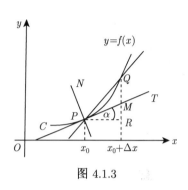

图 4.1.3

现在求过点 $P(x_0, f(x_0))$ 的切线的斜率 (slope). 因为割线的斜率为

$$\frac{\Delta y}{\Delta x} = \frac{f(x_0 + \Delta x) - f(x_0)}{\Delta x},$$

因此, 过点 P 的切线斜率就是极限

$$\lim_{\Delta x \to 0} \frac{\Delta y}{\Delta x} = \lim_{\Delta x \to 0} \frac{f(x_0 + \Delta x) - f(x_0)}{\Delta x}$$

的值, 即 $f(x)$ 在 x_0 处的导数 $f'(x_0)$ ——这就是导数的几何意义. 如图 4.1.3 所示, 若记切线的倾斜角为 $\angle MPR = \alpha$, 则 $\tan \alpha = f'(x_0)$.

由此易得, 曲线 $y = f(x)$ 在点 $P(x_0, f(x_0))$ 处的切线方程是

$$y - f(x_0) = f'(x_0)(x - x_0). \tag{4.1.8}$$

当 $f'(x_0) \neq 0$ 时, 在点 P 处的法线方程是

$$y - f(x_0) = -\frac{1}{f'(x_0)}(x - x_0). \tag{4.1.9}$$

当 $f'(x_0) = 0$ 时, 在点 P 处的法线方程是

$$x = x_0.$$

3. 微分的几何表示

如果函数 $y = f(x)$ 在 x_0 点可微, 则由导数的几何意义可知微分 $\mathrm{d}y = f'(x_0)\Delta x$ 表示切线的纵坐标相对于 Δx 的改变量, 即为图 4.1.4 中的 RM 所示, 而 Δy 表示曲线的纵坐标相对于 Δx 的改变量, 即为图上的 RQ 所示. 由可微的定义, $\Delta y - \mathrm{d}y$ 是 Δx 的高阶无穷小, 即

$$\lim_{\Delta x \to 0} \frac{\Delta y - \mathrm{d}y}{\Delta x} = \lim_{\Delta x \to 0} \frac{MQ}{PR} = \lim_{\Delta x \to 0} f'(x_0)\frac{MQ}{RM} = 0,$$

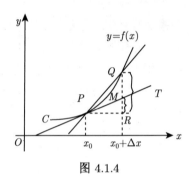

图 4.1.4

所以, 当 $f'(x_0) \neq 0$ 时,

$$\lim_{\Delta x \to 0} \frac{MQ}{RM} = 0.$$

例 4.1.7 求抛物线 $y^2 = 2px(p > 0)$ 上任意一点 (x_0, y_0) 处的切线斜率与切线方程.

解 设 (x_0, y_0) 为抛物线上属于上半平面的点 (属于下半平面时是类似的), 则 $y = f(x) = \sqrt{2px}$. 当 $x_0 > 0$ 时, 它在 (x_0, y_0) 处的切线斜率应为

$$\lim_{\Delta x \to 0} \frac{f(x_0 + \Delta x) - f(x_0)}{\Delta x} = \lim_{\Delta x \to 0} \frac{\sqrt{2p(x_0 + \Delta x)} - \sqrt{2px_0}}{\Delta x}$$

$$= \sqrt{2p} \lim_{\Delta x \to 0} \frac{\Delta x}{(\sqrt{(x_0 + \Delta x)} + \sqrt{x_0}) \cdot \Delta x} = \frac{\sqrt{p}}{\sqrt{2x_0}} = \frac{p}{y_0}.$$

由此得它在任意一点 (x_0, y_0) 处的切线方程为

$$y - y_0 = \frac{p}{y_0}(x - x_0). \tag{4.1.10}$$

当 $x_0 = 0$ 时, 切线是 y 轴.

根据切线方程 (4.1.10), 我们容易证明一个熟知的物理现象: 放在焦点处的点光源发出的光经抛物线 (抛物面) 反射后成为一束平行光线, 参见图 4.1.5.

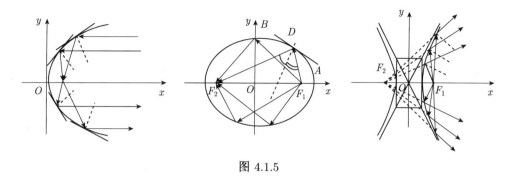

图 4.1.5

事实上, 其他圆锥曲线也有类似的性质. 例如, 从椭圆一个焦点发出的光, 经过椭圆反射后, 反射光线都汇聚到椭圆的另一个焦点上, 从双曲线一个焦点发出的光, 经过双曲线反射后, 反射光线的反向延长线都汇聚到双曲线的另一个焦点上. 我们把这些证明放到习题中留给读者完成.

圆锥曲线的光学原理也有很多实际应用. 例如, 将抛物线绕它的对称轴旋转, 得到一个旋转抛物面, 于是, 放在焦点处的点光源发出的光线, 经过旋转抛物面反射后, 成为一束平行于对称轴的光线射出; 反过来, 由于光路的可逆性, 平行于旋转抛物面对称轴的入射光线, 经过旋转抛物面的反射, 汇聚于它的焦点上. 探照灯、伞形太阳灶、抛物面天线等都是这一原理实际应用的例子; 而椭圆的这种光学特性, 常被用来设计一些照明设备或聚热装置. 例如在一焦点处放置一个热源, 那么热能也能聚焦于另一焦点处对物体加热. 双曲线这种反向虚聚焦性质, 在天文望远镜的设计等方面, 也能找到实际应用.

§4.1.5 单侧导数

我们已经定义了函数在一点和在开区间上的导数, 如何研究函数在闭区间上的导数和微分呢? 即如何研究函数在闭区间的端点处的导数和微分呢?

导数作为 (商的) 极限, 自然有左右极限, 与此相对应, 即有左右导数的概念.

如果极限

$$\lim_{x \to x_0 -} \frac{f(x) - f(x_0)}{x - x_0} \tag{4.1.11}$$

存在, 则称 f 在点 x_0 左可导, 并称该极限为**左导数** (left-hand derivative), 记为 $f'_-(x_0)$; 同样, 如果极限

$$\lim_{x \to x_0 +} \frac{f(x) - f(x_0)}{x - x_0} \tag{4.1.12}$$

存在, 则称 f 在点 x_0 右可导, 并称该极限为**右导数**(right-hand derivative), 记为 $f'_+(x_0)$.

于是, f 在 x_0 可导, 当且仅当 f 在 x_0 既左可导, 又右可导, 且左右导数相等.

以后我们说函数在区间 I 上可导 (可微), 是指在除端点外可导 (可微), 且在左 (右) 端点 (如果端点在 I 中) 处右 (左) 可导 (可微).

单侧导数概念不仅可用于端点处, 还可用于非端点处可导的讨论.

例 4.1.8 证明: $g(x) = |x|$ 在 $x = 0$ 处不可导, 但 $f(x) = |x^3|$ 在 $x = 0$ 处可导.

证明 由例 4.1.4 知, $g(x) = |x|$ 在 $x = 0$ 处不可微, 则 $g(x)$ 在 $x = 0$ 处不可导.

下面证明函数 f 在 $x = 0$ 处可导.

当 $x < 0$, $f(x) = |x^3| = -x^3$, 所以 $f(x)$ 在 $x = 0$ 处的左导数为

$$f'_-(0) = \lim_{\Delta x \to 0-} \frac{-(\Delta x)^3}{\Delta x} = 0;$$

当 $x > 0$, $f(x) = |x^3| = x^3$, 所以 $f(x)$ 在 $x = 0$ 处的右导数为

$$f'_+(0) = \lim_{\Delta x \to 0+} \frac{(\Delta x)^3}{\Delta x} = 0,$$

$f(x)$ 在 $x = 0$ 处的左右导数都存在且相等, 所以它在 $x = 0$ 处可导. □

例 4.1.9　设 $f(x) = \begin{cases} \dfrac{1 - \cos x}{\sqrt{x}}, & x > 0 \\ x^2 g(x), & x \leqslant 0 \end{cases}$, 其中 g 是有界函数, 讨论 f 在 $x = 0$ 处的可微性.

解　$f(0) = 0$. 当 $x > 0$ 时, $f(x) = \dfrac{1 - \cos x}{\sqrt{x}}$, 所以 f 在 $x = 0$ 处的右导数为

$$f'_+(0) = \lim_{\Delta x \to 0+} \frac{f(\Delta x) - f(0)}{\Delta x} = \lim_{\Delta x \to 0+} \frac{1 - \cos \Delta x}{\Delta x \sqrt{\Delta x}} = \lim_{\Delta x \to 0+} \frac{1}{2} \sqrt{\Delta x} = 0;$$

当 $x \leqslant 0$ 时, $f(x) = x^2 g(x)$, 所以 f 在 $x = 0$ 处的左导数为

$$f'_-(0) = \lim_{\Delta x \to 0-} \frac{f(\Delta x) - f(0)}{\Delta x} = \lim_{\Delta x \to 0-} \frac{\Delta x^2 g(\Delta x)}{\Delta x} = \lim_{\Delta x \to 0-} \Delta x g(\Delta x) = 0.$$

f 在 $x = 0$ 处的左右导数都存在且相等, 因此 f 在 $x = 0$ 处可微.

习　题　4.1

A1. 设 $f(x_0) = 0, f'(x_0) = 4$, 试求极限 $\lim\limits_{\Delta x \to 0} \dfrac{f(x_0 + \Delta x)}{\Delta x}$.

A2. 设函数 f 在点 x_0 可微, 试证 f 在点 x_0 连续.

A3. 设 $g(0) = g'(0) = 0$,

$$f(x) = \begin{cases} g(x) \sin \dfrac{1}{x}, & x \neq 0, \\ 0, & x = 0. \end{cases}$$

求 $f'(0)$.

A4. 证明: 若 $f'(x_0)$ 存在, 则

(1) $\lim\limits_{\Delta x \to 0} \dfrac{f(x_0 + \Delta x) - f(x_0 - \Delta x)}{2\Delta x} = f'(x_0);$

(2) $\forall \alpha, \beta \in \mathbb{R}$, $\lim\limits_{\Delta x \to 0} \dfrac{f(x_0 + \alpha \Delta x) - f(x_0 + \beta \Delta x)}{(\alpha - \beta)\Delta x} = f'(x_0);$

(3) 举例说明, 在 (1) 中左端极限存在, f 在 x_0 点未必可导.

B5. 若 $f'(0)$ 存在, 而 $a_n \to 0-$, $b_n \to 0+ (n \to \infty)$, 证明:

$$\lim_{n \to \infty} \frac{f(b_n) - f(a_n)}{b_n - a_n} = f'(0).$$

B6. 设 f 是定义在 $\mathbb{R}$ 上的函数, 且对任何 $x_1, x_2 \in \mathbb{R}$, 都有

$$f(x_1 + x_2) = f(x_1) \cdot f(x_2).$$

若 $f'(0) = 1$, 证明 f 在任何一点 $x \in \mathbb{R}$ 处可导, 且 $f'(x) = f(x)$.

B7. 证明:

(1) 可导的偶函数, 其导函数为奇函数;

(2) 可导的奇函数, 其导函数为偶函数;

(3) 可导的周期函数, 其导函数仍为周期函数.

C8. 证明注 4.1.2, 即 Carathéodory 的可微定义与定义 4.1.1 的可微定义的等价性.

C9. 设函数 f 在 $x = a$ 处可导, 问: $f(x)$ 是否在 $x = a$ 的某一邻域中有界?

C10. 设函数 f 在 $x = a$ 处可导, 问: $f(x)$ 是否在 $x = a$ 的某一邻域中连续?

A11. 已知直线运动方程为

$$s = 10t + 5t^2,$$

分别令 $\Delta t = 1, 0.1, 0.01$, 求从 $t = 4$ 至 $t = 4 + \Delta t$ 这一段时间内的运动的平均速度及 $t = 4$ 时的瞬时速度.

A12. 等速旋转的角速度等于旋转角与对应的时间的比, 试由此给出变速旋转的角速度的定义.

A13. 试确定曲线 $y^2 = 2x$ 上哪些点的切线平行于下列直线:

(1)　$y = x - 1$;　　(2)　$y = 2x - 3$.

A14. 求下列曲线在指定点 P 的切线方程与法线方程:

(1)　$y = x^2, P(-2, 4)$;　　(2)　$y = \cos x, P\left(\dfrac{\pi}{3}, \dfrac{1}{2}\right)$.

A15. 求下列函数的导函数:

(1)　$f(x) = x^2 \mathrm{sgn}\, x$;　　(2)　$f(x) = \begin{cases} x + 1, & x \geqslant 0, \\ 1, & x < 0. \end{cases}$

A16. 设 $f(x) = \begin{cases} x^2, & x \leqslant 2, \\ ax + b, & x > 2. \end{cases}$　试确定 a, b 的值, 使 f 在 $x = 2$ 处可导.

A17. 设函数

$$f(x) = \begin{cases} x^m \sin \dfrac{1}{x}, & x \neq 0, \\ 0, & x = 0. \end{cases} \quad (m\text{为正整数})$$

试问:

(1) m 为何值时, f 在 $x = 0$ 连续?

(2) m 为何值时, f 在 $x = 0$ 可导?

B18. 证明: 若函数 f 在 $[a, b]$ 上连续, 且 $f(a) = f(b) = K, f'_+(a)f'_-(b) > 0$, 则在 (a, b) 内至少有一点 ξ, 使 $f(\xi) = K$.

B19. 证明: 双曲线 $xy = a^2$ 上任一点处的切线与两坐标轴构成的直角三角形的面积为常数.

B20. 在曲线 $y = x^3$ 上取一点 P, 过 P 的切线与该曲线交于 Q, 证明: 在 Q 处的切线斜率正好是在 P 处切线斜率的 4 倍.

B21. 设函数 f 在 $x = a$ 处可导, 问: 在什么条件下函数 $|f(x)|$ 在 $x = a$ 处也可导?

B22. 设函数 g 在点 $x = a$ 处连续, $f(x) = |x - a|g(x)$, 求 $f'_-(a)$ 和 $f'_+(a)$. 问: 在什么条件下 $f'(a)$ 存在?

C23. 设函数 f 在 $x = a$ 处左、右导数存在, 问: f 在 $x = a$ 处是否连续?

C24. 设函数 f 在 $x = a$ 处左、右导数存在, 问: f 是否在 $x = a$ 的某一邻域中有界?

C25. 证明圆锥曲线的光学性质.

§4.2　导数四则运算和反函数求导法则

一些简单函数可以直接通过导数的定义, 即差商的极限来求导, 当然也可以直接使用微分的定义, 即差分的等价无穷小量关系来求导, 但对于一般的函数, 即使对初等函数, 其导数的计算也可能比较复杂, 因此需要研究求导法则, 并借助于常见的基本初等函数的导数来简化导数的计算.

下面, 我们先讨论基本初等函数的导数, 然后讨论导数的运算性质.

§4.2.1　几个常见初等函数的导数

例 4.2.1　证明下列一些基本初等函数的导数公式:

(1) 常函数的导数为 0;

(2) $(x^n)' = nx^{n-1}, n = 1, 2, \cdots, x \in \mathbb{R}$;

(3) $(\sin x)' = \cos x, (\cos x)' = -\sin x, x \in \mathbb{R}$;

(4) $(\log_a x)' = \dfrac{1}{x \ln a}(a > 0, a \neq 1)$, 特别地, $(\ln x)' = \dfrac{1}{x}, x > 0$;

(5) $(a^x)' = a^x \ln a, x \in \mathbb{R}$, 特别地, $(\mathrm{e}^x)' = \mathrm{e}^x$;

(6) $(x^\alpha)' = \alpha x^{\alpha-1}, x > 0$. 这里 α 为任意实数.

证明　(1) 按照定义显然可证.

(2) 参见例 4.1.3.

(3) 参见例 4.1.5.

(4) 因为　$\log_a(x+\Delta x) - \log_a x = \log_a \dfrac{x+\Delta x}{x} = \log_a\left(1 + \dfrac{\Delta x}{x}\right)$, 由 $\log_a\left(1 + \dfrac{\Delta x}{x}\right) \sim \dfrac{\Delta x}{x \ln a}\ (\Delta x \to 0)$, 可知

$$\lim_{\Delta x \to 0} \frac{\log_a(x+\Delta x) - \log_a x}{\Delta x} = \frac{1}{x}\lim_{\Delta x \to 0} \frac{\log_a\left(1 + \dfrac{\Delta x}{x}\right)}{\dfrac{\Delta x}{x}} = \frac{1}{x \ln a},$$

根据定义, 即有 $(\log_a x)' = \dfrac{1}{x \ln a}$, 特别地, $(\ln x)' = \dfrac{1}{x}, x > 0$.

(5) 利用等价关系式 $a^{\Delta x} - 1 \sim \Delta x \cdot \ln a\ (a > 0, a \neq 1)$, 可得

$$(a^x)' = (\ln a)a^x.$$

(6) 利用等价关系式 $\left(1 + \dfrac{\Delta x}{x}\right)^a - 1 \sim \dfrac{a\Delta x}{x}(\Delta x \to 0)$, 有

$$\lim_{\Delta x \to 0} \frac{(x+\Delta x)^a - x^a}{\Delta x} = x^{a-1}\lim_{\Delta x \to 0} \frac{\left(1 + \dfrac{\Delta x}{x}\right)^a - 1}{\dfrac{\Delta x}{x}} = ax^{a-1},$$

于是得到

$$(x^a)' = ax^{a-1}.$$

注意: 对于具体给定的实数 α, 幂函数 $y = x^\alpha$ 的定义域与可导范围可能比 $(0, +\infty)$ 大些. 例如:

$y = x^n$ (n 为自然数) 的定义域为 $(-\infty, +\infty)$, 它的导函数为

$$y' = nx^{n-1}, x \in (-\infty, +\infty);$$

$y = \dfrac{1}{x^n}$ (n 为自然数) 的定义域为 $(-\infty, 0) \cup (0, +\infty)$, 它的导函数为

$$y' = \frac{-n}{x^{n+1}}, x \in (-\infty, 0) \cup (0, +\infty).$$

而 $y = \sqrt{x}$ 的定义域为 $[0, +\infty)$, 但可导的范围是 $(0, +\infty)$.

读者也可以考虑 α 的其他情况, 这里不再一一列举.

§4.2.2 导数的四则运算法则

我们知道, 一切初等函数都由基本初等函数经过有限次四则运算和复合运算得到, 因此有必要讨论导数和微分的四则运算法则.

定理 4.2.1 (线性求导法则) 设 $f(x)$ 和 $g(x)$ 在区间 I 上都是可导的, 则对任意常数 α 和 β, 它们的线性组合 $\alpha f(x) + \beta g(x)$ 也在 I 上可导, 且满足:

$$[\alpha f(x) + \beta g(x)]' = \alpha f'(x) + \beta g'(x). \tag{4.2.1}$$

证明 不妨假设 I 是开区间. 由 $f(x)$ 和 $g(x)$ 的可导性, 根据定义, 可得

$$
\begin{aligned}
[\alpha f(x) + \beta g(x)]' &= \lim_{\Delta x \to 0} \frac{[\alpha f(x + \Delta x) + \beta g(x + \Delta x)] - [\alpha f(x) + \beta g(x)]}{\Delta x} \\
&= \alpha \cdot \lim_{\Delta x \to 0} \frac{f(x + \Delta x) - f(x)}{\Delta x} + \beta \cdot \lim_{\Delta x \to 0} \frac{g(x + \Delta x) - g(x)}{\Delta x} \\
&= \alpha f'(x) + \beta g'(x).
\end{aligned}
$$

对于函数 $\alpha f(x) + \beta g(x)$ 的微分, 也有类似的结果:

$$\mathrm{d}[\alpha f(x) + \beta g(x)] = \alpha \mathrm{d}[f(x)] + \beta \mathrm{d}[g(x)].$$

$\square$

线性求导法则可推广到任意有限个可导函数的线性组合的情况, 即若 $f_1, f_2, \cdots, f_n$ 在区间 I 上都是可导的, 则对任意常数 $c_1, c_2, \cdots, c_n$, 函数 $c_1 f_1 + c_2 f_2 + \cdots + c_n f_n$ 也在 I 上可导, 且

$$(c_1 f_1(x) + c_2 f_2(x) + \cdots + c_n f_n(x))' = c_1 f_1'(x) + c_2 f_2'(x) + \cdots + c_n f_n'(x), \forall x \in I.$$

例 4.2.2 设 $f(x) = a_0 x^n + a_1 x^{n-1} + \cdots + a_{n-1} x + a_n$ 为 n 次多项式, 则由线性求导法则与幂函数的导数公式可得

$$f'(x) = a_0 n x^{n-1} + a_1(n-1)x^{n-2} + \cdots + a_{n-1},$$

即导函数是 $n-1$ 次多项式.

例 4.2.3　求 $y = \log_a x + 2\sin x (a > 0, a \neq 1)$ 的导数.

解　$y' = (\log_a x + 2\sin x)' = \left(\dfrac{\ln x}{\ln a}\right)' + 2(\sin x)' = \dfrac{1}{x\ln a} + 2\cos x.$

定理 4.2.2(乘积求导法则)　设 $f(x)$ 和 $g(x)$ 在某一区间上都是可导的, 则它们的积函数也在该区间上可导, 且满足积的求导法则

$$[f(x) \cdot g(x)]' = f'(x)g(x) + f(x)g'(x), \tag{4.2.2}$$

相应的积的微分法则是

$$\mathrm{d}[f(x) \cdot g(x)] = g(x)\mathrm{d}[f(x)] + f(x)\mathrm{d}[g(x)].$$

证明　不妨假设 I 是开区间. 因为

$$\frac{f(x + \Delta x) \cdot g(x + \Delta x) - f(x) \cdot g(x)}{\Delta x}$$

$$= \frac{[f(x + \Delta x) \cdot g(x + \Delta x) - f(x + \Delta x) \cdot g(x)] + [f(x + \Delta x) \cdot g(x) - f(x) \cdot g(x)]}{\Delta x}$$

$$= f(x + \Delta x)\frac{g(x + \Delta x) - g(x)}{\Delta x} + g(x)\frac{f(x + \Delta x) - f(x)}{\Delta x},$$

由 $f(x)$ 和 $g(x)$ 可导性 (显然也具有连续性), 即可得到

$$\begin{aligned}
[f(x) \cdot g(x)]' &= \lim_{\Delta x \to 0} \frac{f(x + \Delta x) \cdot g(x + \Delta x) - f(x) \cdot g(x)}{\Delta x}\\
&= \lim_{\Delta x \to 0} f(x + \Delta x) \lim_{\Delta x \to 0} \frac{g(x + \Delta x) - g(x)}{\Delta x} + g(x) \lim_{\Delta x \to 0} \frac{f(x + \Delta x) - f(x)}{\Delta x}\\
&= f'(x)g(x) + f(x)g'(x).
\end{aligned}$$
□

同样可将乘积求导法则推广到任意有限个可导函数的乘积的情况. 例如, n 个函数乘积的求导法则为

$$(f(x)g(x)h(x))' = f'(x)g(x)h(x) + f(x)g'(x)h(x) + f(x)g(x)h'(x).$$

$$(f_1(x)f_2(x)\cdots f_n(x))' = f_1'(x)f_2(x)\cdots f_n(x) + f_1(x)f_2'(x)\cdots f_n(x) + \cdots + f_1(x)f_2(x)\cdots f_n'(x).$$

例 4.2.4　求 $y = \mathrm{e}^x\cos x + \dfrac{1}{\sqrt{x}}$ 的导数.

解　由定理 4.2.2

$$\begin{aligned}
y' &= \left(\mathrm{e}^x\cos x + \frac{1}{\sqrt{x}}\right)' = (\mathrm{e}^x)'\cos x + \mathrm{e}^x(\cos x)' + \left(\frac{1}{\sqrt{x}}\right)'\\
&= \mathrm{e}^x\cos x - \mathrm{e}^x\sin x - \frac{1}{2\sqrt{x^3}} = \mathrm{e}^x(\cos x - \sin x) - \frac{1}{2\sqrt{x^3}}.
\end{aligned}$$

定理 4.2.3(倒数求导法则)　设 $g(x)$ 在某一区间 I 上可导, 且 $g(x) \neq 0, \forall x \in I$, 则它的倒数 $\dfrac{1}{g(x)}$ 也在 I 上可导, 且有

$$\left[\frac{1}{g(x)}\right]' = -\frac{g'(x)}{[g(x)]^2}, \tag{4.2.3}$$

相应的倒数的微分法则是

$$d\left[\frac{1}{g(x)}\right] = -\frac{1}{[g(x)]^2}d[g(x)].$$

证明 不妨假设 I 是开区间. 根据导数的定义有

$$\left[\frac{1}{g(x)}\right]' = \lim_{\Delta x \to 0} \frac{\dfrac{1}{g(x+\Delta x)} - \dfrac{1}{g(x)}}{\Delta x}$$

$$= \lim_{\Delta x \to 0} \frac{g(x) - g(x+\Delta x)}{g(x+\Delta x) \cdot g(x) \cdot \Delta x}$$

$$= \frac{-1}{g(x)}\left(\lim_{\Delta x \to 0}\frac{g(x+\Delta x) - g(x)}{\Delta x}\right)\left(\lim_{\Delta x \to 0}\frac{1}{g(x+\Delta x)}\right)$$

$$= -\frac{g'(x)}{[g(x)]^2}.$$

$\square$

利用定理 4.2.2 和定理 4.2.3 可得下面推论:

推论 4.2.1(商的求导法则) 设 $f(x)$ 和 $g(x)$ 在某一区间上都是可导的, 且 $g(x) \neq 0$, 则它们的商函数也在该区间上可导, 且满足商的求导法则

$$\left[\frac{f(x)}{g(x)}\right]' = \frac{f'(x)g(x) - f(x)g'(x)}{[g(x)]^2}; \tag{4.2.4}$$

相应的商的微分法则是

$$d\left[\frac{f(x)}{g(x)}\right] = \frac{g(x)d[f(x)] - f(x)d[g(x)]}{[g(x)]^2}.$$

例 4.2.5 求 $y = \sec x$ 和 $y = \tan x$ 的导数.

解 因为 $\sec x = \dfrac{1}{\cos x}$, 于是

$$(\sec x)' = \left(\frac{1}{\cos x}\right)' = \frac{-(\cos x)'}{\cos^2 x} = \frac{\sin x}{\cos^2 x} = \tan x \sec x.$$

由于 $\tan x = \dfrac{\sin x}{\cos x}$, 所以

$$(\tan x)' = \left(\frac{\sin x}{\cos x}\right)' = \frac{(\sin x)'\cos x - \sin x(\cos x)'}{\cos^2 x}$$

$$= \frac{\cos^2 x + \sin^2 x}{\cos^2 x} = \sec^2 x.$$

同理可得

$$(\csc x)' = -\cot x \csc x, \quad (\cot x)' = -\csc^2 x.$$

例 4.2.6　求 $y = \dfrac{x\sin x + \cos x}{x\cos x - \sin x}$ 的导数.

解　由商的求导法则得

$$\left(\frac{x\sin x + \cos x}{x\cos x - \sin x}\right)'$$

$$= \frac{(x\sin x + \cos x)'(x\cos x - \sin x) - (x\sin x + \cos x)(x\cos x - \sin x)'}{(x\cos x - \sin x)^2}$$

$$= \frac{x\cos x(x\cos x - \sin x) - (x\sin x + \cos x)(-x\sin x)}{(x\cos x - \sin x)^2}$$

$$= \frac{x^2}{(x\cos x - \sin x)^2}.$$

§4.2.3　反函数的导数

设函数 $y = f(x)$ 在某区间上存在反函数 $x = g(y)$, 这两个函数在平面上表示同一条曲线 C. 由导数的几何意义知道, $y = f(x)$ 的导数 $f'(x)$ 表示曲线 C 的切线 T 的以 x 为自变量的直线斜率 $k = \tan\alpha$, 而 $x = f^{-1}(y)$ 的导数 $f^{-1\prime}(y)$ 表示 T 的以 y 为自变量的直线斜率 $\bar{k} = \tan\beta$, 其中 α, β 表示同一条切线 T 分别关于 x 轴与 y 轴的倾斜角, 如图 4.2.1 所示.

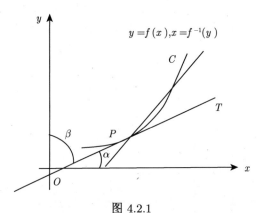

图 4.2.1

从图中易见, $\beta = \dfrac{\pi}{2} - \alpha$, 所以 $\bar{k} = \tan\beta = \dfrac{1}{\tan\alpha} = \dfrac{1}{k}$, 因此 $[f^{-1}(y)]' = \dfrac{1}{f'(x)}$, 此乃反函数求导法则.

定理 4.2.4(反函数求导法则)　若函数 $y = f(x)$ 在 (a, b) 上可导且严格单调, $f'(x) \neq 0$. 记 $\alpha = \min\{f(a+), f(b-)\}, \beta = \max\{f(a+), f(b-)\}$, 则它的反函数 $x = f^{-1}(y)$ 在 (α, β) 上可导, 且

$$[f^{-1}(y)]' = \frac{1}{f'(x)}, \text{ 或 } \frac{\mathrm{d}x}{\mathrm{d}y} = \frac{1}{\dfrac{\mathrm{d}y}{\mathrm{d}x}}. \tag{4.2.5}$$

证明　因为函数 $y = f(x)$ 在 (a, b) 上连续且严格单调, 由反函数连续性定理, 它的反函数 $x = f^{-1}(y)$ 在 (α, β) 上存在、连续且严格单调, 所以 $\Delta y = f(x + \Delta x) - f(x) \neq 0$ 等价于 $\Delta x = f^{-1}(y + \Delta y) - f^{-1}(y) \neq 0$, 并且当 $\Delta y \to 0$ 时有 $\Delta x \to 0$. 因此

$$(f^{-1})'(y) = \lim_{\Delta y \to 0} \frac{f^{-1}(y + \Delta y) - f^{-1}(y)}{\Delta y}$$

$$= \lim_{\Delta x \to 0} \frac{\Delta x}{f(x + \Delta x) - f(x)}$$

$$= \frac{1}{\displaystyle\lim_{\Delta x \to 0} \frac{f(x + \Delta x) - f(x)}{\Delta x}} = \frac{1}{f'(x)}.$$

□

例 4.2.7 求 $y = \arctan x$ 和 $y = \arcsin x$ 的导数.

解 容易验证 $x = \tan y$ 满足定理 4.2.4 的所有条件, 将 $y = \arctan x$ 看成它的反函数, 于是有

$$(\arctan x)' = \frac{1}{(\tan y)'} = \frac{1}{\sec^2 y} = \frac{1}{1 + \tan^2 y} = \frac{1}{1 + x^2}, \ \forall x \in \mathbb{R}.$$

类似地, 将 $y = \arcsin x$ 看成 $x = \sin y$ 的反函数, 便可得到

$$(\arcsin x)' = \frac{1}{(\sin y)'} = \frac{1}{\cos y} = \frac{1}{\sqrt{1 - \sin^2 y}} = \frac{1}{\sqrt{1 - x^2}}, \ |x| < 1.$$

同样可得到

$$(\arccos x)' = -\frac{1}{\sqrt{1 - x^2}}, \ |x| < 1$$

和

$$(\text{arccot} x)' = -\frac{1}{1 + x^2}, \ \forall x \in \mathbb{R}.$$

§4.2.4 导数和微分在极限计算中的应用

导数和微分是用极限定义的, 且可在局部表示函数的主要部分, 因此可应用于极限问题的讨论.

例 4.2.8 设函数 $f(x)$ 在点 a 可导, 且 $f(a) \neq 0$, 计算极限 $\displaystyle\lim_{n \to \infty} \left(\frac{f(a + \frac{1}{n})}{f(a)} \right)^n$.

解 因为函数 $f(x)$ 在点 a 可导, 则 $\displaystyle\lim_{n \to \infty} n \left(f\left(a + \frac{1}{n}\right) - f(a) \right) = f'(a)$.

由

$$\left(\frac{f\left(a + \frac{1}{n}\right)}{f(a)} \right)^n = \left(1 + \frac{f\left(a + \frac{1}{n}\right) - f(a)}{f(a)} \right)^n$$

$$= e^{n \ln\left(1 + \frac{f(a + \frac{1}{n}) - f(a)}{f(a)} \right)}$$

及

$$\ln \left(1 + \frac{f\left(a + \frac{1}{n}\right) - f(a)}{f(a)} \right) \sim \frac{f\left(a + \frac{1}{n}\right) - f(a)}{f(a)},$$

可得

$$\lim_{n \to \infty} \left(\frac{f(a + \frac{1}{n})}{f(a)} \right)^n = e^{\lim_{n \to \infty} \frac{f(a + \frac{1}{n}) - f(a)}{\frac{1}{n} f(a)}}$$

$$= e^{\frac{f'(a)}{f(a)}}.$$

例 4.2.9   设函数 $f(x)$ 在点 $x = 0$ 的邻域中有定义, 在 $x = 0$ 点可导, 且 $f(0) = 0$. 定义数列

$$x_n = f\left(\frac{1}{n^2}\right) + f\left(\frac{2}{n^2}\right) + \cdots + f\left(\frac{n}{n^2}\right), n \in \mathbb{N},$$

试计算极限 $\lim\limits_{n \to \infty} x_n$.

解   因为函数 $f(x)$ 在点 0 可导, 且 $f(0) = 0$, 所以由导数定义知, 对于任意的 $\varepsilon > 0$, 存在 $\delta > 0$, 使得当 $|x| < \delta$ 时

$$|f(x) - x f'(0)| < |x| \varepsilon.$$

于是当 $n > \dfrac{1}{\delta}$ 时, 对任意的 $1 \leqslant k \leqslant n$, 有

$$\left| f(\frac{k}{n^2}) - \frac{k}{n^2} f'(0) \right| < \frac{k}{n^2} \varepsilon,$$

于是,

$$\left| x_n - \frac{f'(0)}{n^2}(1 + 2 + \cdots + n) \right| < \varepsilon \frac{1 + 2 + \cdots + n}{n^2} < \varepsilon,$$

所以 $\lim\limits_{n \to \infty} x_n = \dfrac{f'(0)}{2}$.

利用上述结论, 可以方便地计算关于满足上述条件的函数 f 的极限, 如

$$\lim_{n \to \infty} \left[\sin \frac{1}{n^2} + \sin \frac{2}{n^2} + \cdots + \sin \frac{n}{n^2} \right] = \frac{1}{2} (\sin x)'|_{x=0} = \frac{1}{2}.$$

例 4.2.10   求 $1 + 2x + 3x^2 + \cdots + nx^{n-1}$.

解   当 $x \neq 1$ 时,

$$x + x^2 + \cdots + x^n = \frac{x^{n+1} - x}{x - 1}.$$

则

$$1 + 2x + 3x^2 + \cdots + nx^{n-1} = [x + x^2 + \cdots + x^n]'$$

$$= \left(\frac{x^{n+1} - x}{x - 1} \right)'$$

$$= \frac{nx^{n+1} - (n+1)x^n + 1}{(x - 1)^2}.$$

当 $x = 1$ 时,

$$1 + 2x + 3x^2 + \cdots + nx^{n-1} = \frac{n(n+1)}{2}.$$

习 题 4.2

A1. 求下列函数在指定点的导数:

(1) 设 $f(x) = \dfrac{1}{2x-1}$, 求 $f'(0), f'(1)$;

(2) 设 $f(x) = \dfrac{x}{\cos x}$, 求 $f'(0), f'(\pi)$;

(3) 设 $f(x) = \sqrt{x} - \dfrac{1}{\sqrt{x^3}} + 2\mathrm{e}^x$, 求 $f'(1)$.

A2. 求下列函数的导数:

(1) $y = 4x^5 - x^3 + 2$; (2) $y = \dfrac{\sqrt{x} - x^2}{1 + x + x^2}$;

(3) $y = x^n + nx$; (4) $y = a^x \log_a x \, (a > 0, a \neq 1)$;

(5) $y = (x^2 + 1)(x^2 - 1)(1 - x^3)$; (6) $y = \dfrac{\tan x}{x}$;

(7) $y = \arcsin x + x^3 \arctan x$; (8) $y = \dfrac{x + \ln x}{x - \ln x}$;

(9) $y = (\sqrt{x} + x^2)\sec x$; (10) $y = \dfrac{\cos x - \sin x}{\sin x + \cos x}$.

A3. 证明:

(1) $(\cot x)' = -\csc^2 x$; (2) $(\csc x)' = -\cot x \csc x$;

(3) $(\arccos x)' = -\dfrac{1}{\sqrt{1-x^2}}$; (4) $(\operatorname{arccot} x)' = -\dfrac{1}{1+x^2}$.

B4. 设 $f_{ij}(x)(i, j = 1, 2, \cdots, n)$ 为可导函数, 证明:

$$\frac{\mathrm{d}}{\mathrm{d}x} \begin{vmatrix} f_{11}(x) & f_{12}(x) & \cdots & f_{1n}(x) \\ f_{21}(x) & f_{22}(x) & \cdots & f_{2n}(x) \\ \vdots & \vdots & & \vdots \\ f_{n1}(x) & f_{n2}(x) & \cdots & f_{nn}(x) \end{vmatrix} = \sum_{k=1}^{n} \begin{vmatrix} f_{11}(x) & f_{12}(x) & \cdots & f_{1n}(x) \\ \vdots & \vdots & & \vdots \\ f'_{k1}(x) & f'_{k2}(x) & \cdots & f'_{kn}(x) \\ \vdots & \vdots & & \vdots \\ f_{n1}(x) & f_{n2}(x) & \cdots & f_{nn}(x) \end{vmatrix}.$$

并利用这个结果求 $F'(x)$:

(1) $F(x) = \begin{vmatrix} x-1 & 1 & 2 \\ -3 & x & 3 \\ -2 & -3 & x+1 \end{vmatrix}$; (2) $F(x) = \begin{vmatrix} x & x^2 & x^3 \\ 1 & 2x & 3x^2 \\ 0 & 2 & 6x \end{vmatrix}$.

C5. 请回答以下问题. 正确请证明, 不正确请给出反例:

(1) 设 $f(x)$ 在 $x = x_0$ 可导, $g(x)$ 在 $x = x_0$ 不可导, 问: $f(x) + g(x)$ 在 $x = x_0$ 是否可导?

(2) 设 $f(x), g(x)$ 在 $x = x_0$ 均不可导, 问: $f(x) + g(x)$ 在 $x = x_0$ 是否一定不可导?

C6. 请回答以下问题. 正确请证明, 不正确请给出反例:

(1) 设 $f(x)$ 在 $x = x_0$ 可导, $g(x)$ 在 $x = x_0$ 连续但不可导, 问: $f(x)g(x)$ 在 $x = x_0$ 是否可导?

(2) 设 $f(x), g(x)$ 在 $x = x_0$ 均连续但均不可导, 问: $f(x)g(x)$ 在 $x = x_0$ 是否一定不可导?

(3) 设 $f(x)g(x)$ 在 $x = x_0$ 可导, 问: $f(x), g(x)$ 在 $x = x_0$ 是否均一定可导?

(4) 设 $f(x)g(x)$ 在 $x = x_0$ 不可导, 问: $f(x), g(x)$ 在 $x = x_0$ 是否均一定不可导?

C7.(1) 请举一个仅在已知点 $a_1, a_2, \cdots, a_n$ 不可导的连续函数的例子;

(2) 请举一个仅在点 $a_1, a_2, \cdots, a_n$ 可导的函数的例子.

C8. 设 $y = f(x) = \begin{cases} x + 2x^2 \sin \dfrac{1}{x}, & x \neq 0, \\ 0, & x = 0, \end{cases}$　问：$y = f(x)$ 是否有反函数？

§4.3　复合函数求导法则及其应用

在上一节中研究了基本初等函数的导数、函数四则运算的求导法则和反函数的求导法则. 运用它们, 我们可以计算很多常见初等函数的导数和微分, 为了进一步讨论导数, 还需研究复合函数的导数问题. 本节中, 我们将学习复合函数的链式法则及其在计算隐函数和参数形式函数的导数中的应用.

§4.3.1　复合函数求导法则

由线性求导法则 (定理 4.2.1) 知: 两个函数的导数的和就是和的导数, 那么两个函数的导数的乘积是乘积的导数吗? 由乘积求导法则 (定理 4.2.2) 知答案是否定的. 那么两个函数的导数的乘积是哪个函数的导数呢? 我们来看两个例子.

1. 机械运动中的齿轮转速问题

如图 4.3.1 中有三个依次咬合的齿轮 A、B 和 C, 其齿数比为 2:1:3, 那么当齿轮 C 转动一圈时, 齿轮 A 转动了多少圈? 设齿轮 A、B 和 C 转动的圈数分别为 y, u, x, 则根据转速和齿数成反比知,

$$y = \frac{u}{2}, \quad u = 3x,$$

则 $y = \dfrac{3}{2}x$, 即齿轮 C 转动一圈时, 齿轮 A 转动了 $\dfrac{3}{2}$ 圈. 同时, 齿轮 A 和 C 转速比也可看成齿轮 A 的转速关于齿轮 C 的转速的变化率 (即导数), 而

$$\frac{\mathrm{d}y}{\mathrm{d}u} = \frac{1}{2}, \quad \frac{\mathrm{d}u}{\mathrm{d}x} = 3, \quad \frac{\mathrm{d}y}{\mathrm{d}x} = \frac{3}{2},$$

则

$$\frac{\mathrm{d}y}{\mathrm{d}x} = \frac{\mathrm{d}y}{\mathrm{d}u} \cdot \frac{\mathrm{d}u}{\mathrm{d}x}.$$

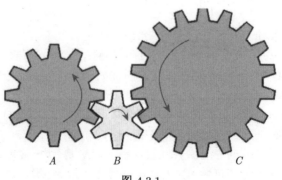

图 4.3.1

2. 多项式函数的导数

函数 $y = h(x) = (x^3 + 1)^2 = x^6 + 2x^3 + 1$ 的导函数是 $h'(x) = 6x^5 + 6x^2 = 2(x^3 + 1) \cdot 3x^2$. 我们看到它刚好是 $g(u) = u^2$ 的导数在点 $x^3 + 1$ 的值与 $f(x) = x^3 + 1$ 的导数的乘积. 这样的解释合理吗? 合理! 因为前面我们将导数解释成函数关于自变量的变化率, y 关于 u 的变化率与 u 关于 x 的变化率的乘积当然可以看成 y 关于 x 的变化率. 即同样得到了:

$$\frac{\mathrm{d}y}{\mathrm{d}x} = \frac{\mathrm{d}y}{\mathrm{d}u} \cdot \frac{\mathrm{d}u}{\mathrm{d}x}.$$

这就是在导数和微分计算中重要的复合函数求导法则. 参见图 4.3.2.

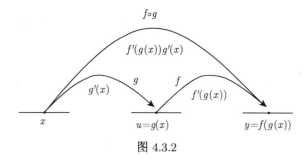

图 4.3.2

定理 4.3.1 (复合函数求导法则) 设函数 $u = g(x)$ 在 $x = x_0$ 可导, 函数 $y = f(u)$ 在 $u = u_0 = g(x_0)$ 处可导, 则复合函数 $y = f(g(x))$ 在 $x = x_0$ 可导, 且有

$$[f(g(x))]'_{x=x_0} = f'(g(x_0))g'(x_0). \tag{4.3.1}$$

证明 因为 $f(u)$ 在 u_0 处可导, 则它在 u_0 点可微. 由可微的定义, 对任意一个充分小的 $\Delta u \neq 0$, 都有

$$\Delta y = f(u_0 + \Delta u) - f(u_0) = f'(u_0)\Delta u + \alpha \Delta u,$$

这里 $\alpha \to 0 (\Delta u \to 0)$. 又当 $\Delta u = 0$ 时, $\Delta y = 0$, 因此上式对 $\Delta u = 0$ 也成立.

同样, 因为 $g(x)$ 在 $x = x_0$ 可导, 则它在 $x = x_0$ 点可微, 因此对任意一个充分小的 $\Delta x \neq 0$, 有

$$g(x_0 + \Delta x) - g(x_0) = g'(x_0)\Delta x + o(\Delta x).$$

设 $\Delta u = g(x_0 + \Delta x) - g(x_0)$, 则有

$$f(g(x_0 + \Delta x)) - f(g(x_0)) = f(u_0 + \Delta u) - f(u_0) = f'(u_0)\Delta u + \alpha \Delta u$$
$$= f'(u_0)[g'(x_0)\Delta x + o(\Delta x)] + \alpha[g'(x_0)\Delta x + o(\Delta x)]$$
$$= f'(u_0)g'(x_0)\Delta x + f'(u_0)o(\Delta x) + g'(x_0)\alpha \Delta x + \alpha o(\Delta x).$$

因为当 $\Delta x \to 0$ 时, $\Delta u \to 0$, 所以当 $\Delta x \to 0$ 时, $\alpha \to 0$, 从而

$$f(g(x_0 + \Delta x)) - f(g(x_0)) = f'(u_0)g'(x_0)\Delta x + o(\Delta x).$$

由微分的定义知: 复合函数 $y = f(g(x))$ 在 $x = x_0$ 可微, 且可导, 并有

$$[f(g(x))]'_{x=x_0} = f'(g(x_0))g'(x_0). \qquad \Box$$

注 4.3.1 (1) 根据定理 4.3.1 易知, 如果 $u = g(x)$ 在区间 I 内可导, 函数 $y = f(u)$ 在区间 $g(I)$ 内可导, 则复合函数 $y = f(g(x))$ 在 I 内可导, 且有

$$[f(g(x))]' = f'(g(x))g'(x), \quad \forall x \in I. \tag{4.3.2}$$

它可以写成

$$\frac{\mathrm{d}y}{\mathrm{d}x} = \frac{\mathrm{d}y}{\mathrm{d}u} \cdot \frac{\mathrm{d}u}{\mathrm{d}x}. \tag{4.3.3}$$

复合函数的求导法则也称为**链式法则**(chain rule), 由它立得复合函数的微分法则:

$$\mathrm{d}[f(g(x))] = f'(u)g'(x)\mathrm{d}x. \tag{4.3.4}$$

(2) 链式法则对两个以上函数的复合情况仍然成立. 例如, 对 3 个可导函数 f, g, h, 链式法则是

$$[f(g(h(x)))]' = f'(g(h(x)))g'(h(x))h'(x), \tag{4.3.5}$$

例 4.3.1 求下列函数的导数.

(1) $y = \sin^2 x, \ y = \sin x^2$;

(2) $y = \ln |x|$.

解 (1) 把 $y = \sin^2 x$ 看成是由

$$y = u^2, u = \sin x$$

复合而成的函数, 则由链式法则得

$$(\sin^2 x)' = (u^2)' \cdot (\sin x)' = 2u|_{u=\sin x} \cdot \cos x = 2\sin x \cos x = \sin 2x.$$

令 $y = \sin u, u = x^2$, 则有

$$(\sin x^2)' = 2x \cdot \cos x^2,$$

$$(\sin 2x)' = 2\cos 2x.$$

(2) 当 $x > 0$ 时,

$$(\ln |x|)' = (\ln x)' = \frac{1}{x}.$$

当 $x < 0$ 时, $\ln |x| = \ln(-x)$, 将其看成

$$y = \ln u, u = -x$$

复合而成的函数, 则由链式法则得

$$(\ln |x|)' = (\ln(-x))' = \frac{(-x)'}{-x} = \frac{1}{x}.$$

因此对任意的 $x \neq 0$, 有

$$(\ln |x|)' = \frac{1}{x}.$$

例 4.3.2 求下列函数的导数.

(1) $y = \mathrm{e}^{\sin\frac{1}{x}}$;   (2) $y = \ln(x + \sqrt{x^2 + a^2})$.

解 (1) 令 $y = \mathrm{e}^u, u = \sin v, v = \dfrac{1}{x}$, 则根据链式法则 (4.3.5), 可求得

$$(\mathrm{e}^{\sin\frac{1}{x}})' = \mathrm{e}^{\sin\frac{1}{x}} \cos\frac{1}{x}\left(-\frac{1}{x^2}\right) = -\frac{1}{x^2}\cos\frac{1}{x}\mathrm{e}^{\sin\frac{1}{x}}.$$

(2) 同样运用复合函数求导法则就可得到

$$y' = \frac{(x + \sqrt{x^2+a^2})'}{x + \sqrt{x^2+a^2}} = \frac{1 + \dfrac{2x}{2\sqrt{x^2+a^2}}}{x + \sqrt{x^2+a^2}} = \frac{1}{\sqrt{x^2+a^2}}.$$

§4.3.2 一阶微分的形式不变性

到目前为止, 我们已经可以求出所有初等函数的导数. 但对于形式比较复杂的函数的导数计算, 其计算量可能较大, 且容易出错, 下面我们给出一种新的方法, 它对于求某些函数的导数可简化其运算, 这种方法的理论根据就是一阶微分的形式不变性.

1. 一阶微分的形式不变性的意义与推导

由复合函数 $y = f(g(x))$ 的微分公式

$$\mathrm{d}[f(g(x))] = f'(u)g'(x)\mathrm{d}x,$$

以 $\mathrm{d}u = g'(x)\mathrm{d}x$ 代入, 可得到

$$\mathrm{d}f(u) = f'(u)\mathrm{d}u, \tag{4.3.6}$$

这里 $u = g(x)$ 是中间变量. 公式 (4.3.6) 与以 u 为自变量的函数 $y = f(u)$ 的微分式 $\mathrm{d}[f(u)] = f'(u)\mathrm{d}u$ 完全一致. 于是, 我们得到结论: 不论 u 是自变量还是中间变量, 函数 $y = f(u)$ 的微分形式 (4.3.6) 是相同的, 这被称为 **"一阶微分的形式不变性"**.

2. 一阶微分的形式不变性的应用

例 4.3.3 求幂指函数 $y = f(x) = (u(x))^{v(x)}$ 的导数, 其中 u, v 在区间 I 上可导, 且 $u(x) > 0, \forall x \in I$.

解 这里介绍两种解法.

解法一 **(对数法)**: 对等式两边取对数可得

$$\ln f(x) = v(x)\ln u(x),$$

在上式两边分别求微分, 由一阶微分的形式不变性得到

$$\frac{\mathrm{d}f(x)}{f(x)} = \mathrm{d}\ln f = \mathrm{d}(v\ln u) = \ln u\,\mathrm{d}v + v\,\mathrm{d}\ln u,$$

即

$$\frac{f'(x)}{f(x)}\mathrm{d}x = \left(v'(x)\ln u(x) + v(x)\frac{u'(x)}{u(x)}\right)\mathrm{d}x,$$

所以

$$y' = f'(x) = f(x)\left[v'(x)\ln u(x) + v(x)\frac{u'(x)}{u(x)}\right]$$

$$= u(x)^{v(x)}\left[v'(x)\ln u(x) + v(x)\frac{u'(x)}{u(x)}\right].$$

解法二 (链式法则求导法): 根据恒等式 $u^v = e^{v\ln u}$ 和链式法则, 有

$$(e^{v\ln u})' = e^{v\ln u}\left[v'(x)\ln u(x) + v(x)\frac{1}{u(x)}u'(x)\right]$$

$$= u(x)^{v(x)}\left[v'(x)\ln u(x) + v(x)\frac{u'(x)}{u(x)}\right].$$

例 4.3.4　求 $y = x\sqrt{\dfrac{1-x}{1+x}}$ 的导数.

解　用对数法, 两边取对数, 我们有

$$\ln y = \ln x + \frac{1}{2}\ln(1-x) - \frac{1}{2}\ln(1+x),$$

两边求微分, 就得到

$$\frac{\mathrm{d}y}{y} = \frac{\mathrm{d}x}{x} - \frac{\mathrm{d}x}{2(1-x)} - \frac{\mathrm{d}x}{2(1+x)},$$

将 $y = x\sqrt{\dfrac{1-x}{1+x}}$ 代入, 并进行化简就得到

$$\mathrm{d}y = \frac{1-x-x^2}{(1+x)\sqrt{1-x^2}}\mathrm{d}x,$$

因此得到

$$y' = \frac{1-x-x^2}{(1+x)\sqrt{1-x^2}}.$$

注 4.3.2　在例子中, 函数的定义区间是 $(-1,1]$, 而可微区间是 $(-1,1)$. 但我们在取对数时默认了自变量的取值区间是 $(0,1)$. 请读者考虑, 是否可将结论推广到 $(-1,1)$ 上呢? 或如何讨论区间 $[-1,0]$ 上的导数? 提醒注意例 4.3.1(1) 的结论.

利用一阶微分的形式不变性和复合函数微分的链式法则, 我们可以讨论隐函数和参数式表示的函数的导数问题.

§4.3.3　隐函数的导数与微分

1638 年 Descartes 首次研究了 Descartes 叶形线 (图 4.3.3) 的切线问题, 此曲线的方程为 $x^3 + y^3 = 9xy$. 它是不能用一个显式方程来表示的, 但可分成显式表示的三段. 那么如何研究其切线和法线呢? 当然我们可以分段考虑, 但是否能不用显式方程来求导数或微分?

一般来说, 在一定条件下方程 $F(x,y) = 0$ 可以决定一个 y 关于 x 的函数, 记之为 $y = y(x)$, 但这个函数不一定能用显式表示 (例如, 方程 $y^2 = x^2 + \sin(xy)$, 它表示的曲线见图 4.3.4), 这时我们称方程 $F(x,y) = 0$ 可以确定隐函数 (implicit function). 有些隐函数可以通过某种方法局部地化成显函数 $y = f(x)$ 形式 (称为隐函数的显化), 如椭圆的标准方程

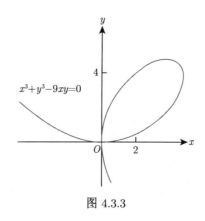

$$\frac{x^2}{a^2} + \frac{y^2}{b^2} = 1$$

图 4.3.3

分别确定了上、下半平面上的两个显函数

$$y = \pm\frac{b}{a}\sqrt{a^2 - x^2} \qquad (-a \leqslant x \leqslant a).$$

但一般情况下, 隐函数不一定能被显化, 或虽可显化, 但其导数的计算复杂 (如 Descartes 叶形线和椭圆). 事实上, 对于隐函数的求导与求微分问题, 可以利用复合函数的求导法则或一阶微分的形式不变性来计算, 而不必先从方程解出显函数后再求导.

关于隐函数的存在性及其可导性的一般理论, 我们将在多元函数微分学中研究. 本节中我们只讨论一些具体的例子, 且假定所讨论的隐函数存在且可导.

例 4.3.5 求由下列方程确定的隐函数 $y = y(x)$ 的导数 $y'(x)$.

(1) $x^3 + y^3 = 9xy$;

(2) $y^2 = x^2 + \sin(xy)$.

解 (1) (直接求导法) 对方程

$$x^3 + y^3 = 9xy$$

的两边关于 x 求导, 注意到 y 是 x 的函数, 由复合函数的求导法则

$$3x^2 + 3y^2y' = 9y + 9xy'.$$

由此解得

$$y' = \frac{3y - x^2}{y^2 - 3x}.$$

(2) (微分法) 方程 $y^2 = x^2 + \sin(xy)$ 的图像如图 4.3.4 所示. 在方程的两边求微分, 并应用一阶微分的形式不变性可得

$$2y\mathrm{d}y = 2x\mathrm{d}x + \cos(xy)(x\mathrm{d}y + y\mathrm{d}x),$$

由此解得

$$\frac{\mathrm{d}y}{\mathrm{d}x} = \frac{2x + y\cos(xy)}{2y - x\cos(xy)}.$$

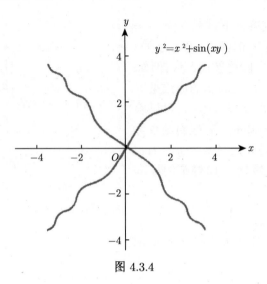

图 4.3.4

例 4.3.6　求由方程 $e^{x+y} - xy = e$ 确定的隐函数 $y = y(x)$ 在 $x = 0$ 处的微分与切线方程.

解　由方程可知, 当 $x = 0$ 时, $y = 1$. 对方程

$$e^{x+y} - xy = e$$

的两边关于 x 求导, 得到

$$e^{x+y}(1 + y') - y - xy' = 0,$$

由此解得

$$y' = \frac{y - e^{x+y}}{e^{x+y} - x}.$$

将 $x = 0$ 和 $y = 1$ 代入, 即得

$$y'(0) = \frac{1 - e}{e},$$

于是得到 $y = y(x)$ 在 $x = 0$ 处的微分为

$$dy = \frac{1 - e}{e}dx,$$

而切线方程为

$$y = \frac{1 - e}{e}x + 1.$$

§4.3.4　参数形式的函数的求导公式

前面我们讨论了 Descartes 叶形线的导数计算问题, 事实上 Descartes 叶形线还可以用参数方程来表示:

$$x = \frac{9t}{1 + t^3}, \ y = \frac{9t^2}{1 + t^3},$$

那么其导数能否通过参数方程来计算呢? 答案是肯定的. 下面我们来讨论用参数方程表示函数的一般情况的求导问题.

设自变量 x 和因变量 y 间的函数关系由参数形式

$$\begin{cases} x = \varphi(t), \\ y = \psi(t), \end{cases} t_0 \leqslant t \leqslant t_1$$

确定, 其中 t 是参数, $\varphi(t), \psi(t)$ 可导, $\varphi(t)$ 严格单调, 且 $\varphi'(t) \neq 0$.

由反函数存在定理, $x = \varphi(t)$ 有反函数 $t = \varphi^{-1}(x)$, 于是 y 是 x 的函数 $y = \psi(\varphi^{-1}(x))$. 根据复合函数和反函数求导法则可得

$$\frac{\mathrm{d}y}{\mathrm{d}x} = \frac{\mathrm{d}y}{\mathrm{d}t} \cdot \frac{\mathrm{d}t}{\mathrm{d}x} = \frac{\mathrm{d}(\psi(t))}{\mathrm{d}t} \cdot \frac{\mathrm{d}(\varphi^{-1}(x))}{\mathrm{d}x} = \frac{\psi'(t)}{\varphi'(t)}. \tag{4.3.7}$$

或根据微分定义

$$\begin{cases} \mathrm{d}y = \psi'(t)\mathrm{d}t, \\ \mathrm{d}x = \varphi'(t)\mathrm{d}t, \end{cases}$$

可得

$$\frac{\mathrm{d}y}{\mathrm{d}x} = \frac{\psi'(t)}{\varphi'(t)}.$$

例 4.3.7   如图 4.3.5 所示, 星形线（内摆线）的参数方程为

$$\begin{cases} x = a\cos^3 t, \\ y = a\sin^3 t, \end{cases} a > 0, 0 \leqslant t < 2\pi.$$

(1) 求过点 $(x(t_0), y(t_0))$ 的切线方程;

(2) 证明当 $t_0 \neq 0, \dfrac{\pi}{2}, \pi$ 和 $\dfrac{3\pi}{2}$ 时, 切线被两坐标轴所截线段的长度为一常数.

解   (1) $x'(t) = -3a\cos^2 t \sin t, y'(t) = 3a\sin^2 t \cos t.$ 当 $t_0 = 0, \dfrac{\pi}{2}, \pi$ 和 $\dfrac{3\pi}{2}$ 时 $x'(t_0) = 0$, 除此之外, $k = \dfrac{y'(t_0)}{x'(t_0)} = -\tan t_0$. 所以切线方程为

$$y - a\sin^3 t_0 = -\tan t_0 (x - a\cos^3 t_0).$$

进一步讨论可知, 在 $t = \dfrac{\pi}{2}$ 及 $t = \dfrac{3\pi}{2}$ 处曲线有垂直切线; 而在 $t = 0$ 与 $t = \pi$ 处有水平切线.

(2) 易求得切线与两坐标轴的交点分别为 $M(a\cos t_0, 0)$ 和 $N(0, a\sin t_0)$, 则 $|MN| = a$.

例 4.3.8   设曲线 C 的极坐标方程为

$$r = f(\theta), \quad \theta_1 \leqslant \theta \leqslant \theta_2.$$

其中, f 为可导函数. 求过 C 上一点 $M(\theta, f(\theta))$ 处的切线斜率, 以及过点 M 处的切线与向径 OM 的夹角 φ. 参见图 4.3.6.

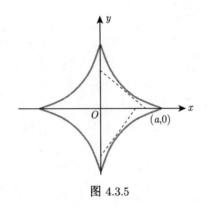

图 4.3.5

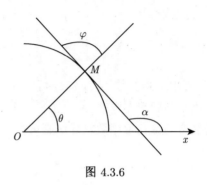

图 4.3.6

解　首先将极坐标方程转化为参数方程:

$$\begin{cases} x = r\cos\theta = f(\theta)\cos\theta, \\ y = r\sin\theta = f(\theta)\sin\theta. \end{cases}$$

其次, 设切线关于 x 轴的倾斜角为 α, 则

$$\tan\alpha = \frac{\mathrm{d}y}{\mathrm{d}x} = \frac{\mathrm{d}y}{\mathrm{d}\theta}\Big/\frac{\mathrm{d}x}{\mathrm{d}\theta} = \frac{f'(\theta)\sin\theta + f(\theta)\cos\theta}{f'(\theta)\cos\theta - f(\theta)\sin\theta}.$$

于是

$$\tan\varphi = \tan(\alpha - \theta) = \frac{\tan\alpha - \tan\theta}{1 + \tan\alpha\tan\theta}.$$

将上式代入并化简得

$$\tan\varphi = \frac{f(\theta)}{f'(\theta)},$$

所以

$$\varphi = \arctan\frac{f(\theta)}{f'(\theta)}.$$

最后, 作为应用, 我们讨论一个实际问题的例子.

例 4.3.9　在十字路口的正北方 0.6 km 处有一辆警车以 60 km/h 的速度向南行驶, 同时在十字路口的正东方 0.8 km 处有一辆汽车向东行驶, 警车用雷达测得汽车相对于警车的运动方向是东南方向, 速度是 20 km/h, 问: 此时汽车向东行驶的速度是多少?

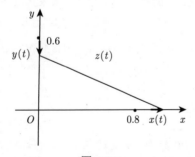

图 4.3.7

解　设 t 时刻 (h), 警车到路口的距离为 $y(t)$ km, 汽车到路口的距离为 $x(t)$ km, 警车到汽车的距离为 $z(t)$ km(图 4.3.7), 则警车的速度、汽车的速度和汽车相对于警车的相对速度分别为 $x'(t), y'(t), z'(t)$, 且

$$x^2(t) + y^2(t) = z^2(t).$$

上式两边关于 t 求导得

$$2x(t)x'(t) + 2y(t)y'(t) = 2z(t)z'(t),$$

则

$$x'(t) = \frac{z(t)z'(t) - y(t)y'(t)}{x(t)}.$$

取 $x = 0.8, y = 0.6$, 这时 $z = 1, y'(t) = -60, z'(t) = 20$, 则得 $x'(t) = 70$. 因此汽车向东的速度是 70 km/h.

注意: 本例子中的求导是含参数形式的隐函数的求导. 当然, 也可化为纯参数形式的函数进行讨论.

习 题 4.3

A1. 求下列函数的导数:

(1) $y = \sqrt{1 - x^3}$;

(2) $y = (x^2 - \sin^2 x)^3$;

(3) $y = \left(\dfrac{1 - x^2}{2 + x} \right)^3$;

(4) $y = \ln(|\ln x|)$;

(5) $y = \ln(\cos x)$;

(6) $y = \lg(x^2 + x + 1)$;

(7) $y = \ln(1 + \sqrt{1 + x^2})$;

(8) $y = \tan \dfrac{\sqrt{1 + x} - \sqrt{1 - x}}{\sqrt{1 + x} + \sqrt{1 - x}}$;

(9) $y = (\sin x + \cos x)^3$;

(10) $y = \cos^3 4x$;

(11) $y = \sin \ln(1 + x^2)$;

(12) $y = (\sin x^2)^3$;

(13) $y = \arccos \dfrac{1}{\sqrt{x}}$;

(14) $y = (\arctan e^x)^2$;

(15) $y = \operatorname{arccot} \dfrac{1 + \ln x}{1 - \ln x}$;

(16) $y = \arcsin(\cos^2 x)$;

(17) $y = e^{\sin x + 1}$;

(18) $y = 3^{\sec x}$;

(19) $y = e^{-2x} \arcsin \dfrac{2x}{1 + x^2}$;

(20) $y = \sqrt{x + \sqrt{2x + \sqrt{3x}}}$.

A2. 对下列各函数计算 $f'(x), f'(x+1), f'(2x), (f(2x))'$.

(1) $f(x) = x^3$;　　(2) $f(x+1) = x^3$;　　(3) $f(x-1) = x^3$.

A3. 用对数法, 求以下函数的导数:

(1) $y = x^{\sin x}$;

(2) $y = x^x$;

(3) $y = (\cos x)^x$;

(4) $y = \ln^x x$;

(5) $y = (x-1)(x-2)^{\frac{1}{2}} \cdots (x-10)^{\frac{1}{10}}$;

(6) $y = x^{x^x}$.

A4. 求以下隐函数 $y = y(x)$ 的导数:

(1) $y = x + \sin y$;

(2) $y + xe^y = 1$;

(3) $xy^2 - \ln(xy) = 1$;

(4) $\sqrt{x} + \sqrt{y} = \sqrt{a}$(斜抛物线);

(5) $\dfrac{x^2}{a^2} + \dfrac{y^2}{b^2} = 1$;

(6) $\arctan \dfrac{y}{x} = \ln \sqrt{x^2 + y^2}$(对数螺线).

A5. 求下列由参量方程所确定的函数 $y = y(x)$ 的导数:

(1) 斜抛物线 $\begin{cases} x = \cos^4 t, \\ y = \sin^4 t \end{cases}$　在 $t = \dfrac{\pi}{4}$ 对应的点处. 如果 $t = 0$ 以及 $t = \dfrac{\pi}{2}$, 其对应的点处的导数存在吗?

(2) 摆线 (旋轮线) $\begin{cases} x = a(t - \sin t), \\ y = a(1 - \cos t) \end{cases}$　在任意 $t \neq 2n\pi$ 对应的点处.

B6. 设 $a > 0$, 证明圆的渐开线

$$\begin{cases} x = a(\cos t + t \sin t) \\ y = a(\sin t - t \cos t) \end{cases}$$

上任一点的法线到原点距离等于 a.

B7. 已知 g 为可导函数, a 为实数, 试求下列函数 f 的导数:

(1) $f(x) = g(x + g(a))$;　　(2) $f(x) = g(x + g(x))$;

(3) $f(x) = g(xg(a))$;　　　　(4) $f(x) = g(xg(x))$.

B8. 设 f 为可导函数, 证明: 若 $x = 1$ 时, 有

$$\frac{\mathrm{d}}{\mathrm{d}x} f(x^2) = \frac{\mathrm{d}}{\mathrm{d}x} f^2(x).$$

则必有 $f'(1) = 0$ 或 $f(1) = 1$.

B9. 设函数 f 满足反函数求导定理条件, 求下列函数的导数:

(1) $y = f^{-1}(\arcsin x)$;

(2) $y = f^{-1}\left(\dfrac{1}{f(x)}\right)$;

(3) $y = f^{-1}(f^{-1}(x))$.

C10. 请回答以下问题. 若正确请证明, 若不正确请给出反例:

(1) 设 $f(u)$ 在 $u = g(x_0)$ 处可导, $g(x)$ 在 $x = x_0$ 处不可导, 问: $f(g(x))$ 在 $x = x_0$ 处是否一定不可导?

(2) 设 $f(u)$ 在 $u = g(x_0)$ 处不可导, $g(x)$ 在 $x = x_0$ 处可导, 问: $f(g(x))$ 在 $x = x_0$ 处是否一定不可导?

(3) 设 $f(u)$ 在 $u = g(x_0)$ 和 $g(x)$ 在 $x = x_0$ 处均不可导, 问: $f(g(x))$ 在 $x = x_0$ 处是否一定不可导?

C11. 试应用复合函数求导法则分别导出倒数函数与反函数的求导公式.

§4.4　高阶导数和高阶微分

§4.4.1　高阶导数的实际背景及定义

设 $y = f(x)$ 在区间 I 上可导, 且它的导函数 $f'(x)$ 仍是个可导函数, 则可以继续讨论 $f'(x)$ 的导数, 即所谓函数 $f(x)$ 的二阶导数, 这在物理学中有强烈的背景——加速度.

与瞬时速度的概念类似, 物体在时刻 t 的瞬时加速度就是当 $\Delta t \to 0$ 时, 它的平均加速度 $\dfrac{\Delta v}{\Delta t}$ 的极限值, 即

$$a(t) = \lim_{\Delta t \to 0} \frac{\Delta v}{\Delta t} = \lim_{\Delta t \to 0} \frac{v(t + \Delta t) - v(t)}{\Delta t} = v'(t),$$

也就是说, 加速度函数 $a(t)$ 是速度函数 $v(t)$ 的导函数, 是位移函数 $s(t)$ 的导函数的导函数.

下面给出函数的高阶导数的定义.

设函数 $y = f(x)$ 在点 a 的某邻域 $U(a)$ 内可导, 则我们得到 $U(a)$ 上的导函数 $f'(x)$. 如果 $f'(x)$ 在点 a 可导, 则有在点 a 的二阶导数 $f''(a)$, 即

$$f''(a) = \lim_{\triangle x \to 0} \frac{f'(a + \triangle x) - f'(a)}{\triangle x},$$

并称 $f(x)$ 在点 a 二阶可导.

若 $f(x)$ 在区间 I 上每一点都二阶可导, 则得到区间 I 的二阶导函数, 记为

$$f''(x), y''(x), \text{或} \frac{\mathrm{d}^2 f}{\mathrm{d}x^2}, \frac{\mathrm{d}^2 y}{\mathrm{d}x^2}.$$

这时称 $y = f(x)$ 是二阶可导函数 (简称 $f(x)$ **二阶可导**).

因此 $f'(x)$ 的导数 $[f'(x)]' = \frac{\mathrm{d}}{\mathrm{d}x}(f'(x))$ 即为 $f(x)$ 的**二阶导数**,

归纳地可以定义 $f(x)$ 在点 a 处的 n 阶导数 $f^{(n)}(a)$ 以及区间 I 上的 n 阶导数 $f^{(n)}(x)$ 或 $y^{(n)}(x)$.

二阶及二阶以上的导数统称为**高阶导数**.

利用上述记号, 加速度函数可以写成

$$a(t) = s''(t) = \frac{\mathrm{d}^2 s}{\mathrm{d}t^2}.$$

§4.4.2 高阶导数的计算

1. 逐次求导法

由高阶导数的定义, 只要按求导法则对 $f(x)$ 逐次求导, 就能得到任意阶的导数. 一般来说, 可以先求低阶导数, 然后归纳出结论, 必要时用数学归纳法.

例 4.4.1 求 $y = \mathrm{e}^x$ 的 n 阶导数.

解 由

$$(\mathrm{e}^x)' = \mathrm{e}^x,$$

可知

$$(\mathrm{e}^x)^{(n)} = \mathrm{e}^x, \forall n \geqslant 1. \tag{4.4.1}$$

类似可以得到

$$(a^x)^{(n)} = (\ln a)^n a^x, \forall n \geqslant 1. \tag{4.4.2}$$

例 4.4.2 求 $y = \sin x$ 和 $y = \cos x$ 的 n 阶导数.

解 因为

$$(\sin x)' = \cos x = \sin\left(x + \frac{\pi}{2}\right),$$

利用复合函数的求导法则

$$(\sin x)'' = \left(\sin\left(x + \frac{\pi}{2}\right)\right)' = \cos\left(x + \frac{\pi}{2}\right) = \sin\left(x + \frac{2\pi}{2}\right),$$

依此类推, 由数学归纳法容易证明

$$(\sin x)^{(n)} = \sin\left(x + \frac{n\pi}{2}\right). \tag{4.4.3}$$

同理, $y = \cos x$ 的 n 阶导数为

$$(\cos x)^{(n)} = \cos\left(x + \frac{n\pi}{2}\right). \tag{4.4.4}$$

例 4.4.3 (1) 由例 4.2.1 知道, 对任何实数 α 和任意正数 x, 有 $(x^\alpha)' = \alpha x^{\alpha-1}$, 所以当 α 不是自然数时, 对任何正整数 n, 有

$$(x^\alpha)^{(n)} = \alpha(\alpha-1)\cdots(\alpha-n+1)x^{\alpha-n}, \forall x > 0. \tag{4.4.5}$$

当 $\alpha = m$ 为正整数时, 我们有

(2) $y = x^m\,(m \in \mathbb{N}^+)$ 的任意 n 阶导数在 $\mathbb{R}$ 上存在. 事实上,

$$(x^m)' = mx^{m-1}, \quad (x^m)'' = m(m-1)x^{m-2},$$

$$\cdots\quad\cdots$$

$$(x^m)^{(m-1)} = m!x, \quad (x^m)^{(m)} = m!.$$

因此它的 n 阶导函数的一般形式为

$$(x^m)^{(n)} = \begin{cases} m(m-1)\cdots(m-n+1)x^{m-n}, & n \leqslant m, \\ 0, & n > m. \end{cases} \tag{4.4.6}$$

而当 α 不是正整数时, 由式 (4.4.5) 知, 幂函数 x^α 的任意阶导数不是 0. 考虑 $\alpha = -1$.

(3) 由于

$$\left(\frac{1}{x}\right)' = (x^{-1})' = -x^{-2}; \; (-x^{-2})' = 2x^{-3}; \; (2x^{-3})' = -3 \cdot 2x^{-4}, \cdots,$$

依此类推, 或根据式 (4.4.5), 可以导出一般 n 阶导数公式

$$\left(\frac{1}{x}\right)^{(n)} = \frac{(-1)^n n!}{x^{n+1}}. \tag{4.4.7}$$

例 4.4.4 求 $y = \ln(1 + x^2)$ 的二阶导数.

解 对 $y = \ln(1 + x^2)$ 求导, 得

$$y' = (\ln(1 + x^2))' = \frac{2x}{1 + x^2},$$

再求一次导数, 就得到

$$y'' = \frac{2(1 - x^2)}{(1 + x^2)^2}.$$

2. 间接求导法

我们可以利用函数的已知的高阶导数来计算与之有关函数的高阶导数.

例 4.4.5　求 $y = \ln x$ 的 n 阶导数.

解　因为

$$(\ln x)^{(n)} = \left(\frac{1}{x}\right)^{(n-1)},$$

所以, 根据式 (4.4.7) 我们有

$$(\ln x)^{(n)} = (-1)^{n-1}\frac{(n-1)!}{x^n}. \tag{4.4.8}$$

例 4.4.6　求 $y = \sin^2 x$ 的 n 阶导数.

解　根据三角函数公式 $\sin^2 x = \dfrac{1 - \cos 2x}{2}$, 可得

$$y^{(n)} = -2^{n-1}\cos\left(2x + \frac{n}{2}\pi\right).$$

或由 $y' = (\sin^2 x)' = 2\cos x \sin x = \sin 2x$, 于是由式 (4.4.3) 有

$$y^{(n)} = (\sin 2x)^{(n-1)} = 2^{n-1}\sin\left(2x + \frac{n-1}{2}\pi\right).$$

§4.4.3　高阶导数的运算法则

1. 高阶导数的线性运算法则

定理 4.4.1　设 $f(x)$ 和 $g(x)$ 都是 n 阶可导的, 则对任意常数 c_1 和 c_2, 线性组合 $c_1 f(x) + c_2 g(x)$ 也是 n 阶可导的, 且满足如下的线性运算关系:

$$[c_1 f(x) + c_2 g(x)]^{(n)} = c_1 f^{(n)}(x) + c_2 g^{(n)}(x). \tag{4.4.9}$$

这个结论可以推广到多个函数线性组合的情况:

$$\left[\sum_{i=1}^{m} c_i f_i(x)\right]^{(n)} = \sum_{i=1}^{m} c_i f_i^{(n)}(x).$$

证明略.

例 4.4.7　求 $y = \dfrac{1}{x^2 - 3x + 2}$ 的 n 阶导数.

解　将分母进行因式分解后可将 $y = \dfrac{1}{x^2 - 3x + 2}$ 化为

$$\frac{1}{x^2 - 3x + 2} = \frac{1}{x - 1} - \frac{1}{x - 2},$$

这样, 由公式 (4.4.9), 并类似于公式 (4.4.5) 可得

$$\left(\frac{1}{x^2 - 3x + 2}\right)^{(n)} = \left(\frac{1}{x - 1}\right)^{(n)} - \left(\frac{1}{x - 2}\right)^{(n)}$$

$$= (-1)^n n! \left[\frac{1}{(x - 1)^{n+1}} - \frac{1}{(x - 2)^{n+1}}\right].$$

2. 乘积的高阶导数的运算法则 —— Leibniz 公式

定理 4.4.2(Leibniz 公式)　设 $f(x)$ 和 $g(x)$ 都 n 阶可导, 则它们的积函数也 n 阶可导, 且成立

$$[f(x)g(x)]^{(n)} = \sum_{k=0}^{n} C_n^k f^{(n-k)}(x)g^{(k)}(x), \tag{4.4.10}$$

这里, $C_n^k = \dfrac{n!}{k!(n-k)!}$ 是组合系数.

证明　用数学归纳法. 当 $n=1$ 时,

$$[f(x) \cdot g(x)]' = f'(x)g(x) + f(x)g'(x) = C_1^0 f'(x)g(x) + C_1^1 f(x)g'(x).$$

因此式 (4.4.10) 当 $n=1$ 时成立.

设当 $n=m$ 时, 式 (4.4.10) 成立, 即

$$[f(x)g(x)]^{(m)} = \sum_{k=0}^{m} C_m^k f^{(m-k)}(x)g^{(k)}(x),$$

对上式两边求导可得

$$[f(x) \cdot g(x)]^{(m+1)} = \{[f(x) \cdot g(x)]^{(m)}\}' = \sum_{k=0}^{m} C_m^k [f^{(m-k)}(x) \cdot g^{(k)}(x)]'$$

$$= \sum_{k=0}^{m} C_m^k \{[f^{(m-k)}(x)]' g^{(k)}(x) + f^{(m-k)}(x)[g^{(k)}(x)]'\}$$

$$= \sum_{k=0}^{m} C_m^k f^{(m-k+1)}(x)g^{(k)}(x) + \sum_{k=0}^{m} C_m^k f^{(m-k)}(x)g^{(k+1)}(x),$$

将右边的第一项改写成

$$\sum_{k=0}^{m} C_m^k f^{(m+1-k)}(x)g^{(k)}(x) = f^{(m+1)}(x)g^{(0)}(x) + \sum_{k=1}^{m} C_m^k f^{(m+1-k)}(x)g^{(k)}(x),$$

而将右边的第二项改写成

$$\sum_{j=0}^{m} C_m^j f^{(m-j)}(x)g^{(j+1)}(x) = \sum_{k=1}^{m+1} C_m^{k-1} f^{(m+1-k)}(x)g^{(k)}(x)$$

$$= \sum_{k=1}^{m} C_m^{k-1} f^{(m+1-k)}(x)g^{(k)}(x) + f^{(0)}(x)g^{(m+1)}(x).$$

两式合并后利用组合恒等式

$$C_m^{k-1} + C_m^k = C_{m+1}^k \text{和} C_m^0 = C_{m+1}^{m+1} = 1,$$

便得到

$$[f(x) \cdot g(x)]^{(m+1)} = \sum_{k=0}^{m+1} C_{m+1}^k f^{(m+1-k)}(x)g^{(k)}(x),$$

即 Leibniz 公式对 $n=m+1$ 也成立, 所以, 定理结论对任意正整数 n 成立.　　　□

例 4.4.8   求 $y = (2x^3 + x^2 - x - 5)\cos 2x$ 的 n 阶导数.

解   因为 $y = 2x^3 + x^2 - x - 5$ 的 4 阶及 4 阶以上导数均为 0, 所以应用 Leibniz 公式 (4.4.10) 时只有前四项不为 0. 于是,

$$[(2x^3 + x^2 - x - 5)\cos 2x]^{(n)} = \sum_{k=0}^{3} C_n^k (2x^3 + x^2 - x - 5)^{(k)} (\cos 2x)^{(n-k)}$$

$$= 2^{n-1}\left[2(2x^3 + x^2 - x - 5) \cdot \cos\left(2x + \frac{n\pi}{2}\right) + n(6x^2 + 2x - 1) \cdot \cos\left(2x + \frac{(n-1)\pi}{2}\right) \right]$$

$$+ n(n-1)2^{n-2}\left[(6x + 1) \cdot \cos\left(2x + \frac{(n-2)\pi}{2}\right) + (n-2) \cdot \cos\left(2x + \frac{(n-3)\pi}{2}\right) \right].$$

§4.4.4   复合函数、隐函数、反函数及由参数方程确定的函数的高阶导数

对复合函数、隐函数、反函数及参数方程确定的函数的高阶导数, 没有像 Leibniz 公式那样简单的公式. 我们仅讨论一些具体的函数, 对一般函数仅讨论二阶导数.

1. 复合函数的高阶导数

对复合函数 $y = f(u)$, $u = g(x)$, 求导得

$$\frac{dy}{dx} = \frac{dy}{du} \cdot \frac{du}{dx}.$$

一般来说, $\dfrac{dy}{du}$ 仍然是 x 的函数, 所以再应用乘积的导数公式可得二阶导数为

$$\frac{d^2 y}{dx^2} = \frac{d}{dx}\left(\frac{dy}{dx}\right) = \frac{d}{dx}\left(\frac{dy}{du} \cdot \frac{du}{dx}\right) = \frac{d^2 y}{du^2} \cdot \left(\frac{du}{dx}\right)^2 + \frac{dy}{du} \cdot \frac{d^2 u}{dx^2}. \qquad (4.4.11)$$

例 4.4.9   求 $y = e^{\sin x}$ 的二阶导数.

解   把 $y = e^{\sin x}$ 看成是由 $y = e^u, u = \sin x$ 复合而成的函数, 代入式 (4.4.11) 便得到

$$(e^{\sin x})'' = (e^u)'' \cdot \cos^2 x + (e^u)'(-\sin x) = e^{\sin x}(\cos^2 x - \sin x).$$

当然, 本题更自然的算法就是逐次求导 (不必用公式 (4.4.11)):

$$y' = e^{\sin x}\cos x, \quad y'' = e^{\sin x}\cos^2 x - e^{\sin x}\sin x = e^{\sin x}(\cos^2 x - \sin x).$$

例 4.4.10   设函数 f 三阶可导, 求函数 $y = f(x^2)$ 的三阶导数.

解   由复合函数导数的链式法则, 得到 $y' = 2xf'(x^2)$. 继续求导得

$$y'' = 2f'(x^2) + 2xf''(x^2) \cdot 2x = 2f'(x^2) + 4x^2 f''(x^2),$$

$$y''' = 2f''(x^2) \cdot 2x + 8xf''(x^2) + 4x^2 f'''(x^2) \cdot 2x = 8x^3 f'''(x^2) + 12xf''(x^2).$$

2. 隐函数的高阶导数

例 4.4.11   求由方程 $y^2 = x^2 + \sin(xy)$ 确定的隐函数 $y = y(x)$ 的二阶导数 $y''(x)$.

解   在 $y^2 = x^2 + \sin(xy)$ 两边对 x 求导得

$$2yy' = 2x + \cos(xy)(xy' + y),$$

两边再次关于 x 求导, 得

$$2(y')^2 + 2yy'' = 2 + \cos(xy)(2y' + xy'') - \sin(xy)(y + xy')^2,$$

由上式解得

$$y'' = \frac{2 - 2(y')^2 + 2y'\cos(xy) - (y + xy')^2\sin(xy)}{2y - x\cos(xy)},$$

其中

$$y' = \frac{2x + y\cos(xy)}{2y - x\cos(xy)}.$$

3. 反函数的高阶导数

例 4.4.12   求反函数的二阶导数公式.

解   设 $x = g(y)$ 是 $y = f(x)$ 的反函数, 则 $f(g(y)) = y$. 在等式两边对 y 求导得

$$f'(g(y))g'(y) = 1,$$

两边再次关于 y 求导得

$$f''(g(y))(g'(y))^2 + f'(g(y))g''(y) = 0,$$

由此解得 $g''(y) = -\dfrac{f''(g(y))(g'(y))^2}{f'(g(y))}$, 其中 $g'(y) = \dfrac{1}{f'(g(y))} = \dfrac{1}{f'(x)}$, 于是得到反函数的二阶导数公式

$$g''(y) = -\frac{f''(g(y))}{(f'(g(y)))^3} = -\frac{f''(x)}{(f'(x))^3}. \tag{4.4.12}$$

注意: 反函数的二阶导数公式并不是 $g''(y) = \dfrac{1}{f''(g(y))}$.

4. 由参数方程所确定的函数的高阶导数

设自变量 x 和因变量 y 间的函数关系由参数形式 $\begin{cases} x = \varphi(t), \\ y = \psi(t) \end{cases}$ 确定, 其中, $t \in [t_0, t_1]$ 是参数, 这在上一节已经推得

$$\frac{\mathrm{d}y}{\mathrm{d}x} = \frac{\dfrac{\mathrm{d}y}{\mathrm{d}t}}{\dfrac{\mathrm{d}x}{\mathrm{d}t}} = \frac{\psi'(t)}{\varphi'(t)},$$

再对由参数方程

$$\begin{cases} x = \varphi(t), \\ \dfrac{\mathrm{d}y}{\mathrm{d}x} = \dfrac{\psi'(t)}{\varphi'(t)} \end{cases}$$

确定的函数关于 x 求导得

$$\frac{\mathrm{d}^2 y}{\mathrm{d}x^2} = \frac{\mathrm{d}}{\mathrm{d}x}\left(\frac{\mathrm{d}y}{\mathrm{d}x}\right) = \frac{\dfrac{\mathrm{d}}{\mathrm{d}t}\left(\dfrac{\psi'(t)}{\varphi'(t)}\right)}{\dfrac{\mathrm{d}x}{\mathrm{d}t}} = \frac{\psi''(t)\varphi'(t) - \psi'(t)\varphi''(t)}{[\varphi'(t)]^3}. \tag{4.4.13}$$

例 4.4.13 设函数 $y = y(x)$ 由参数方程 $x = \ln(1+t^2), y = t - \arctan t$ 所确定, 求 $\dfrac{\mathrm{d}^3 y}{\mathrm{d}x^3}$.

解 由参数形式方程的导数公式, 得

$$\frac{\mathrm{d}y}{\mathrm{d}x} = \frac{(t - \arctan t)'}{(\ln(1+t^2))'} = \frac{1 - \dfrac{1}{1+t^2}}{\dfrac{2t}{1+t^2}} = \frac{t}{2}$$

我们可以套用式 (4.4.13) 中的最后一个式子来求得二阶导数, 也可以应用其推导思想来求得, 即可对由参数方程

$$x = \ln(1+t^2) \frac{\mathrm{d}y}{\mathrm{d}x} = \frac{t}{2}$$

所确定的函数求关于 x 的导数得

$$\frac{\mathrm{d}^2 y}{\mathrm{d}x^2} = \frac{\mathrm{d}}{\mathrm{d}x}\left(\frac{\mathrm{d}y}{\mathrm{d}x}\right) = \frac{\dfrac{\mathrm{d}}{\mathrm{d}t}\left(\dfrac{\mathrm{d}y}{\mathrm{d}x}\right)}{\dfrac{\mathrm{d}x}{\mathrm{d}t}} = \frac{\left(\dfrac{t}{2}\right)'}{\dfrac{2t}{1+t^2}} = \frac{1+t^2}{4t},$$

同样对由参数方程

$$x = \ln(1+t^2), \frac{\mathrm{d}^2 y}{\mathrm{d}x^2} = \frac{1+t^2}{4t}$$

所确定的函数求关于 x 的导数得

$$\frac{\mathrm{d}^3 y}{\mathrm{d}x^3} = \frac{\dfrac{\mathrm{d}}{\mathrm{d}t}\left(\dfrac{\mathrm{d}^2 y}{\mathrm{d}x^2}\right)}{\dfrac{\mathrm{d}x}{\mathrm{d}t}} = \frac{\left(\dfrac{1+t^2}{4t}\right)'}{\dfrac{2t}{1+t^2}} = \frac{t^4 - 1}{8t^3}.$$

§4.4.5 高阶微分

前面我们已经讨论过函数 y 的微分 $\mathrm{d}y$, 今后我们也称它为函数 y 的一阶微分. 下面我们将定义函数 y 的高阶微分的概念.

若对一阶微分 $\mathrm{d}y$ 再求微分, 则称之为函数 y 的二阶微分, 记为 $\mathrm{d}^2 y$, 即

$$\mathrm{d}^2 y = \mathrm{d}(\mathrm{d}y).$$

一般地, 可归纳定义 n 阶微分:

$$\mathrm{d}^n y = \mathrm{d}(\mathrm{d}^{n-1} y), n = 2, 3, \cdots.$$

考虑函数 $y = f(x)$, 其中 x 为自变量. 由于自变量微分 $\mathrm{d}x$ 与 x 是相互独立的, 因此 $\mathrm{d}(\mathrm{d}x) = 0$. 这时, $\mathrm{d}y = f'(x)\mathrm{d}x$ 只是 x 的函数, 因此

$$\mathrm{d}^2 y = \mathrm{d}(\mathrm{d}y) = \mathrm{d}(f'(x)\mathrm{d}x) = (f''(x)\mathrm{d}x)\mathrm{d}x = f''(x)\mathrm{d}x^2,$$

一般地,

$$\mathrm{d}^n y = \mathrm{d}(\mathrm{d}^{n-1} y) = f^{(n)}(x)\mathrm{d}x^n, n = 2, 3, \cdots.$$

其中, $\mathrm{d}x^n = (\mathrm{d}x)^n$. 于是, 若将上式写成

$$\frac{\mathrm{d}^n y}{\mathrm{d}x^n} = f^{(n)}(x),$$

则与 n 阶导数的记号一致.

注意, $\mathrm{d}x^2, \mathrm{d}(x^2)$ 以及 $\mathrm{d}^2 x$ 意义是不同的. 事实上, $\mathrm{d}(x^2) = 2x\mathrm{d}x$, 而当 x 为自变量时, 二阶微分 $\mathrm{d}^2 x = 0$. 但当 x 是中间变量时, 则一般来说, $\mathrm{d}^2 x \neq 0$, 这时公式 $\mathrm{d}^2 y = f''(x)\mathrm{d}x^2$ 不一定成立, 即二阶 (或更高阶微分) 不再具有形式不变性, 下面我们来证明这个结论.

设 $y = f(x)$, x 是中间变量, 则

$$\mathrm{d}^2 y = \mathrm{d}(f'(x)\mathrm{d}x) = f''(x)\mathrm{d}x^2 + f'(x)\mathrm{d}^2 x.$$

若 $x = g(t)$, 则 $\mathrm{d}^2 x = \mathrm{d}(g'(t)\mathrm{d}t) = g''(t)\mathrm{d}t^2$.

而当 x 是自变量时, $\mathrm{d}^2 y = f''(x)\mathrm{d}x^2$. 故二阶 (及二阶以上) 微分不再具有形式不变性.

我们前面提及, 一般情况下, 高阶导数不能用换元法计算, 即高阶导数没有简单的链式法则. 事实上这正和高阶微分形式不变性不成立有关. 请思考.

习　题　4.4

A1. 求下列函数在指定点的高阶导数:
(1) $f(x) = 3x^3 - 4x^2 + 5 - \mathrm{e}^x$, 求 $f''(1), f'''(1), f^{(4)}(1)$;
(2) $f(x) = \dfrac{\sin x}{1 + x^2}$, 求 $f''(0)$.

A2. 求下列函数的二阶导数 y''.
(1) $y = \dfrac{1}{3 + \sqrt{x}}$;　　　　　　　　(2) $y = \tan x$;
(3) $y = \ln \sin x$;　　　　　　　　　(4) $y = (1 + x^2)\arctan x$.

A3. 设 f 为二阶可导函数, 求下列各函数的二阶导数:
(1) $y = f(\ln x)$;　(2) $y = \ln f(x)$;　(3) $y = f(x^n), n \in \mathbb{N}_+$;　(4) $y = f(f(x))$.

A4. 求下列函数的高阶导数:
(1) $f(x) = x\ln x$, 求 $f'''(x)$;　　　(2) $f(x) = \mathrm{e}^{-x^2}$, 求 $f'''(x)$;
(3) $f(x) = 2^{\sin^2 \frac{1}{x}}$, 求 $f''(x)$;　　　(4) $f(x) = \ln\sqrt{x + \sqrt{1 + x^2}}$; 求 $f''(x)$;

(5) $f(x) = \ln(1+x)$, 求 $f^{(5)}(x)$;　　　(6) $f(x) = x^3 \mathrm{e}^x$, 求 $f^{(10)}(x)$.

A5. 设函数

$$f(x) = \begin{cases} x^m \sin \frac{1}{x}, & x \neq 0, \\ 0, & x = 0. \end{cases} \quad (m \text{为正整数}),$$

问: m 分别取什么值时, f 在 $x = 0$ 二阶可导以及 f'' 在 $x = 0$ 连续?

A6. 设函数 f 在 $(-\infty, a]$ 上二阶可导, 记

$$F(x) = \begin{cases} f(x), & x \leqslant a, \\ A(x-a)^2 + B(x-a) + C, & x > a, \end{cases}$$

问: A, B, C 取何值时, 函数 F 在 $(-\infty, +\infty)$ 上二阶可导?

A7. 求下列函数的 n 阶导数:

(1) $y = \ln(3x+1)$;　　　　(2) $y = a^x (a > 0, a \neq 1)$;

(3) $y = \dfrac{1}{x(1-x)}$;　　　　(4) $y = \dfrac{\ln x}{x}$;

(5) $f(x) = \dfrac{x^n}{1-x}$;　　　　(6) $y = \mathrm{e}^{ax} \sin bx (a, b \text{均为实数})$.

A8. 设 $y = y(x)$ 是分别由下列方程所确定的隐函数, 试分别求出它的高阶导数:

(1) $x^2 + xy + y^2 = 1$, 求 y', y'', y''';　　(2) $\mathrm{e}^{xy} + x^2 y - 1 = 0$, 求 $y''(1)$.

A9. 求下列参量方程所确定的二阶导数 $\dfrac{\mathrm{d}^2 y}{\mathrm{d} x^2}$:

(1) $\begin{cases} x = a \cos^3 t, \\ y = a \sin^3 t; \end{cases}$　　(2) $\begin{cases} x = \mathrm{e}^t \cos t, \\ y = \mathrm{e}^t \sin t. \end{cases}$

A10. 问: 函数 $f(x) = |\sin^3 x|$ 在 $x = 0$ 处最多是几阶可导? 并求出其最高阶导数.

A11. 求下列函数指定阶数的高阶微分:

(1) $y = \mathrm{e}^{\sin x}$, 求 $\mathrm{d}^2 y$;　　(2) 设 $u(x) = \ln x, v(x) = \mathrm{e}^x$, 求 $\mathrm{d}^3(uv), \mathrm{d}^3 \left(\dfrac{u}{v}\right)$.

B12. 设函数 $y = f(x)$ 在点 x 二阶可导, 且 $f'(x) \neq 0$. 若 $f(x)$ 存在反函数 $x = f^{-1}(y)$, 试用 $f'(x), f''(x)$, 以及 $f'''(x)$ 表示 $(f^{-1})'''(y)$.

B13. 设 $y = \arctan x$.

(1) 证明它满足方程: $(1+x^2)y'' + 2xy' = 0$;

(2) 求 $y^{(n)}|_{x=0}$;

(3) 证明 $y^{(n)} = \dfrac{P_{n-1}(x)}{(1+x^2)^n}$, 其中 P_{n-1} 为最高次项系数是 $(-1)^{n-1} n!$ 的 $n-1$ 次多项式.

B14. 证明函数

$$f(x) = \begin{cases} \mathrm{e}^{-\frac{1}{x^2}}, & x \neq 0, \\ 0, & x = 0 \end{cases}$$

在 $x = 0$ 处 n 阶可导且 $f^{(n)}(0) = 0$, 其中 n 为任意正整数.

C15. 设函数 $y = f(x)$ 在点 $x = a$ 处二阶可导, 问: $f'(x)$ 在 $x = a$ 的某一邻域中存在吗? $f(x)$ 在 $x = a$ 的某一邻域中连续吗? 若正确请证明, 否则举反例.

第5章 微分中值定理, Taylor 公式及其应用

本章主要研究微分中值定理与 Taylor 公式以及它们的应用. 这部分内容充分体现了微积分作为人类最伟大发明之一的巨大作用. 而这些应用的桥梁就是微分中值定理, 它由三个主要定理组成: Rolle 定理、Lagrange 中值定理和 Cauchy 中值定理, 它们构成了微分学的主要内容. 而 Taylor 公式则被视为一元函数微分学的顶峰. 这些理论在本课程的后续章节以及其他一些课程中都有举足轻重的作用.

§5.1 Rolle 定理, Lagrange 中值定理及其应用

§5.1.1 极值与 Fermat 引理

在中学数学中, 我们已经学习过如何求一些特殊的函数 (如二次函数和三角函数等) 的最大值和最小值的问题. 那么, 如何求解一般函数的最值问题? 根据闭区间上连续函数的性质, 我们已经从理论上肯定闭区间上连续函数必有最大值和最小值. 但最值是多少, 最值点怎么找还有待解决. 本章将借助导数概念来比较彻底地解决这个问题. 为此先要引入极值的概念.

1. 极值的定义

定义 5.1.1 设 $f(x)$ 在 (a,b) 内有定义, 若存在 $x_0 \in (a,b)$ 及 x_0 的一个邻域 $U(x_0) \subset (a,b)$, 使

$$\forall x \in U(x_0), \text{有 } f(x) \leqslant f(x_0), \tag{5.1.1}$$

则称 x_0 点是 $f(x)$ 的一个**极大值点** ((local) maximum point), 称 $f(x_0)$ 为相应的**极大值** ((local) maximum value).

若存在 $x_0 \in (a,b)$ 以及 x_0 的一个邻域 $U(x_0) \subset (a,b)$, 使

$$\forall x \in U(x_0,), \text{有 } f(x) \geqslant f(x_0), \tag{5.1.2}$$

则称 x_0 点是 $f(x)$ 的一个**极小值点**((local) minimum point), 称 $f(x_0)$ 为相应的**极小值**((local) minimum value).

极大值与极小值统称为**极值**(extremum) ; 极大值点与极小值点统称为**极值点**(extremum point).

注 5.1.1 (1) 极值点必须是区间内部的点, 不能是区间端点. 即使端点是最值点, 也不是极值点. 而当最值点为内点时, 必是极值点, 参见图 5.1.1, 点 x_4 是最大值点, 也是极大值点, 而点 a 是最小值点, 但不是极值点.

(2) 极值不必是最值, 极大值未必大于极小值, 极小值也未必小于极大值. 例如, $f(x_5)$ 是极小值, $f(x_1)$ 是极大值, 但 $f(x_1) < f(x_5)$. 因此, 极值是局部概念, 而最值是全局概念.

(3) 一个函数的极值问题可能很复杂. 一个不是常数的函数, 可能有无穷多极值点, 甚至每点都是极值点.

例如, Dirichlet 函数 $D(x)$ 的定义区间 $(0,1)$ 上每个有理数点都是极大值点, 每个无理数点都是极小值点.

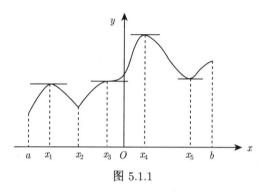

图 5.1.1

2. Fermat 引理

Kepler(开普勒, 1571～1630 年) 在研究极值问题时注意到: 极值点邻域中函数增量为 "零". Fermat 将其转化为确定极值点的方法, 我们用函数的语言还原 Fermat 在研究 "定周长矩形何时面积最大" 问题时所用的方法.

设矩形周长为 $2a$, 其某一边长为 x, 则其面积函数为 $f(x) = x(a-x)$, 假如在边长为 x 时面积最大, 则由 Kepler 的思想知道: 增量为零, 即

$$(x + \Delta x)(a - x - \Delta x) - x(a - x) = 0,$$

化简得

$$\Delta x^2 + 2x\Delta x - a\Delta x = 0,$$

两边除以 Δx 得

$$\Delta x + 2x - a = 0,$$

令 $\Delta x = 0$, 得 $x = \dfrac{a}{2}$, Fermat "证明" 了正方形时面积最大.

Fermat 的方法在逻辑上有相互矛盾之处: Δx 有时为零, 有时又不为零 (后来 Newton 和 Leibniz 也经常这样讨论问题). 事实上, 如果将 Kepler 的想法 "极值点邻域中函数增量为 '零'" 中的 "零" 理解成 "自变量增量的高阶无穷小", 则 Fermat 的方法用极限的思想严格化就是

$$\lim_{\Delta x \to 0} \frac{f(x + \Delta x) - f(x)}{\Delta x} = 0.$$

即极值点的导数为 0. 下面严格证明 Fermat 方法的正确性, 以给出极值点的一个必要条件. 因其源自 Fermat 的方法, 故称之为 Fermat 引理.

定理 5.1.1 (Fermat 引理) 若函数 f 在其极值点 x_0 可导, 则

$$f'(x_0) = 0. \tag{5.1.3}$$

证明　设 x_0 是 $f(x)$ 的极大值点, 则 $f(x)$ 在 x_0 的某个邻域 $U(x_0, \delta)$ 上有定义, 且满足

$$f(x) \leqslant f(x_0), \forall x \in U(x_0, \delta).$$

当 $x_0 - \delta < x < x_0$ 时, 有 $\dfrac{f(x) - f(x_0)}{x - x_0} \geqslant 0$; 当 $x_0 < x < x_0 + \delta$ 时, 有 $\dfrac{f(x) - f(x_0)}{x - x_0} \leqslant 0$. 因为 $f(x)$ 在 x_0 可导, 所以 $f'(x_0) = f'_+(x_0) = f'_-(x_0)$, 由于

$$f'_-(x_0) = \lim_{x \to x_0-} \frac{f(x) - f(x_0)}{x - x_0} \geqslant 0,$$

$$f'_+(x_0) = \lim_{x \to x_0+} \frac{f(x) - f(x_0)}{x - x_0} \leqslant 0,$$

因此 $f'(x_0) = 0$.

如果 x_0 是 f 的极小值点, 则它是 $-f$ 的极大值点, 由前面证明知结论同样成立.　　□

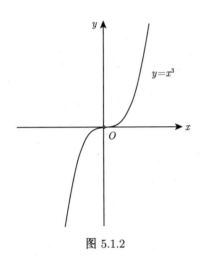

图 5.1.2

注 5.1.2　　(1) Fermat 引理的几何意义: 若函数 $y = f(x)$ 在其极值点 x_0 处可导, 则相应的曲线在点 $(x_0, f(x_0))$ 处存在平行于 x 轴的切线, 参见图 5.1.1, $f'(x_1) = f'(x_4) = f'(x_5) = 0$.

(2) 导数为零的点称为**稳定点**, 或**驻点** (stationary point)、**临界点**(critical point). 在可导的前提下, 临界点是极值点的必要条件但非充分条件. 例如, 在图 5.1.1 中, x_3 是临界点但不是极值点. 又例如, $x = 0$ 是函数 $f(x) = x^3$ 的临界点, 但非极值点, 如图 5.1.2 所示.

3. Darboux 定理

作为 Fermat 引理的应用, 可得下面的 Darboux 定理.

定理 5.1.2(Darboux 定理)　设函数 f 在 (a, b) 内可导, $x_1, x_2 \in (a, b)$, 使得 $f'(x_1)f'(x_2) < 0$, 则函数 f 在 x_1, x_2 之间必存在一临界点, 即存在 ξ, 使 $f'(\xi) = 0$.

证明　不妨设 $x_1 < x_2$, 且 $f'(x_1) > 0, f'(x_2) < 0$. 于是根据导数定义及极限的局部保号性, 存在 x_i 的邻域 $U(x_i)(i = 1, 2)$, 使得

$$\frac{f(x) - f(x_1)}{x - x_1} > 0, \forall x \in U(x_1); \qquad \frac{f(x) - f(x_2)}{x - x_2} < 0, \forall x \in U(x_2).$$

因此, 在 x_1 的右侧存在点 x'_1, 使得 $f(x'_1) > f(x_1)$, 而在 x_2 的左侧存在点 x'_2, 使得 $f(x'_2) > f(x_2)$. 这表明连续函数 $y = f(x)$ 在闭区间 $[x_1, x_2]$ 上的最大值必在内部某点 ξ 处取到, 即 f 在 (x_1, x_2) 内有极值点 $x = \xi$, 因此, 由 Fermat 引理即知 $f'(\xi) = 0$.　　□

由此定理容易得到下面更一般的介值性结论 (证明留作练习).

推论 5.1.1　设函数 f 在 (a, b) 内可导, $x_1, x_2 \in (a, b)$, μ 介于 $f'(x_1)$ 和 $f'(x_2)$ 之间, 则在 x_1, x_2 之间必存在一点 ξ, 使得 $f'(\xi) = \mu$.

注 5.1.3　　Darboux 定理反映了导函数的有别于一般函数的介值性, 因为这个推论中并不要求 f' 的连续性.

§5.1.2　Rolle 定理

微分中值定理在微积分中起着极其重要的作用, 利用它们可以由导函数的性质得到函数的性质. 先来看微分中值定理的特殊情形——Rolle (罗尔) 定理, 它是 Rolle 于 1691 年得到的.

定理 5.1.3 (Rolle 定理)　　设函数 f 在闭区间 $[a,b]$ 上连续, 在开区间 (a,b) 内可导, 且 $f(a) = f(b)$, 则 f 在 (a,b) 之间至少存在一临界点, 即存在点 $\xi \in (a,b)$, 使得 $f'(\xi) = 0$.

证明　　由最值定理, 即定理 3.3.4, $f(x)$ 在闭区间 $[a,b]$ 上的最小值 m 和最大值 M 均存在, 即存在 $\xi, \eta \in [a,b]$, 满足

$$m = f(\xi) \leqslant f(x) \leqslant f(\eta) = M, \forall x \in [a,b].$$

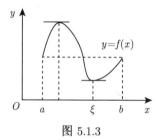

图 5.1.3

若 $M = m$, 则 $f(x)$ 在 $[a,b]$ 上恒为常数, 结论显然成立; 若 $M > m$, 而 $f(a) = f(b)$, 则这时 M 和 m 中至少有一个与 $f(a)$ (也即 $f(b)$) 不相同, 即 M 和 m 中至少有一个不在区间 $[a,b]$ 的端点处取得. 不妨设

$$m = f(\xi) < f(a) = f(b),$$

因此 $\xi \in (a,b)$ 是极小值点, 由 Fermat 引理知, $f'(\xi) = 0$. 参见图 5.1.3.　　　□

Rolle 定理的几何意义: 满足定理条件的函数的曲线一定在某一点存在一条与 x 轴平行 (也即与曲线的两个端点的连线平行) 的切线 (图 5.1.3).

注 5.1.4　　(1) 定理的三个条件中任一条不成立, 都会导致定理结论不成立. 如以下三个函数:

$$f_1(x) = \begin{cases} x, & x \in [0,1), \\ 0, & x = 1, \end{cases}$$

$$f_2(x) = |1 - 2x|,$$

$$f_3(x) = x, x \in [0,1],$$

容易验证, f_1 不满足在闭区间 $[0,1]$ 上连续的条件, f_2 不满足在开区间 $(0,1)$ 内可导的条件, 而 f_3 不满足在端点的函数值相等的条件. 尽管它们都分别满足其他两个条件, 但对应的曲线都不存在水平切线.

(2) 定理的条件是充分的, 但每一条都不是必要的, 甚至三条都不满足, 定理的结论仍可成立, 即存在水平切线. 请读者自行举例.

(3) Rolle 定理可用于讨论函数 f 在某个区间上零点的唯一性, 见下面的例 5.1.1; 并且有时也能讨论函数 f 零点的存在性, 前提是存在满足Rolle 定理条件的函数 F, 使 $F'(x) = f(x)$. 见例 5.1.2.

例 5.1.1　证明方程 $x^5 - 5x + 1 = 0$ 有且仅有一个小于 1 的正根.

证明　令 $f(x) = x^5 - 5x + 1$, 则 $f(x)$ 在 $\mathbb{R}$ 上连续且可导. $f(0) = 1, f(1) = -3$, 由介值定理, 可知方程 $f(x) = 0$ 在 $(0,1)$ 中至少有一个根. 假设根的个数大于 1, 那么根据Rolle 中值定理, 存在 $\xi \in (0,1)$, 使得 $f'(\xi) = 0$, 而 $f'(x) = 5(x^4 - 1)$, 只有当 $\xi = \pm 1$ 时, 才有 $f'(\xi) = 0$, 显然在 $(0,1)$ 中不可能成立. 因此方程根存在且唯一.　　　□

例 5.1.2　证明方程 $4ax^3 + 3bx^2 + 2cx = a + b + c$ 在区间 $(0,1)$ 内至少有一个根.

证明　设 $F(x) = ax^4 + bx^3 + cx^2 - (a+b+c)x$, 则 $F'(x) = 4ax^3 + 3bx^2 + 2cx - (a+b+c)$, 而 $F(x)$ 为多项式, 显然在区间 $[0,1]$ 上连续, 在 $(0,1)$ 内可导. 容易验证, $F(0) = F(1) = 0$, 由 Rolle 中值定理可知, 存在 $\xi \in (0,1)$, 使得 $F'(\xi) = 0$, 即 ξ 是方程 $4ax^3 + 3bx^2 + 2cx = a + b + c$ 在区间 $(0,1)$ 内的一个根.　　　□

例 5.1.3　考察 $2n$ 次多项式

$$Q(x) = x^n(1-x)^n, n \in \mathbb{N}^+.$$

证明: n 次多项式 $Q^{(n)}(x)$ 在 $(0,1)$ 内恰有 n 个不同的零点.

证明　$n = 1$ 时结论显然成立. 下面设 $n > 1$. 显然, $x = 0, x = 1$ 是 $Q(x) = 0$ 的两个根. 对 $Q(x)$ 逐次求导:

$$Q'(x) = nx^{n-1}(1-x)^n - nx^n(1-x)^{n-1},$$

$$Q''(x) = n(n-1)x^{n-2}(1-x)^n - 2n^2x^{n-1}(1-x)^{n-1} + n(n-1)x^n(1-x)^{n-2},$$

一般地,

$$Q^{(k)}(x) = [x^n(1-x)^n]^{(k)} = \sum_{i=0}^{k} C_k^i (x^n)^{(i)} [(1-x)^n]^{(k-i)}, \ k = 1, 2, \cdots, n-1.$$

则 $Q'(0) = Q'(1) = 0$, 且由 Rolle 定理知, 存在 $x_{11} \in (0,1)$, 使得 $Q'(x_{11}) = 0$.

由 $Q'(0) = Q'(x_{11}) = Q'(1) = 0$ 及 Rolle 定理知, 存在 $x_{21} \in (0, x_{11})$, $x_{22} \in (x_{11}, 1)$, 使得 $Q''(x_{21}) = Q''(x_{22}) = 0$, 因此易见 $n = 2$ 时结论成立.

$n > 2$ 时, 同样的有, $Q''(0) = Q''(1) = 0$. 一般地, 当 $k \leqslant n-1$ 时, 仍有 $Q^{(k)}(0) = Q^{(k)}(1) = 0$, 并且, 特别地, $k = n-1$ 时, 由 Rolle 定理可知, $Q^{(n-1)}(x) = 0$ 有 $n+1$ 个不同的根 $0, x_{n-1,1}, x_{n-1,2}, \cdots, x_{n-1,n-1}, 1$. 再次用 Rolle 定理, 可知 $Q^{(n)}(x)$ 在 $(0,1)$ 内至少有 n 个不同的实根. 又由于 $Q^{(n)}(x)$ 是 n 次多项式, 因此, $Q^{(n)}(x)$ 在 $(0,1)$ 内恰好有 n 个不同的实根.　　　□

§5.1.3　Lagrange 中值定理

如果一条连续曲线除端点外每一点的切线都存在, 则我们可选择合适的坐标系, 使曲线在此坐标系下所对应的函数满足 Rolle 定理的条件, 即端点的连线平行于横坐标轴. 于是由 Rolle 定理的几何意义知必有一点 C 处的切线平行于横坐标轴, 即平行于曲线端点的连线. 见图 5.1.4.

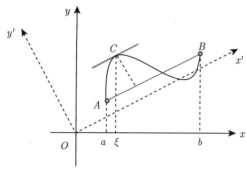

图 5.1.4

事实上, 这个几何上的结论是不依赖于坐标系的. 按此思路, 我们可以得到 Rolle 定理的一般情形 —— Lagrange 中值定理.

定理 5.1.4(Lagrange 中值定理) 设 $f(x)$ 在闭区间 $[a,b]$ 上连续, 开区间 (a,b) 内可导, 则 $\exists \xi \in (a,b)$, 使

$$f'(\xi) = \frac{f(b) - f(a)}{b - a}. \tag{5.1.4}$$

设 $y = f(x)$ 对应的曲线为 $\overset{\frown}{AB}$, 其弦 AB 的方程为 $y = y(x) = f(a) + \dfrac{f(b) - f(a)}{b - a}(x - a)$. 若点 $C(\xi, f(\xi))$ 处的切线平行于弦 AB, 则 ξ 点是曲线上点 $(x, f(x))$ 到弦 AB 上相应点 $(x, y(x))$ 的距离函数 $\left| f(x) - f(a) - \dfrac{f(b) - f(a)}{b - a}(x - a) \right|$ 的极大值点. 参见图 5.1.4. 用此思路, 我们可以构造辅助函数, 将 Lagrange 中值定理转化为 Rolle 定理.

证明 作辅助函数

$$g(x) = f(x) - f(a) - \frac{f(b) - f(a)}{b - a}(x - a), x \in [a, b],$$

则函数 $g(x)$ 在闭区间 $[a, b]$ 上连续, 在开区间 (a, b) 内可导, 并且有

$$g(a) = g(b) = 0,$$

由 Rolle 定理, 至少存在一点 $\xi \in (a, b)$, 使得 $g'(\xi) = 0$. 对 $g(x)$ 的表达式求导并令 $g'(\xi) = 0$, 整理后便得到式 (5.1.4). □

注 5.1.5 (1) Lagrange 中值定理中的公式 (5.1.4) 通常称为Lagrange中值公式, 可有几种变形, 它们有各自的方便之处:

① $\exists \xi \in (a, b)$, 使 $f(b) - f(a) = f'(\xi)(b - a)$;

② $\exists \theta \in (0, 1)$, 使 $f(b) - f(a) = f'(a + \theta(b - a))(b - a)$;

③ $\forall x_1, x_2 \in [a, b], \exists \theta \in (0, 1)$, 使 $f(x_2) - f(x_1) = f'(x_1 + \theta(x_2 - x_1))(x_2 - x_1)$;

④ $\forall x, x_0 \in [a, b], \exists \theta \in (0, 1)$, 使 $f(x) = f(x_0) + f'(x_0 + \theta(x - x_0))(x - x_0)$;

⑤ $\forall x, x + \Delta x \in [a, b], \exists \theta \in (0, 1)$, 使 $\Delta y = f(x + \Delta x) - f(x) = f'(x + \theta \Delta x)\Delta x$.

(2) Lagrange 中值定理的条件是充分的; 而任何一个条件不满足, 定理结论就有可能不成立. 请读者自行举例.

(3) 在微分的定义 $\Delta y = f(x + \Delta x) - f(x) = f'(x)\Delta x + o(\Delta x)$ 中, $o(\Delta x)$ 只知道是 Δx 的一个高阶无穷小. 而相较于微分的定义, 尽管Lagrange中值公式的 $\xi \in (a, b)$, 或

$\theta \in (0,1)$ 的具体值也未完全确定, 但是Lagrange 中值定理还是给出了导数与函数的相对精确的关系, 它将是我们应用导数研究函数的桥梁.

Lagrange(拉格朗日) 是试图将微积分严谨化的最早的一流数学家, 虽然他的很多工作还算不上非常严谨, 但他作了种种尝试. Napoleonic(拿破仑) 称 Lagrange 是 "数学科学方面的高耸的金字塔", 数学中不少成果都归功于他, 并以他的名字命名.

下面我们来讨论Lagrange 中值定理的应用.

§5.1.4   Lagrange 中值定理的应用

1. 区间上函数为常函数的充要条件

定理 5.1.5 (a,b) 内可导的函数 $f(x)$ 在 (a,b) 内恒为常数的充分必要条件是$f'(x) \equiv 0$.

证明   必要性由导数定义可知. 下面证明充分性. 设 $x_1, x_2 \in (a,b)$, 且 $x_1 < x_2$. 在区间 $[x_1, x_2]$ 上应用 Lagrange 中值定理, 则存在 $\xi \in (x_1, x_2) \subset (a,b)$, 使得

$$f(x_2) - f(x_1) = f'(\xi)(x_2 - x_1),$$

由条件 $f'(\xi) = 0$, 便有

$$f(x_1) = f(x_2),$$

再由 x_1 和 x_2 的任意性即得

$$f(x) = C, x \in (a,\ b).$$

$\square$

由定理 5.1.5 和函数连续性可得下面推论.

推论 5.1.2   若 f 在 $[a,b]$ 上连续, 在 (a,b) 内可导, 则 $f(x)$ 在闭区间 $[a,b]$ 上恒为常数的充分必要条件是在开区间 (a,b) 内 $f'(x) \equiv 0$.

例 5.1.4   *证明恒等式*

(1) $\arcsin x + \arccos x = \dfrac{\pi}{2}, x \in [0,1]$;

(2) $\arctan \dfrac{1+x}{1-x} - \arctan x = \begin{cases} \dfrac{\pi}{4}, & x < 1, \\[2mm] -\dfrac{3\pi}{4}, & x > 1. \end{cases}$

证明   (1) 令 $f(x) = \arcsin x + \arccos x$, 则

$$f'(x) = \frac{1}{\sqrt{1-x^2}} - \frac{1}{\sqrt{1-x^2}} \equiv 0, \forall x \in (0,1).$$

由于 $f(x)$ 在 $[0,1]$ 上连续, 所以 $f(x) \equiv f(0) = \dfrac{\pi}{2}$.

(2) 令 $f(x) = \arctan \dfrac{1+x}{1-x} - \arctan x$, 则当 $x \neq 1$ 时, 有

$$f'(x) = \frac{1}{1 + \left(\dfrac{1+x}{1-x}\right)^2} \left(\frac{1+x}{1-x}\right)' - \frac{1}{1+x^2}$$

$$= \frac{1}{1 + \left(\dfrac{1+x}{1-x}\right)^2} \cdot \frac{2}{(1-x)^2} - \frac{1}{1+x^2} = 0,$$

由定理5.1.5, 在任何不含 $x = 1$ 的区间, $\arctan \dfrac{1+x}{1-x} - \arctan x \equiv C$.

当 $x < 1$ 时, 令 $x = 0$, 即得到常数 $C = \dfrac{\pi}{4}$; 当 $x > 1$ 时, 令 $x \to +\infty$, 即得到常数 $C = -\dfrac{3\pi}{4}$, 因此

$$
\arctan \frac{1+x}{1-x} - \arctan x = \left\{
\begin{array}{ll}
\dfrac{\pi}{4}, & x < 1, \\
-\dfrac{3\pi}{4}, & x > 1.
\end{array}
\right.
$$

$\square$

2. 函数的一阶导数与单调性

函数单调性是函数的重要特性之一, 但对函数单调性的判断, 包括讨论函数的单调区间, 目前我们一般只能借助定义, 这对较为复杂的函数将比较困难. 下面利用 Lagrange 中值定理给出函数单调性的判别方法.

定理 5.1.6 (一阶导数与函数单调性的关系) 若函数 $f(x)$ 在 $[a,b]$ 上连续, 在 (a,b) 内可导, 则 $f(x)$ 在 $[a,b]$ 上单调增加的充分必要条件是 $f'(x) \geqslant 0, \forall x \in (a,b)$.

证明 充分性: 设 x_1 和 $x_2(x_1 < x_2)$ 是区间 I 中任意两点, 在 $[x_1, x_2]$ 上应用 Lagrange 中值定理, 即知存在 $\xi \in (x_1, x_2)$, 使得

$$
f(x_2) - f(x_1) = f'(\xi)(x_2 - x_1),
$$

由于 $x_2 - x_1 > 0$, 因此 $f(x_2) - f(x_1)$ 与 $f'(\xi)$ 同号. 所以, 当 $f'(\xi) \geqslant 0$ 时, 有 $f(x_2) - f(x_1) \geqslant 0$, 由 x_1 和 x_2 在 $[a,b]$ 中的任意性, 即知 $f(x)$ 在 $[a,b]$ 上单调增加.

必要性: 设 x 是区间 (a,b) 中任意一点, 由于 $f(x)$ 在 $[a,b]$ 上单调增加, 所以对于任意 $x' \in [a,b]$, $x' \neq x$, 成立

$$
\frac{f(x') - f(x)}{x' - x} \geqslant 0,
$$

令 $x' \to x$, 即得到 $f'(x) \geqslant 0 (x \in I)$. $\square$

类似地可以得到在 I 上 $f'(x) \leqslant 0$ 与 $f(x)$ 在 I 上单调减少之间的关系.

注 5.1.6 在上面的定理5.1.6 中, 若将 $f'(x) \geqslant 0$ 换为 $f'(x) > 0$, 则 $f(x)$ 在 $[a,b]$ 上严格单调增加. 但需要注意的是, "$f'(x) > 0$, $\forall x \in [a,b]$" 是 $f(x)$ 在 $[a,b]$ 上严格单调增加的充分而非必要的条件 (请读者举例).

3. 函数的二阶导数与凸凹性、拐点

若 k 是正数 (负数), 则函数 $y = kx^2$ 是平面上开口向上 (下) 的抛物线, 在其上任意取两个不同的点 (x_1, y_1) 和 (x_2, y_2), 不妨设 $x_1 < x_2$, 则抛物线在区间 (x_1, x_2) 上的图像在点 (x_1, y_1) 和 (x_2, y_2) 所连线段的下 (上) 方 (图 5.1.5). 下面把这种几何的现象用分析的语言表达出来, 并由此定义函数的凸 (凹) 性.

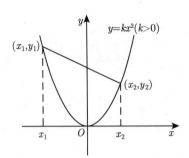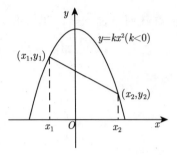

图 5.1.5

定义 5.1.2   设函数 f 在 $[a,b]$ 上有定义, 若对任意两点 $x_1, x_2 \in [a,b]$ 和任意 $\lambda \in (0,1)$, 都有

$$f(\lambda x_1 + (1-\lambda)x_2) \leqslant \lambda f(x_1) + (1-\lambda)f(x_2), \tag{5.1.5}$$

则称 f 在 $[a,b]$ 上是**凸的**(convex). 若 $x_1 \neq x_2$ 时, 严格不等式成立, 则称 f 在 $[a,b]$ 上是**严格凸的**(strictly convex).

如果函数 $-f$ 在 $[a,b]$ 上是 (严格) 凸的, 则称函数 f 在 $[a,b]$ 上是 **(严格) 凹的**((strictly) concave).

根据凸函数和凹函数的曲线的几何特性, 我们也将凸函数称为**下凸函数**, 将凹函数称**为上凸函数**. 下面我们将只讨论凸函数的情形, 凹函数的性质及判别法可由凸函数的相应性质和判别法得到.

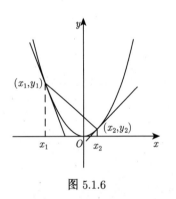

图 5.1.6

设可微函数 f 在某区间上是凸的, $x_1 < x_2$ 是在区间中任意两点. 由凸函数的图形 (图 5.1.6), 在点 $(x_1, f(x_1))$ 处的切线斜率小于等于点 $(x_1, f(x_1))$ 和 $(x_2, f(x_2))$ 连线的斜率; 同时, 在点 $(x_2, f(x_2))$ 处的切线斜率大于等于点 $(x_1, f(x_1))$ 和 $(x_2, f(x_2))$ 连线的斜率, 因此点 $(x_1, f(x_1))$ 处的切线斜率不超过点 $(x_2, f(x_2))$ 处的切线斜率, 即曲线上点的斜率关于横坐标 x 是单调增加的 (图 5.1.6). 那么从几何直观的角度, 我们得到了可导函数是凸的必要条件是其导函数是单调增加的. 下面我们用分析方法证明它是正确的, 而且事实上它还是充分条件.

引理 5.1.1   若函数 f 在 $[a,b]$ 上连续, 在 (a,b) 内可导, 则 f 在 $[a,b]$ 上是凸的充分必要条件是导函数 f' 在 (a,b) 上单调增加.

证明   必要性: $\forall x_1, x_2 \in (a,b)$, 且 $x_1 < x_2$, $\forall \lambda \in (0,1)$, 设 $x = \lambda x_1 + (1-\lambda)x_2$, 因为 f 在 (a,b) 上是凸的, 所以式 (5.1.5) 成立, 于是可得

$$f(x) - f(x_1) \leqslant (1-\lambda)(f(x_2) - f(x_1)),$$

$$f(x) - f(x_2) \leqslant -\lambda(f(x_2) - f(x_1)).$$

再由

$$x - x_1 = (1-\lambda)(x_2 - x_1) > 0, \quad x - x_2 = -\lambda(x_2 - x_1) < 0,$$

可得

$$\frac{f(x) - f(x_1)}{x - x_1} \leqslant \frac{f(x_2) - f(x_1)}{x_2 - x_1} \leqslant \frac{f(x) - f(x_2)}{x - x_2}. \tag{5.1.6}$$

在式 (5.1.6) 的第一个不等式与第二个不等式的两边分别令 $x \to x_1$ 和 $x \to x_2$, 由函数 $f(x)$ 在点 x_1, x_2 的可导性得

$$f'(x_1) \leqslant \frac{f(x_2) - f(x_1)}{x_2 - x_1} \leqslant f'(x_2), \tag{5.1.7}$$

这表明 $f'(x)$ 单调增加.

充分性: 对 $[a, b]$ 内任意两点 $x_1 < x_2$, 及 $\lambda \in (0, 1)$, 取 $x = \lambda x_1 + (1 - \lambda)x_2$. 在 $[x_1, x]$ 和 $[x, x_2]$ 上分别应用 Lagrange 中值定理知, 存在 $\eta_1 \in (x_1, x)$ 和 $\eta_2 \in (x, x_2)$, 使得

$$f(x_1) = f(x) + f'(\eta_1)(x_1 - x),$$

$$f(x_2) = f(x) + f'(\eta_2)(x_2 - x).$$

于是,

$$f(x) - [\lambda f(x_1) + (1 - \lambda)f(x_2)]$$
$$= \lambda[f(x) - f(x_1)] + (1 - \lambda)[f(x) - f(x_2)]$$
$$= \lambda f'(\eta_1)(x - x_1) + (1 - \lambda)f'(\eta_2)(x - x_2).$$

由 $x - x_1 = (1 - \lambda)(x_2 - x_1), x - x_2 = \lambda(x_1 - x_2)$ 以及 $f'(x)$ 在 (a, b) 内单调性可得

$$f(x) - [\lambda f(x_1) + (1 - \lambda)f(x_2)]$$
$$= \lambda(1 - \lambda)f'(\eta_1)(x_2 - x_1) + \lambda(1 - \lambda)f'(\eta_2)(x_1 - x_2)$$
$$= \lambda(1 - \lambda)(x_2 - x_1)[f'(\eta_1) - f'(\eta_2)] \leqslant 0.$$

即不等式 (5.1.5) 成立, 因此, f 在 $[a, b]$ 上是凸函数. □

注意, 从充分性的证明中可知, 若 f' 在 (a, b) 内严格单调增加, 则 f 在 (a, b) 内严格凸.

又若 f 二阶可导, 则由引理5.1.1和定理5.1.6可得到下面的定理.

定理 5.1.7 (二阶导数与凸性的关系) 若 f 在 $[a, b]$ 上连续, 在 (a, b) 内二阶可导, 则 f 在 $[a, b]$ 上是凸的充分必要条件是 $f''(x) \geqslant 0, \forall x \in (a, b)$. 特别地, 若在 (a, b) 内 $f''(x) > 0$, 则 f 在 $[a, b]$ 上严格凸.

需要注意的是, 若将定理5.1.7后半部分的条件减弱为 "在 (a, b) 内除了有限个点外, 都有 $f''(x) > 0$", 结论 "$f(x)$ 在 $[a, b]$ 上是严格凸函数" 依然成立. 因此 "$f''(x) > 0$" 只是 $f(x)$ 严格凸的充分条件而非必要条件.

注 5.1.7 应用不等式 (5.1.7) 可以证明, 若 f 在 $[a, b]$ 上连续, 在 (a, b) 内可导, 则 f 在 $[a, b]$ 上是凸的充分必要条件是对任何 $x_1, x_2 \in (a, b)$, 有

$$f(x_2) \geqslant f(x_1) + f'(x_1)(x_2 - x_1). \tag{5.1.8}$$

由此得定义:

定义5.1.2′ 设函数 $f(x)$ 在 $[a, b]$ 上有定义, 若曲线 $y = f(x)$ 在 $[a, b]$ 上任一点的切线总在曲线的下方, 则称 $f(x)$ 在 $[a, b]$ 上是凸的.

注 5.1.8　Jensen 用不等式

$$f\left(\frac{x_1+x_2}{2}\right) \leqslant \frac{f(x_1)+f(x_2)}{2} \tag{5.1.9}$$

定义凸函数, 更一般地有:

定义5.1.2″　设函数 $f(x)$ 在 $[a,b]$ 上有定义, 若对 $[a,b]$ 中任何 n 个点 $x_1, x_2, \cdots, x_n$, 都有

$$f\left(\frac{x_1+x_2+\cdots+x_n}{n}\right) \leqslant \frac{f(x_1)+f(x_2)+\cdots+f(x_n)}{n}, \tag{5.1.10}$$

则称 $f(x)$ 在 $[a,b]$ 上是凸的.

可以证明: 对连续函数, Jensen 定义与定义 5.1.2″ 及定义 5.1.2 都是等价的.

函数的凹凸性可应用于不等式问题的讨论. 根据凸函数的定义和数学归纳法, 容易得到下面更一般形式的表达式, 称为 Jensen 不等式 (证明留作练习).

定理 5.1.8(Jensen 不等式)　若 $f(x)$ 为区间 I 上的凸函数, 则对于任意 $x_i \in I$, 及满足和为 1 的正数 $\lambda_i, i = 1, 2, \cdots, n$, 成立

$$f\left(\sum_{i=1}^n \lambda_i x_i\right) \leqslant \sum_{i=1}^n \lambda_i f(x_i). \tag{5.1.11}$$

特别地, 取 $\lambda_i = \frac{1}{n}(i = 1, 2, \cdots, n)$, 就有

$$f\left(\frac{1}{n}\sum_{i=1}^n x_i\right) \leqslant \frac{1}{n}\sum_{i=1}^n f(x_i). \tag{5.1.12}$$

此外, 如果 f 是严格凸的, 则对任何不全相等的 $x_i \in I$, 及满足和为 1 的正数 $\lambda_i, i = 1, 2, \cdots, n$, 式 (5.1.11) 和式 (5.1.12) 中严格不等式成立.

例 5.1.5　利用函数 $y = \ln x$ 在 $(0, +\infty)$ 上的严格凹性, 由Jensen 不等式还可得到, 对于任意不全相等的正数 $x_1, x_2, \cdots, x_n$, 成立

$$\frac{\ln x_1 + \ln x_2 + \cdots + \ln x_n}{n} < \ln\left(\frac{x_1 + x_2 + \cdots + x_n}{n}\right),$$

由此得到

$$\sqrt[n]{x_1 x_2 \cdots x_n} < \frac{x_1 + x_2 + \cdots + x_n}{n}.$$

易知 $y = x^2$ 是 $\mathbb{R}$ 上的凸函数, 但 $y = x^3$ 在 $\mathbb{R}$ 上既非凸函数又非凹函数. 事实上, $y = x^3$ 在 $(-\infty, 0)$ 上是凹的, 在 $(0, +\infty)$ 上是凸的, 点 $(0,0)$ 是曲线凸凹的分界点.

一般地, 如果函数 $y = f(x)$ 的曲线上在点 $(x_0, f(x_0))$ 两侧凹凸性发生改变, 即存在 x_0 的一个邻域 $(x_0 - \delta, x_0 + \delta)$, 使得函数 $y = f(x)$ 在左邻域 $(x_0 - \delta, x_0)$ 与右邻域 $(x_0, x_0 + \delta)$ 的凹凸性相反, 则称 $(x_0, f(x_0))$ 为曲线 $f(x)$ 的**拐点** (inflection point).

定理 5.1.9　设 $f(x)$ 在区间 I 内连续, $(x_0 - \delta, x_0 + \delta) \subset I$,

(1) 设函数 $f(x)$ 在 $(x_0 - \delta, x_0)$ 与 $(x_0, x_0 + \delta)$ 内一阶可导,

若 $f'(x)$ 在 $(x_0 - \delta, x_0)$ 与 $(x_0, x_0 + \delta)$ 内的单调性相反, 则点 $(x_0, f(x_0))$ 是曲线 $y = f(x)$ 的拐点;

若 $f'(x)$ 在 $(x_0 - \delta, x_0)$ 与 $(x_0, x_0 + \delta)$ 内的单调性相同, 则点 $(x_0, f(x_0))$ 不是曲线 $y = f(x)$ 的拐点.

(2) 设函数 $f(x)$ 在 $(x_0 - \delta, x_0)$ 与 $(x_0, x_0 + \delta)$ 内二阶可导,

若 $f''(x)$ 在 $(x_0 - \delta, x_0)$ 与 $(x_0, x_0 + \delta)$ 内的符号相反, 则点 $(x_0, f(x_0))$ 是曲线 $y = f(x)$ 的拐点.

若 $f''(x)$ 在 $(x_0 - \delta, x_0)$ 与 $(x_0, x_0 + \delta)$ 内的符号相同, 则点 $(x_0, f(x_0))$ 不是曲线 $y = f(x)$ 的拐点.

(3) 若 f 在 x_0 点的某邻域内二阶可导, 则 $(x_0, f(x_0))$ 是拐点的必要条件是 $f''(x_0) = 0$.

证明 结论 (1) 和 (2) 是显然的. 现证结论 (3).

由于点 $(x_0, f(x_0))$ 是曲线 $y = f(x)$ 的拐点, 不妨设曲线 $y = f(x)$ 在 $(x_0 - \delta, x_0)$ 上是凸的, 在 $(x_0, x_0 + \delta)$ 上是凹的. 由 $f(x)$ 二阶可导的假设与定理5.1.7 可知, 在 $(x_0 - \delta, x_0)$ 上 $f''(x) \geqslant 0$, 在 $(x_0, x_0 + \delta)$ 上 $f''(x) \leqslant 0$, 即 $f'(x)$ 在 $(x_0 - \delta, x_0)$ 上单调增加, 而在 $(x_0, x_0 + \delta)$ 上单调减少, 即 x_0 点是 $f'(x)$ 的极大值点. 再由 $f''(x_0)$ 的存在性与 Fermat 引理, 得到 $f''(x_0) = 0$. □

需要注意的是, 定理5.1.9(3) 给出的是二阶可导函数曲线的拐点所满足的必要条件, 而非充分条件, 例如曲线 $y = x^4$ 上的 $(0,0)$ 点就满足条件 $f''(0) = 0$, 但它不是拐点. 另外, 由曲线 $y = x^{\frac{1}{3}}$ 可知, $f''(x)$ 在 $x = 0$ 点不存在, 点 $(0, f(0))$ 是曲线 $y = x^{\frac{1}{3}}$ 的拐点. 参见图 5.1.7. 因此, 当我们通过对 $f(x)$ 求二阶导数来确定拐点的话, 既要考虑满足 $f''(x) = 0$ 的点, 又要考虑 $f''(x)$ 不存在的点.

图 5.1.7

4. Lagrange 中值定理在不等式证明中应用举例

下面继续讨论 Lagrange 中值定理的应用, 主要是直接应用 Lagrange 中值定理以及它在单调性和凹凸性方面的应用来证明不等式. 后面我们还将学习其他证明不等式的方法.

例 5.1.6 证明不等式

$$|\arctan a - \arctan b| \leqslant |a - b|, \forall a, b \in \mathbb{R}.$$

证明 不妨设 $a < b$.

令 $f(x) = \arctan x$, 则 f 在任意区间 $[a, b]$ 上满足 Lagrange 中值定理条件, 所以, 存

在 $\xi \in (a, b)$, 满足

$$| \arctan a - \arctan b | = |f'(\xi)| \cdot |a - b| = \left| \frac{1}{1 + \xi^2} \right| \cdot |a - b|,$$

则

$$| \arctan a - \arctan b | \leqslant |a - b|.$$

$\square$

同法可证我们熟知的不等式

$$| \sin a - \sin b | \leqslant |a - b|, \forall a, b \in \mathbb{R}.$$

例 5.1.7 *证明*

$$\frac{x}{1 + x} < \ln(1 + x) < x, \, \forall x > -1, \, x \neq 0.$$

证明 $f(x) = \ln(1 + x)$ 在区间 $(-1, +\infty)$ 上满足 Lagrange 中值定理条件, 当 $x \neq 0$ 时, 存在 $\theta \in (0, 1)$, 满足

$$\ln(1 + x) - \ln 1 = \frac{x}{1 + \theta x},$$

又 $x > -1, x \neq 0$ 时,

$$\frac{x}{1 + x} < \frac{x}{1 + \theta x} < x.$$

$\square$

例 5.1.8   比较 e^π 与 π^{e} 的大小关系.

分析: 先考虑一般的情况: 设 a 和 b 是两个不同的正实数, 问: 在什么条件下成立 $a^b > b^a$?

两边取对数后再整理, 即知上式等价于

$$\frac{\ln a}{a} > \frac{\ln b}{b},$$

所以, 判别 a^b 与 b^a 的大小关系可以通过确定函数 $\dfrac{\ln x}{x}$ 的单调情况来得到.

解   记 $f(x) = \dfrac{\ln x}{x}$, 则

$$f'(x) = \frac{1 - \ln x}{x^2} \quad \begin{cases} < 0, & x > \mathrm{e}. \\ > 0, & 0 < x < \mathrm{e}. \end{cases}$$

由定理5.1.6, $f(x)$ 在 $[\mathrm{e}, +\infty)$ 上严格单调减少. 因此

$$\frac{\ln \mathrm{e}}{\mathrm{e}} > \frac{\ln \pi}{\pi},$$

由此可得

$$\mathrm{e}^\pi > \pi^{\mathrm{e}}.$$

例 5.1.9 证明不等式

$$x - \frac{x^3}{6} < \sin x, \forall x > 0.$$

分析: 要证明 $x > 0$ 时, $f(x) = \sin x - x + \frac{x^3}{6} > 0$, 由于 $f(0) = 0$, 因此只要证明 $f(x)$ 在 $[0, +\infty)$ 上严格单调增加, 进而只要证明 $f'(x) > 0$ ($x > 0$) 即可.

因为 $f'(x) = \cos x - 1 + \frac{x^2}{2}$, 且 $f'(0) = 0$, 因此只要证明 $f'(x)$ 在 $[0, +\infty)$ 上严格单调增加, 或者说 $f''(x) > 0$ 即可. 由于

$$f''(x) = x - \sin x,$$

而 $x - \sin x > 0$ 是已知的, 把这个过程倒推回去, 就能证得结论.

证明 令 $f(x) = \sin x - x + \frac{x^3}{6}$, 则

$$f'(x) = \cos x - 1 + \frac{x^2}{2}, f''(x) = x - \sin x,$$

因此, 当 $x > 0$ 时, 有

$$f''(x) > 0,$$

所以 $f'(x)$ 在 $x \geqslant 0$ 时, 严格单调增加, 即当 $x > 0$ 时, 有

$$f'(x) = \cos x - 1 + \frac{x^2}{2} > f'(0) = 0.$$

由此可知 $f(x)$ 在 $[0, +\infty)$ 上也是严格单调增加的, 这样, 当 $x > 0$ 时, 便成立

$$f(x) = \sin x - x + \frac{x^3}{6} > f(0) = 0.$$

$\square$

注意: 证明不等式, 往往可以通过判别函数符号来实现. 有时需要通过多次求导来判别函数符号.

例 5.1.10 证明不等式

$$a\ln a + b\ln b \geqslant (a+b)[\ln(a+b) - \ln 2], a, b > 0.$$

证明 令 $f(x) = x\ln x$, 则

$$f'(x) = \ln x + 1, \quad f''(x) = \frac{1}{x} > 0, \quad x > 0,$$

由定理5.1.7, $f(x)$ 在 $(0, +\infty)$ 上是严格凸的, 因而对任意 $a, b > 0$, 都成立

$$\frac{f(a) + f(b)}{2} \geqslant f\left(\frac{a+b}{2}\right),$$

即

$$\frac{a\ln a + b\ln b}{2} \geqslant \frac{a+b}{2}\ln\frac{a+b}{2},$$

这就是要证明的不等式.   □

　　一般地, 对任意 n 个正数 $x_i, i = 1, 2, \cdots, n$, 有

$$x_1 \ln x_1 + x_2 \ln x_2 + \cdots + x_n \ln x_n \geqslant (x_1 + x_2 + \cdots + x_n)[\ln(x_1 + x_2 + \cdots + x_n) - \ln n].$$

下面证明一个重要的不等式, 它可以看作是平均值不等式的推广.

　　例 5.1.11 (Young 不等式) 设 $a, b \geqslant 0, p, q$ 为满足 $\dfrac{1}{p} + \dfrac{1}{q} = 1$ 的正数, 证明:

$$ab \leqslant \frac{a^p}{p} + \frac{b^q}{q}.$$

　　证明　当 $ab = 0$ 时, 上式显然成立.

　　当 $a, b > 0$ 时, 考虑函数 $f(x) = \ln x$ ($x > 0$). 由于在 $(0, +\infty)$ 上, $f''(x) = -\dfrac{1}{x^2} < 0$, 所以 $f(x)$ 在 $(0, +\infty)$ 上是严格凹 (上凸) 函数. 于是由定义得

$$\frac{1}{p} f(a^p) + \frac{1}{q} f(b^q) \leqslant f\left(\frac{1}{p} a^p + \frac{1}{q} b^q\right)$$

即

$$\ln(ab) = \frac{1}{p} \ln a^p + \frac{1}{q} \ln b^q \leqslant \ln\left(\frac{1}{p} a^p + \frac{1}{q} b^q\right).$$

利用 $f(x) = \ln x$ 在 $(0, +\infty)$ 上的单调增加性即得

$$ab \leqslant \frac{1}{p} a^p + \frac{1}{q} b^q.$$

                                                                            □

习　题　5.1

A1. 设 $f(x) = \sin \dfrac{1}{x}, x \in (0, 1)$, 求 $f(x)$ 的极值与最值、极值点与最值点.

A2. 讨论 Riemann 函数的极值点.

A3. 设 $f'_+(x_0) < 0$, $f'_-(x_0) > 0$, 证明 $f(x)$ 在 x_0 点取得极大值.

A4. 试讨论下列函数在指定区间内是否满足 Rolle 中值定理的条件; 是否存在一点 ξ, 使 $f'(\xi) = 0$:
(1) $f(x) = \begin{cases} x^2 - 2, & 0 \leqslant x \leqslant 1, \\ -\dfrac{1}{x^2}, & 1 < x \leqslant 2; \end{cases}$　(2) $f(x) = \begin{cases} 0, & -1 \leqslant x \leqslant 0, \\ x, & 0 < x \leqslant 1. \end{cases}$

A5. 设 f 在 $[a, b]$ 中满足 Rolle 定理的条件, 且 $f'_+(a) f'_-(b) > 0$, 证明 f 在 (a, b) 中至少有两个不同的驻点.

A6. 证明: 若 $f(x)$ 在有限开区间 (a, b) 内可导, 且 $\lim\limits_{x \to a^+} f(x) = \lim\limits_{n \to b^-} f(x)$, 则至少存在一点 $\xi \in (a, b)$, 使 $f'(\xi) = 0$.

A7. 证明: (1) 方程 $x^3 + 3x + c = 0$(c 为常数) 不可能有两个不同的实根;

(2) 方程 $x^n + px + q = 0$(n 为正整数, p, q 为实数) 当 n 为偶数时至多有两个不同的实根; 当 n 为奇数时至多有 3 个实根;

(3) 方程 $e^x = ax^2 + bx + c$ 至多有 3 个不同的根.

A8. 设常数 $a_0, a_1, \cdots, a_n$ 满足

$$\frac{a_0}{n+1} + \frac{a_1}{n} + \cdots + \frac{a_{n-1}}{2} + a_n = 0,$$

证明多项式 $a_0x^n + a_1x^{n-1} + \cdots + a_{n-1}x + a_n$ 至少有一个小于 1 的正的零点.

A9. 若 f,g 在 $[a,b]$ 上连续, 在 (a,b) 内可导, 且 $\forall x \in (a,b)$, 都有 $f'(x) = g'(x)$, 则 $f(x)$ 和 $g(x)$ 在 $[a,b]$ 上只相差一个常数, 即存在常数 C, 使 $f(x) = g(x) + C$, $\forall x \in [a,b]$.

A10. 证明: (1) 若函数 f 在 $[a,b]$ 上可导, 且 $f'(x) \geqslant m$, 则

$$f(b) \geqslant f(a) + m(b-a);$$

(2) 若函数 f 在 $[a,b]$ 上可导, 且 $f'(x) \leqslant M$, 则

$$f(b) - f(a) \leqslant M(b-a).$$

A11. 确定下列函数的单调区间:

(1)　$f(x) = 3x - x^2$;　　　　　(2)　$f(x) = 2x^2 - \ln x$;

(3)　$f(x) = \sqrt{2x - x^2}$;　　　　(4)　$f(x) = \dfrac{x^2-1}{x}$.

A12. 证明下列不等式:

(1) 对任意实数 x_1, x_2, 都有 $|\sin x_1 - \sin x_2| \leqslant |x_2 - x_1|$;

(2) $\dfrac{b-a}{b} < \ln \dfrac{b}{a} < \dfrac{b-a}{a}$, 其中 $0 < a < b$;

(3) $\dfrac{x}{1+x^2} < \arctan x < x$, 其中 $x > 0$;

(4) $\tan x > x + \dfrac{x^3}{3}, \forall x \in \left(0, \dfrac{\pi}{2}\right)$;

(5) $\dfrac{2x}{\pi} < \sin x < x, \forall x \in \left(0, \dfrac{\pi}{2}\right)$;

(6) $x - \dfrac{x^2}{2} < \ln(1+x) < x - \dfrac{x^2}{2(1+x)}, \forall x > 0$;

(7) $\dfrac{\tan x}{x} > \dfrac{x}{\sin x}, x \in \left(0, \dfrac{\pi}{2}\right)$;

(8) $x\ln(x + \sqrt{1+x^2}) > \sqrt{1+x^2} - 1, \forall x > 0$.

A13. 设 f 在区间 $(0, a)$ 内可导, 且 $f(0+) = +\infty$, 证明: 对任何 $\delta \in (0, a)$, f' 在 $(0, \delta)$ 内无下界.

A14. 设 f 为 $[a,b]$ 上二阶可导函数, $f(a) = f(b) = 0$, 并存在一点 $c \in (a,b)$, 使得 $f(c) > 0$, 证明至少存在一点 $\xi \in (a,b)$, 使得 $f''(\xi) < 0$.

A15. 确定下列函数的凹凸区间与拐点:

(1) $y = 2x^3 - 3x^2 - 36x + 25$;　　(2) $y = x + \dfrac{1}{x}$;

(3) $y = x^2 + \dfrac{1}{x}$;　　　　　　　(4) $y = \ln(x^2 + 1)$;

(5)　$y = \dfrac{1}{1+x^2}$.

A16. 问: a 和 b 为何值时, 点 $(1,3)$ 为曲线 $y = ax^3 + bx^2$ 的拐点?

A17. 证明:

(1) 若 f 为凸函数, λ 为非负实数, 则 λf 为凸函数;

(2) 若 f, g 均为凸函数, 则 $f + g$ 为凸函数;

(3) 若 f 为区间 I 上凸函数, g 为 $J \supset f(I)$ 上的递增的凸函数, 则 $g \circ f$ 为 I 上的凸函数.

A18. 以 $S(x)$ 记由 $(a, f(a)), (b, f(b)), (x, f(x))$ 三点构成的三角形面积, 试对 $S(x)$ 应用 Rolle 定理证明 Lagrange 中值定理.

A19. 证明: 设 f 为 n 阶可导函数, 若方程 $f(x) = 0$ 有 $n+1$ 个相异的实根, 则方程 $f^{(n)}(x) = 0$ 至少有一个实根.

A20. 应用凸函数性质证明如下不等式:

(1) 对任意实数 a, b, 有 $e^{\frac{a+b}{2}} \leqslant \frac{1}{2}(e^a + e^b)$;

(2) 对任何非负实数 a, b, 有 $2\arctan\left(\dfrac{a+b}{2}\right) \geqslant \arctan a + \arctan b$.

A21. 证明: 若 f, g 均为区间 I 上的凸函数, 则 $F(x) = \max\{f(x), g(x)\}$ 也是 I 上的凸函数.

B22. 设函数 f 在 (a, b) 内可导, 且 f' 在 (a, b) 内单调. 证明 f' 在 (a, b) 内连续.

B23. 设 $p(x)$ 为多项式, α 为 $p(x) = 0$ 的 r 重实根. 证明 α 必定是 $p'(x)$ 的 $r-1$ 重实根, 其中 $r > 1$.

B24. 设 f 为区间 I 上严格凸函数. 证明: 若 $x_0 \in I$ 为 f 的极小值点, 则 x_0 为 f 在 I 上唯一的极小值点.

B25. 证明: (1) f 为区间 I 上凸函数的充要条件是对 I 上任意三点 $x_1 < x_2 < x_3$, 恒有

$$\Delta = \begin{vmatrix} 1 & x_1 & f(x_1) \\ 1 & x_2 & f(x_2) \\ 1 & x_3 & f(x_3) \end{vmatrix} \geqslant 0;$$

(2) f 为严格凸函数的充要条件是 $\Delta > 0$.

B26. 应用 Jensen 不等式证明:

(1) 设 $a_i > 0 (i = 1, 2, \cdots, n)$, 有

$$\frac{n}{\dfrac{1}{a_1} + \dfrac{1}{a_2} + \cdots + \dfrac{1}{a_n}} \leqslant \sqrt[n]{a_1 a_2 \cdots a_n} \leqslant \frac{a_1 + a_2 + \cdots + a_n}{n};$$

(2) (Hölder 不等式) 设 $a_i, b_i > 0 (i = 1, 2, \cdots, n)$, $p, q > 1$, 且 $\dfrac{1}{p} + \dfrac{1}{q} = 1$, 则有

$$\sum_{i=1}^n a_i b_i \leqslant \left(\sum_{i=1}^n a_i^p\right)^{\frac{1}{p}} \left(\sum_{i=1}^n b_i^q\right)^{\frac{1}{q}}.$$

B27. 设 $f(x) = a_0 + a_1 x + \cdots + a_n x^n$ 是实系数多项式, 且其根均为实数, 证明: 对任意 $k = 1, 2, \cdots, n-1$, 多项式 $f^{(k)}(x)$ 的根均为实数.

C28. 若 f 在 (a, b) 内可导, 是否意味着 $f'(a+) = \lim\limits_{x \to a+} f'(x)$ 存在? 如果它存在, 是否意味着 f 在 a 点右可导? 如果 f 在 a 点右可导, 或右连续, 是否意味着 $f'_+(a) = f'(a+)$?

C29. 设 f 在 $[a, b]$ 上连续, 除有限个点外 $f(x)$ 可导.

(1) 若 $f'(x) > 0$, 证明 $f(x)$ 严格单调增加;

(2) 请给出 f 在 $[a, b]$ 上严格单调的充分必要条件.

C30. 设 f 在 $[a, b]$ 上连续, 在 (a, b) 内二阶可导, 且 $f''(x) \geqslant 0$, 请给出 f 在 $[a, b]$ 上严格凸的充分必要条件.

§5.2　Cauchy 中值定理与 L'Hospital 法则

§5.2.1　Cauchy 中值定理

上一节, 我们已经说明过 Lagrange 中值定理的几何意义: 连续曲线如其上除端点外任一点切线存在, 则必有与端点连线平行的切线. 现在如果我们将曲线用参数方程来表示: $x = g(t), y = f(t), t \in [a, b]$, 且假设 $g'(t) \neq 0, \forall t \in (a, b)$, 则由参数形式函数的导数公

式知道: $\dfrac{\mathrm{d}y}{\mathrm{d}x} = \dfrac{f'(t)}{g'(t)}, \forall t \in (a, b)$, 而曲线端点连线的斜率是 $\dfrac{f(b) - f(a)}{g(b) - g(a)}$, 于是参数形式的 Lagrange 中值定理为 $\dfrac{f'(\xi)}{g'(\xi)} = \dfrac{f(b) - f(a)}{g(b) - g(a)}$, 我们称之为 Cauchy 中值定理.

定理 5.2.1(Cauchy 中值定理) 设 f 和 g 都在 $[a, b]$ 上连续, 在 (a, b) 内可导, 且任给 $t \in (a, b), g'(t) \neq 0$. 则至少存在一点 $\xi \in (a, b)$, 使

$$\frac{f'(\xi)}{g'(\xi)} = \frac{f(b) - f(a)}{g(b) - g(a)}. \tag{5.2.1}$$

显然, 当 $g(t) = t$ 时, 上式即为 Lagrange 公式, 所以 Lagrange 中值定理是 Cauchy 中值定理的特殊情况. 下面我们用反函数求导法则来给出 Cauchy 中值定理的证明.

证明 由条件 $s = g(t)$ 在 (a, b) 内可导, 且 $g'(t)$ 在 (a, b) 内恒不为零, 则由 Darboux 定理知, $g'(t)$ 在 $[a, b]$ 上恒为正或恒为负, 因此 $g(t)$ 在 $[a, b]$ 上严格单调.

不妨设 $g(t)$ 在 $[a, b]$ 上严格单调递增. 记 $g(a) = \alpha, g(b) = \beta$, 由反函数存在定理、连续性定理和反函数求导法则, 在 $[\alpha, \beta]$ 上存在 $s = g(t)$ 的反函数 $t = g^{-1}(s)$, 且 $t = g^{-1}(s)$ 在 $[\alpha, \beta]$ 上严格单调增、连续, 在 (α, β) 内可导, 其导数为 $[g^{-1}(s)]' = \dfrac{1}{g'(t)}$.

考虑 $[\alpha, \beta]$ 上的复合函数 $F(s) = f(g^{-1}(s))$, 由定理条件和以上讨论即知, $F(s)$ 在 $[\alpha, \beta]$ 上满足 Lagrange 中值定理条件, 于是式 (5.1.4) 成立, 即存在 $\eta \in (\alpha, \beta)$, 使得

$$F'(\eta) = \frac{F(\beta) - F(\alpha)}{\beta - \alpha}. \tag{5.2.2}$$

而

$$F'(s) = (f(g^{-1}(s)))' = f'(g^{-1}(s)) \cdot [g^{-1}(s)]' = f'(t) \cdot \frac{1}{g'(t)}. \tag{5.2.3}$$

又

$$\frac{F(\beta) - F(\alpha)}{\beta - \alpha} = \frac{f(g^{-1}(\beta)) - f(g^{-1}(\alpha))}{\beta - \alpha} = \frac{f(b) - f(a)}{g(b) - g(a)},$$

由 $s = g(t)$ 和 $t = g^{-1}(s)$ 的关系, 在 (a, b) 中必存在一点 ξ 满足 $g(\xi) = \eta$, 于是由式 (5.2.3) 得

$$F'(\eta) = \frac{f'(\xi)}{g'(\xi)}.$$

由此就得到了定理结论. □

例 5.2.1 设函数 f 在 $[a, b]$ 上连续, 在 (a, b) 内可导, 其中 a, b 同号. 则存在 $\xi \in (a, b)$, 使

$$f(b) - f(a) = \xi f'(\xi) \ln \frac{b}{a}.$$

证明 设 $g(x) = \ln |x|$, 则 $g(x)$ 在 $[a, b]$ 上连续, 在 (a, b) 内可导, $g'(x) = \dfrac{1}{x}$, 由 Cauchy 中值定理, 存在 $\xi \in (a, b)$, 满足

$$\frac{f(a) - f(b)}{g(a) - g(b)} = \frac{f'(\xi)}{g'(\xi)},$$

即

$$f(b) - f(a) = \xi f'(\xi) \ln \frac{b}{a}. \qquad \square$$

§5.2.2 L'Hospital 法则

前面在讨论极限问题时经常遇到不定式的极限, 特别是 $\dfrac{0}{0}$ 型不定式和 $\dfrac{\infty}{\infty}$ 型不定式是最常见的, 有时也是比较难求的极限. 下面我们将用导数的方法来讨论不定式的极限.

设函数 $f(x), g(x)$ 在 $x = a$ 处可导, $f(a) = g(a) = 0$, 且 $g'(a) \neq 0$, 则有

$$\lim_{x \to a} \frac{f(x)}{g(x)} = \lim_{x \to a} \frac{\dfrac{f(x) - f(a)}{x - a}}{\dfrac{g(x) - g(a)}{x - a}} = \frac{f'(a)}{g'(a)}.$$

我们看到, 在一定的条件下, 其极限计算就转化为导数的计算, 但对很多分式函数以上条件不满足, 特别是 g 在 a 点不可微. 那么如何来解决呢? 本节中我们将利用微分中值定理在更弱的条件下给出非常有效的求不定式极限的方法. 它是由 Johann Bernoulli 首先得到的, 但因首次公开发表于 L'Hospital(洛必达) 在 1696 年出版的微积分教材中, 因此后来一直被称为 L'Hospital 法则.

1. $\dfrac{0}{0}$ 型不定式和 $\dfrac{\infty}{\infty}$ 型不定式

我们将分子分母都是无穷小量的分式函数称为 $\dfrac{0}{0}$ 型不定式, 简称 $\dfrac{0}{0}$ 型. 不定式极限除了 $\dfrac{0}{0}$ 型以外, 还有 $\dfrac{\infty}{\infty}$ 型、$0 \cdot \infty$ 型、$\infty \pm \infty$ 型、∞^0 型、1^∞ 型、0^0 型等几种. 我们先讨论如何求 $\dfrac{0}{0}$ 型和 $\dfrac{\infty}{\infty}$ 型的极限, 其余几种不定式的极限都可以化成这两种不定式的极限进行计算.

定理 5.2.2(L'Hospital 法则) 设函数 f 和 g 在 $(a, a+d]$ 上可导, 且 $g'(x) \neq 0$. 若

$$\lim_{x \to a^+} f(x) = \lim_{x \to a^+} g(x) = 0,$$

或

$$\lim_{x \to a^+} g(x) = \infty,$$

且 $\lim\limits_{x \to a^+} \dfrac{f'(x)}{g'(x)}$ 存在 (可以是有限数或 ∞), 则成立

$$\lim_{x \to a^+} \frac{f(x)}{g(x)} = \lim_{x \to a^+} \frac{f'(x)}{g'(x)}. \tag{5.2.4}$$

证明 这里仅对 $\lim\limits_{x \to a^+} \dfrac{f'(x)}{g'(x)} = A$ 为有限数的情况来证明.

先证明 $\lim\limits_{x \to a^+} f(x) = \lim\limits_{x \to a^+} g(x) = 0$ 的情况.

补充定义 $f(a) = g(a) = 0$, 则 $f(x)$ 和 $g(x)$ 在 $[a, a+d]$ 上连续, 进而在 $[a, a+d]$ 上满足 Cauchy 中值定理的条件, 故 $\forall x \in (a, a+d)$, $\exists \xi \in (a, x)$, 满足

$$\frac{f(x)}{g(x)} = \frac{f(x) - f(a)}{g(x) - g(a)} = \frac{f'(\xi)}{g'(\xi)}.$$

当 $x \to a+$ 时, 显然有 $\xi \to a+$. 于是两端令 $x \to a+$, 即有

$$\lim_{x \to a+} \frac{f(x)}{g(x)} = \lim_{\xi \to a+} \frac{f'(\xi)}{g'(\xi)} = \lim_{x \to a+} \frac{f'(x)}{g'(x)}.$$

下面证明 $\lim\limits_{x \to a+} g(x) = \infty$ 时的情况.

对任意 $x > a, x_0 > a, x \neq x_0$, 有

$$
\begin{aligned}
\frac{f(x)}{g(x)} &= \frac{f(x) - f(x_0)}{g(x)} + \frac{f(x_0)}{g(x)} \\
&= \frac{g(x) - g(x_0)}{g(x)} \cdot \frac{f(x) - f(x_0)}{g(x) - g(x_0)} + \frac{f(x_0)}{g(x)} \\
&= \left[1 - \frac{g(x_0)}{g(x)} \right] \frac{f(x) - f(x_0)}{g(x) - g(x_0)} + \frac{f(x_0)}{g(x)}.
\end{aligned}
$$

于是,

$$
\begin{aligned}
\left| \frac{f(x)}{g(x)} - A \right| &= \left| \left[1 - \frac{g(x_0)}{g(x)} \right] \frac{f(x) - f(x_0)}{g(x) - g(x_0)} + \frac{f(x_0)}{g(x)} - A \right| \\
&\leqslant \left| 1 - \frac{g(x_0)}{g(x)} \right| \cdot \left| \frac{f(x) - f(x_0)}{g(x) - g(x_0)} - A \right| + \left| \frac{f(x_0) - Ag(x_0)}{g(x)} \right|.
\end{aligned}
$$

因为 $\lim\limits_{x \to a+} \dfrac{f'(x)}{g'(x)} = A$, 所以对于任意 $\varepsilon > 0$, 存在 $\rho > 0$ ($\rho < d$), 当 $0 < x - a < \rho$ 时,

$$
\left| \frac{f'(x)}{g'(x)} - A \right| < \varepsilon.
$$

取 $x_0 = a + \rho$, 由 Cauchy 中值定理, $\forall x \in (a, x_0)$, $\exists \xi \in (x, x_0) \subset (a, a+\rho)$ 满足

$$
\frac{f(x) - f(x_0)}{g(x) - g(x_0)} = \frac{f'(\xi)}{g'(\xi)},
$$

于是得到

$$
\left| \frac{f(x) - f(x_0)}{g(x) - g(x_0)} - A \right| = \left| \frac{f'(\xi)}{g'(\xi)} - A \right| < \varepsilon.
$$

又因为 $\lim\limits_{x \to a+} g(x) = \infty$, 所以可以找到正数 $\delta < \rho$, 当 $0 < x - a < \delta$ 时, 成立

$$
\left| 1 - \frac{g(x_0)}{g(x)} \right| < 2, \qquad \left| \frac{f(x_0) - Ag(x_0)}{g(x)} \right| < \varepsilon.
$$

综上所述, 即知对于任意 $\varepsilon > 0$, 存在 $\delta > 0$, 当 $0 < x - a < \delta$ 时,

$$
\begin{aligned}
\left| \frac{f(x)}{g(x)} - A \right| &\leqslant \left| 1 - \frac{g(x_0)}{g(x)} \right| \cdot \left| \frac{f(x) - f(x_0)}{g(x) - g(x_0)} - A \right| + \left| \frac{f(x_0) - Ag(x_0)}{g(x)} \right| \\
&< 2\varepsilon + \varepsilon = 3\varepsilon,
\end{aligned}
$$

所以

$$
\lim_{x \to a+} \frac{f(x)}{g(x)} = A = \lim_{x \to a+} \frac{f'(x)}{g'(x)}.
$$

$\square$

注 5.2.1　（1）以上结论在 $x \to a-$、$x \to a$ 或 $x \to \infty$（包括 $+\infty$ 和 $-\infty$）时都是成立的.

（2）若使用了 L'Hospital 法则之后, 所得到的 $\lim\limits_{x \to a+} \dfrac{f'(x)}{g'(x)}$ 仍是 $\dfrac{0}{0}$ 型或 $\dfrac{\infty}{\infty}$ 型, 并且函数 $f'(x)$ 和 $g'(x)$ 依然满足定理 5.2.2 的条件, 那么可以再次使用 L'Hospital 法则. 依此类推, 直到求出极限为止.

（3）值得注意的是, 只有当 $x \to a+$ 时, $\dfrac{f'(x)}{g'(x)}$ 的极限存在, 方可使用 L'Hospital 法则计算 $\lim\limits_{x \to a+} \dfrac{f(x)}{g(x)}$; 但若 $x \to a+$ 时, $\dfrac{f'(x)}{g'(x)}$ 的极限不存在, 则不能由此断言 $\dfrac{f(x)}{g(x)}$ 的极限一定不存在. 对其他极限过程也是如此.

例如: 在 $x \to \infty$ 时, $\dfrac{x + \cos x}{x}$ 的极限显然等于 1. 它是 $\dfrac{\infty}{\infty}$ 型, 但 $x \to \infty$ 时, $\dfrac{(x + \cos x)'}{x'} = 1 - \sin x$ 的极限不存在.

例 5.2.2　求极限 $\lim\limits_{x \to 0} \dfrac{x - \sin x}{x^3}$.

解　这是 $\dfrac{0}{0}$ 型, 因为

$$\frac{(x - \sin x)'}{(x^3)'} = \frac{1 - \cos x}{3x^2} \to \frac{1}{6}, \quad \text{当} x \to 0,$$

所以由 L'Hospital 法则有

$$\lim_{x \to 0} \frac{x - \sin x}{x^3} = \lim_{x \to 0} \frac{1 - \cos x}{3x^2} = \frac{1}{6}.$$

例 5.2.3　求极限 $\lim\limits_{x \to 0} \dfrac{\mathrm{e}^x - (1 + 2x)^{\frac{1}{2}}}{\ln(1 + x^2)}$.

解　这是 $\dfrac{0}{0}$ 型, 因为当 $x \to 0$ 时, $\ln(1 + x^2) \sim x^2$, 由 L'Hospital 法则, 有

$$\begin{aligned}
\lim_{x \to 0} \frac{\mathrm{e}^x - (1 + 2x)^{\frac{1}{2}}}{\ln(1 + x^2)} &= \lim_{x \to 0} \frac{\mathrm{e}^x - (1 + 2x)^{\frac{1}{2}}}{x^2} \\
&= \lim_{x \to 0} \frac{\mathrm{e}^x - (1 + 2x)^{-\frac{1}{2}}}{2x} \\
&= \lim_{x \to 0} \frac{\mathrm{e}^x + (1 + 2x)^{-\frac{3}{2}}}{2} \\
&= 1.
\end{aligned}$$

例 5.2.4　（1）设 n 为自然数, 证明 $\lim\limits_{x \to +\infty} \dfrac{x^n}{\mathrm{e}^x} = 0$;

（2）设 $a > 1, \alpha > 0$, 证明 $\lim\limits_{x \to +\infty} \dfrac{x^\alpha}{a^x} = 0$.

证明　（1）这是 $\dfrac{\infty}{\infty}$ 型, 反复使用 L'Hospital 法则 n 次, 有

$$\lim_{x \to +\infty} \frac{x^n}{\mathrm{e}^x} = \lim_{x \to +\infty} \frac{nx^{n-1}}{\mathrm{e}^x} = \lim_{x \to +\infty} \frac{n(n-1)x^{n-2}}{\mathrm{e}^x} = \cdots = \lim_{x \to +\infty} \frac{n!}{\mathrm{e}^x} = 0.$$

(2) 这也是 $\dfrac{\infty}{\infty}$ 型, 是 (1) 的一般情况. 不妨设 $[\alpha] = n < \alpha$, 反复使用 L'Hospital 法则 $n+1$ 次, 即有

$$\lim_{x \to +\infty} \frac{x^\alpha}{a^x} = \lim_{x \to +\infty} \frac{\alpha \cdot x^{\alpha-1}}{a^x \cdot \ln a} = \lim_{x \to +\infty} \frac{\alpha(\alpha - 1) \cdot x^{\alpha-2}}{a^x \cdot \ln^2 a}$$
$$= \cdots = \lim_{x \to +\infty} \frac{\alpha(\alpha - 1)(\alpha - 2) \cdots (\alpha - n)}{x^{n+1-\alpha} \cdot a^x \cdot \ln^n a} = 0.$$

由此可知, 对 $a > 1, \alpha > 0$, 当 $x \to +\infty$ 时, 指数函数 $y = a^x$ 是比幂函数 $y = x^\alpha$ 高阶的无穷大 (也可参见例 3.2.2).

例 5.2.5 求 $\lim\limits_{x \to 0+} \dfrac{\ln \sin mx}{\ln \sin nx}, m, n > 0.$

解 这是 $\dfrac{\infty}{\infty}$ 型, 由 L'Hospital 法则, 有

$$\lim_{x \to 0+} \frac{\ln \sin mx}{\ln \sin nx} = \lim_{x \to 0+} \frac{m \cos mx \sin nx}{n \cos nx \sin mx},$$

由于

$$\lim_{x \to 0+} \frac{\sin nx}{\sin mx} = \frac{n}{m},$$

所以

$$\lim_{x \to 0+} \frac{\ln \sin mx}{\ln \sin nx} = 1.$$

由此可见, 该极限与正数 m, n 无关.

例 5.2.6 证明: (1) $\lim\limits_{x \to +\infty} \dfrac{\ln x}{x^\alpha} = 0 (\alpha > 0)$; (2) $\lim\limits_{x \to +\infty} \dfrac{a^x}{x^x} = 0 \ (0 < a \neq 1).$

证明 (1) 这是 $\dfrac{\infty}{\infty}$ 型, 由 L'Hospital 法则, 有

$$\lim_{x \to +\infty} \frac{\ln x}{x^\alpha} = \lim_{x \to +\infty} \frac{1}{\alpha x^\alpha} = 0.$$

(2) $\lim\limits_{x \to +\infty} \dfrac{a^x}{x^x} = \mathrm{e}^{\lim\limits_{x \to +\infty} x \ln \frac{a}{x}}$, 而

$$\lim_{x \to +\infty} x \ln \frac{a}{x} = -\lim_{x \to +\infty} x \ln \frac{x}{a} = -\infty,$$

故有 $\lim\limits_{x \to +\infty} \dfrac{a^x}{x^x} = 0.$ □

2. 可化为 $\dfrac{0}{0}$ 型或 $\dfrac{\infty}{\infty}$ 型的极限

除 $\dfrac{0}{0}$ 型或 $\dfrac{\infty}{\infty}$ 型的极限外, 不定式的类型还包括: $0 \cdot \infty$ 型, $\infty - \infty$ 型, ∞^0 型, 1^∞ 型, 0^0 型等. 人们通常将它们化为 $\dfrac{0}{0}$ 型或 $\dfrac{\infty}{\infty}$ 型来计算.

A. $0 \cdot \infty$ 型转化为 $0 \cdot \dfrac{1}{0}$ 型, 即 $\dfrac{0}{0}$ 型或 $\dfrac{1}{\infty} \cdot \infty$, 即 $\dfrac{\infty}{\infty}$ 型.

例 5.2.7 设 $\alpha > 0$, 求极限 $\lim\limits_{x \to 0+} x^\alpha \ln x.$

解 $\lim\limits_{x \to 0+} x^\alpha \ln x = \lim\limits_{x \to 0+} \dfrac{\ln x}{x^{-\alpha}} = \lim\limits_{x \to 0+} \dfrac{1}{-\alpha x^{-\alpha}} = 0.$

这说明 $x \to 0+$ 时, x^α 是 $\dfrac{1}{\ln x}$ 的高阶无穷小.

例 5.2.8　求 $\lim\limits_{x\to\infty} x\ln\left(\dfrac{x+a}{x-a}\right)$.

解

$$\lim_{x\to\infty} x\ln\frac{x+a}{x-a} = \lim_{x\to\infty}\frac{\ln\dfrac{x+a}{x-a}}{\dfrac{1}{x}} = \lim_{x\to\infty}\frac{\dfrac{2a}{(x-a)(x+a)}}{-\dfrac{1}{x^2}}$$

$$= \lim_{x\to\infty} -\frac{2ax^2}{(x+a)(x-a)} = -2a.$$

B. $\infty-\infty$ 型, 转化为 $\dfrac{1}{0}-\dfrac{1}{0}$ 型, 通分后再转化为 $\dfrac{0}{0}$ 型.

例 5.2.9　$\lim\limits_{x\to 1}\left(\dfrac{1}{\ln x}-\dfrac{1}{x-1}\right)$.

解

$$\lim_{x\to 1}\left(\frac{1}{\ln x}-\frac{1}{x-1}\right) = \lim_{x\to 1}\frac{(x-1)-\ln x}{(x-1)\ln x} = \lim_{x\to 1}\frac{(x-1)-\ln x}{(x-1)^2} = \lim_{x\to 1}\frac{1-\dfrac{1}{x}}{2(x-1)} = \frac{1}{2}.$$

C. ∞^0 型、1^∞ 型、0^0 型等, 由对数恒等式 $f(x)^{g(x)} = e^{g(x)\ln f(x)}$, 可转化为 $0\cdot\infty$ 型.

例 5.2.10　证明 $\lim\limits_{x\to 0^+}(1+e^{\frac{1}{x}})^{2x} = e^2$.

证明　这是 ∞^0 型. 由于 $(1+e^{\frac{1}{x}})^{2x} = e^{2x\ln(1+e^{\frac{1}{x}})}$, 而

$$\lim_{x\to 0^+} x\ln(1+e^{\frac{1}{x}}) = \lim_{x\to +\infty}\frac{\ln(1+e^x)}{x} = \lim_{x\to +\infty}\frac{e^x}{1+e^x} = 1,$$

故 $\lim\limits_{x\to 0^+}(1+e^{\frac{1}{x}})^{2x} = e^2$.　□

例 5.2.11　证明 $\lim\limits_{x\to 0^+}(\sin x)^x = 1$.

证明　这是 0^0 型. 因为 $(\sin x)^x = e^{x\ln(\sin x)}$, 而

$$\lim_{x\to 0^+} x\ln(\sin x) = \lim_{x\to 0^+}\frac{\ln(\sin x)}{\dfrac{1}{x}} = \lim_{x\to 0^+}\frac{\dfrac{1}{\sin x}\cdot\cos x}{-\dfrac{1}{x^2}} = \lim_{x\to 0^+}(-x\cos x) = 0,$$

故 $\lim\limits_{x\to 0^+}(\sin x)^x = 1$.　□

例 5.2.12　计算 $\lim\limits_{x\to 0}\left(\dfrac{\sin x}{x}\right)^{\frac{1}{x^2}}$.

证明　这是 1^∞ 型. 因为 $\left(\dfrac{\sin x}{x}\right)^{\frac{1}{x^2}} = e^{\frac{1}{x^2}\ln\frac{\sin x}{x}}$, 而

$$\lim_{x\to 0}\frac{1}{x^2}\ln\frac{\sin x}{x} = \lim_{x\to 0}\frac{\dfrac{\cos x}{\sin x}-\dfrac{1}{x}}{2x}$$

$$= \lim_{x\to 0}\frac{x\cos x-\sin x}{2x^2\sin x} = \lim_{x\to 0}\frac{x\cos x-\sin x}{2x^3}$$

$$= \lim_{x\to 0}\frac{-x\sin x}{6x^2} = -\frac{1}{6}.$$

故 $\lim\limits_{x\to 0}\left(\dfrac{\sin x}{x}\right)^{\frac{1}{x^2}} = \mathrm{e}^{-\frac{1}{6}}$. □

注 5.2.2 应用 L'Hospital 法则要注意

(1) 不是 $\dfrac{0}{0}$ 型或 $\dfrac{\infty}{\infty}$ 型不定式, 不能直接用 L'Hospital 法则. 例如, 考虑极限

$$\lim_{x\to\frac{\pi}{2}}\frac{1+\sin x}{1-\cos x}.$$

若贸然使用 L'Hospital 法则, 则得到

$$\lim_{x\to\frac{\pi}{2}}\frac{1+\sin x}{1-\cos x} = \lim_{x\to\frac{\pi}{2}}\frac{\cos x}{\sin x} = 0,$$

但由初等函数的连续性易得

$$\lim_{x\to\frac{\pi}{2}}\frac{1+\sin x}{1-\cos x} = \frac{1+\sin\dfrac{\pi}{2}}{1-\cos\dfrac{\pi}{2}} = 2.$$

这说明在本例中不能使用 L'Hospital 法则, 因为所求极限既不是 $\dfrac{0}{0}$ 型, 也不是 $\dfrac{\infty}{\infty}$ 型.

(2) 对某些数列极限, 可以先转化为函数极限, 再用 L'Hospital 法则.

例 5.2.13 证明: $\lim\limits_{n\to\infty} n^3\mathrm{e}^{-n^2} = 0$.

证明 因为

$$\lim_{x\to\infty}\frac{x^3}{\mathrm{e}^{x^2}} = \lim_{x\to+\infty}\frac{3x^2}{2x\mathrm{e}^{x^2}} = \lim_{x\to+\infty}\frac{3}{4x\mathrm{e}^{x^2}} = 0,$$

所以

$$\lim_{n\to\infty} n^3\mathrm{e}^{-n^2} = \lim_{x\to+\infty} x^3\mathrm{e}^{-x^2} = 0.$$

□

习 题 5.2

A1. 试问函数 $f(x) = x^2, g(x) = x^3$ 在区间 $[-1,1]$ 上能否应用 Cauchy 中值定理得到相应的结论, 为什么?

A2. 设 $b > a > 0$, 函数 f 在 $[a,b]$ 上可导. 证明: 存在 $\xi \in (a,b)$, 使得

$$2\xi[f(b) - f(a)] = (b^2 - a^2)f'(\xi).$$

若 $0 \in [a,b]$, 问上述结论是否成立?

A3. 设 a,b 同号, 函数 f 在 $[a,b]$ 上可导. 证明: 存在 $\xi \in (a,b)$, 使得

$$f(b) - f(a) = \xi f'(\xi)\ln\frac{b}{a}.$$

A4. 求下列不定式极限:

(1) $\lim\limits_{x\to 0}\dfrac{\mathrm{e}^x - 1}{\arcsin x}$;

(2) $\lim\limits_{x\to 0}\dfrac{x^2\sin\frac{1}{x}}{\sin x}$;

(3) $\lim\limits_{x\to 0}\dfrac{\ln(1+x) - x}{\cos x - 1}$;

(4) $\lim\limits_{x\to 0+}\dfrac{\ln\cot x}{\ln x}$;

(5) $\lim\limits_{x \to 1} \dfrac{\ln \cos(x-1)}{1-x}$;

(6) $\lim\limits_{x \to \frac{\pi}{2}} \dfrac{\tan x}{\tan 3x + 5}$;

(7) $\lim\limits_{x \to 0} \dfrac{(1+x)^{\frac{1}{x}} - \mathrm{e}}{x}$;

(8) $\lim\limits_{x \to 0} \dfrac{x\mathrm{e}^x - \ln(1+x)}{x^2}$.

A5. 求下列不定式极限:

(1) $\lim\limits_{x \to 0} \left(\dfrac{1}{x^2} - \dfrac{1}{\sin^2 x} \right)$;

(2) $\lim\limits_{x \to +\infty} (\pi - 2\arctan x) \ln x$;

(3) $\lim\limits_{x \to 0+} x^{\sin x}$;

(4) $\lim\limits_{x \to \frac{\pi}{4}} (\tan x)^{\tan 2x}$;

(5) $\lim\limits_{x \to 0} \left(\dfrac{\ln(1+x)^{(1+x)}}{x^2} - \dfrac{1}{x} \right)$;

(6) $\lim\limits_{x \to 0} \left(\cot x - \dfrac{1}{x} \right)$;

(7) $\lim\limits_{x \to 0} \left(\dfrac{1}{x} - \dfrac{1}{\mathrm{e}^x - 1} \right)$;

(8) $\lim\limits_{x \to 1-} \left(\dfrac{\pi}{4} - \arctan x \right)^{\frac{1}{\ln x}}$;

(9) $\lim\limits_{x \to 0+} (\tan x)^{\frac{1}{x}}$;

(10) $\lim\limits_{x \to 1} x^{\frac{1}{1-x}}$;

(11) $\lim\limits_{x \to 0} (1 + x^2)^{\frac{1}{x}}$;

(12) $\lim\limits_{x \to 0+} \sin x \ln x$;

(13) $\lim\limits_{x \to 0} \left(\dfrac{\tan x}{x} \right)^{\frac{1}{x^2}}$;

(14) $\lim\limits_{x \to 1-} (1 - x^2)^{\frac{1}{\ln(1-x)}}$.

A6. 设函数 f 在点 a 处有二阶导数. 证明:

$$\lim_{h \to 0} \frac{f(a+h) + f(a-h) - 2f(a)}{h^2} = f''(a).$$

A7. 设函数 f 在点 a 的某个邻域二阶可导. 证明对充分小的 h, 存在 $\theta, 0 < \theta < 1$, 使得

$$\frac{f(a+h) + f(a-h) - 2f(a)}{h^2} = \frac{f''(a+\theta h) + f''(a-\theta h)}{2}.$$

B8. 设 $f(0) = 0$, 且 $f'(0)$ 存在. 证明:

$$\lim_{x \to 0+} x^{f(x)} = 1.$$

B9. 设 $b > a > 0$, 函数 $f(x)$ 在 $[a, b]$ 上可微. 证明

(1) 存在 $\xi \in (a, b)$, 使得

$$\frac{1}{a-b} \begin{vmatrix} a & b \\ f(a) & f(b) \end{vmatrix} = f(\xi) - \xi f'(\xi).$$

(2) 存在 $\xi \in (a, b)$, 使得

$$\frac{ab}{a-b} \begin{vmatrix} a & b \\ f(b) & f(a) \end{vmatrix} = \xi^2 [f(\xi) + \xi f'(\xi)].$$

B10. 证明定理 5.2.2 中 $\lim\limits_{x \to a+} \dfrac{f'(x)}{g'(x)} = \infty$ 情形时的洛必达法则.

B11. 证明: $f(x) = x^3 \mathrm{e}^{-x^2}$ 为有界函数.

§5.3   Taylor 公式

根据微分学的基本思想, 可微函数局部地可以用线性函数来近似, 从几何的角度, 即用直线 (切线) 去近似曲线, 但直线与曲线还有很大的误差. 是否能用其他相对简单的函

数更好地逼近可微函数呢? 线性函数是一次函数, 作为其推广, 多项式也具有形式简单、易于计算的特点. 本节中, 我们将学习函数的多项式逼近问题, 主要结果是 Taylor 定理, 它是 Taylor (泰勒, 1685~1731 年) 早在 1712 年以前得到的, 但其重要价值一直未得到重视, 直到 1755 年 Euler 将其应用于微分学的研究, 稍后 Lagrange 用带余项的 Taylor 公式作为其函数理论的基础, Taylor 公式的重要性才得到承认. 后来有人甚至称 "Taylor 定理是一元微分学的顶峰", 因为凡是能用一元微分学中其他理论解决的问题几乎都能用 Taylor 定理来解决. 希望大家在学习中注意总结体会.

§5.3.1 带 Peano 型余项的 Taylor 公式

如果函数 $f(x)$ 在 x_0 点可微, 则

$$f(x) = f(x_0) + f'(x_0)(x - x_0) + o(x - x_0),$$

即 $f(x)$ 局部地可以用线性函数 $f(x_0) + f'(x_0)(x - x_0)$ 近似表示, 其误差 $o(x - x_0)$ 是 $x - x_0$ 的高阶无穷小, 如果我们期望误差更小, 即希望误差的阶数更高, 例如是 $(x - x_0)^2$ 的高阶无穷小, 能否做到? 注意到

$$o(x - x_0) = f(x) - f(x_0) - f'(x_0)(x - x_0),$$

如果进一步假设 $f(x)$ 在 x_0 点二阶可微, 则由 L'Hospital 法则和二阶导数的定义, 有

$$\lim_{x \to x_0} \frac{f(x) - f(x_0) - f'(x_0)(x - x_0)}{(x - x_0)^2} = \frac{1}{2} f''(x_0),$$

因此, 此时的 $o(x - x_0)$ 至少是 $(x - x_0)$ 的二阶无穷小, 且还有

$$f(x) = f(x_0) + f'(x_0)(x - x_0) + \frac{1}{2} f''(x_0)(x - x_0)^2 + o((x - x_0)^2),$$

即将 $f(x)$ 用一个二次多项式来近似, 它比线性形式的一阶近似要更精确, 因为现在的误差是二阶无穷小. 依此类推, 我们即可以得到下面的所谓 n 阶的 Taylor 公式.

定理 5.3.1(带 Peano 型余项的 Taylor 公式) 设 $f(x)$ 在 x_0 有 n 阶导数, 则存在 x_0 的一个邻域, 对于该邻域中的任一点 x, 成立

$$f(x) = f(x_0) + f'(x_0)(x - x_0) + \frac{f''(x_0)}{2}(x - x_0)^2 + \cdots + \frac{f^{(n)}(x_0)}{n!}(x - x_0)^n + r_n(x), \quad (5.3.1)$$

其中余项 $r_n(x)$ 满足

$$r_n(x) = o((x - x_0)^n) \ (x \to x_0), \quad (5.3.2)$$

公式 (5.3.1) 称为 $f(x)$ 在 $x = x_0$ 处的带 **Peano 余项的** n **阶 Taylor 公式**, 其前 $n + 1$ 项组成的 n 次多项式

$$P_n(x) = f(x_0) + f'(x_0)(x - x_0) + \frac{f''(x_0)}{2!}(x - x_0)^2 + \cdots + \frac{f^{(n)}(x_0)}{n!}(x - x_0)^n \quad (5.3.3)$$

称为 $f(x)$ 的 n **次 Taylor 多项式**, 余项 $r_n(x) = o((x - x_0)^n) \ (x \to x_0)$ 称为 **Peano 型余项**.

证明　令 $r_n(x) = f(x) - \sum\limits_{k=0}^{n} \frac{1}{k!} f^{(k)}(x_0)(x-x_0)^k$, 下面只要证 $r_n(x) = o((x-x_0)^n)$ $(x \to x_0)$.

因为 $f(x)$ 在 x_0 点存在 n 阶导数, 故 $f^{(k)}(x), k=1,2,\cdots,n-1$, 在 x_0 的某邻域内连续, 且显然有

$$r_n(x_0) = r_n'(x_0) = r_n''(x_0) = \cdots = r_n^{(n-1)}(x_0) = 0.$$

$$r_n^{(n-1)}(x) = f^{(n-1)}(x) - f^{(n-1)}(x_0) - f^{(n)}(x_0)(x-x_0).$$

反复应用 L'Hospital 法则 $(n-1$ 次$)$ 以及 n 阶导数的定义, 可得

$$\lim_{x\to x_0} \frac{r_n(x)}{(x-x_0)^n} = \lim_{x\to x_0} \frac{r'_n(x)}{n(x-x_0)^{n-1}}$$

$$= \lim_{x\to x_0} \frac{r''_n(x)}{n(n-1)(x-x_0)^{n-2}} = \cdots$$

$$= \lim_{x\to x_0} \frac{r_n^{(n-1)}(x)}{n(n-1)\cdots 2\cdot(x-x_0)}$$

$$= \frac{1}{n!} \lim_{x\to x_0} \left[\frac{f^{(n-1)}(x) - f^{(n-1)}(x_0) - f^{(n)}(x_0)(x-x_0)}{x-x_0} \right]$$

$$= \frac{1}{n!} \lim_{x\to x_0} \left[\frac{f^{(n-1)}(x) - f^{(n-1)}(x_0)}{x-x_0} - f^{(n)}(x_0) \right]$$

$$= \frac{1}{n!} \left[f^{(n)}(x_0) - f^{(n)}(x_0) \right] = 0,$$

因此

$$r_n(x) = o((x-x_0)^n) \ (x \to x_0).$$

□

§5.3.2　带 Lagrange 型余项的 Taylor 公式

显然, 带 Peano 型余项的 Taylor 公式是可微概念的推广, 但它只是定性地告诉我们, 当 $x \to x_0$ 时, $f(x)$ 与其 n 次 Taylor 多项式 $P_n(x)$ 的误差 $r_n(x)$ 是 $(x-x_0)^n$ 的高阶无穷小, 因此这个公式只是对余项无穷小阶数的一个刻画, 这种刻画只在 x 充分靠近 x_0 时才有效, 对其他的 x 则没有提供任何信息. 下面给出所谓带 Lagrange 型余项的 Taylor 公式. 作为 Lagrange 中值定理的推广, 它将弥补上述缺陷.

我们先重新来看 $n=2$ 时的 Peano 型余项

$$r_2(x) = f(x) - f(x_0) - f'(x_0)(x-x_0) - \frac{1}{2}f''(x_0)(x-x_0)^2 = o((x-x_0)^2) \ (x \to x_0),$$

它是高于二阶的无穷小, 如果假设 f 具有三阶的可微性, 并注意到 $r_2(x_0) = 0$, 则由 Cauchy 中值定理知, 存在介于 x 和 x_0 之间的 η, 使得

$$\frac{r_2(x)}{(x-x_0)^3} = \frac{f'(\eta) - f'(x_0) - f''(x_0)(\eta-x_0)}{3(\eta-x_0)^2},$$

对等式右边再次应用 Cauchy 中值定理, 存在介于 η 和 x_0 之间的 ζ, 使得

$$\frac{r_2(x)}{(x-x_0)^3} = \frac{f''(\zeta) - f''(x_0)}{6(\zeta - x_0)},$$

对上式右边第三次应用 Cauchy 中值定理, 存在介于 ζ 和 x_0 之间的 ξ, 使得

$$\frac{r_2(x)}{(x-x_0)^3} = \frac{f'''(\xi)}{6},$$

即 $r_2(x) = \dfrac{1}{3!} f'''(\xi)(x-x_0)^3$, 亦即

$$f(x) = f(x_0) + f'(x_0)(x-x_0) + \frac{1}{2}f''(x_0)(x-x_0)^2 + \frac{1}{3!}f'''(\xi)(x-x_0)^3,$$

一般地, 我们可得到一种带定量余项的 Taylor 公式.

定理 5.3.2(带 Lagrange 型余项的 Taylor 公式) 设 $f(x)$ 在 $[x_0, x_0+\delta]$ 上具有 n 阶连续导数, 在 $(x_0, x_0+\delta)$ 内有 $n+1$ 阶导数, 其中 $\delta > 0$. 则 $\forall x \in [x_0, x_0+\delta]$, 公式 (5.3.1) 成立, 即

$$f(x) = P_n(x) + r_n(x), \tag{5.3.4}$$

其中 $P_n(x)$ 是 $f(x)$ 的 n 次Taylor 多项式, 而 $r_n(x)$ 有如下表达式:

$$r_n(x) = \frac{f^{(n+1)}(\xi)}{(n+1)!}(x-x_0)^{n+1}, \ \xi \in (x_0, x). \tag{5.3.5}$$

对 x_0 的左邻域 $[x_0 - \delta, x_0]$ 有类似结果.

形如式 (5.3.5) 的余项称为 **Lagrange 型余项**, 此时称 Taylor 公式 (5.3.4) 为 $f(x)$ 在 $x = x_0$ 处的**带 Lagrange 型余项的 (n 阶)Taylor 公式**.

证明 引进新变量 t 代替 x_0, 作辅助函数

$$G(t) = f(x) - \sum_{k=0}^{n} \frac{1}{k!} f^{(k)}(t)(x-t)^k \text{ 和 } H(t) = (x-t)^{n+1},$$

那么只需要证明, 存在 $\xi \in (x_0, x_0+\delta)$, 使得

$$\frac{G(x_0)}{H(x_0)} = \frac{f^{(n+1)}(\xi)}{(n+1)!}.$$

显然, $G(t)$ 和 $H(t)$ 在 $[x_0, x]$ 上连续, 在 (x_0, x) 内可导,

$$G'(t) = -\frac{f^{(n+1)}(t)}{n!}(x-t)^n, \ H'(t) = -(n+1)(x-t)^n.$$

$H'(t)$ 在 (x_0, x) 上不等于零, 且 $G(x) = H(x) = 0$. 由 Cauchy 中值定理可得

$$\frac{G(x_0)}{H(x_0)} = \frac{G(x) - G(x_0)}{H(x) - H(x_0)} = \frac{G'(\xi)}{H'(\xi)} = \frac{f^{(n+1)}(\xi)}{(n+1)!}, \xi \in (x_0, x).$$

$\square$

特别地, 当 $n = 0$ 时, 带 Lagrange 型余项的 Taylor 公式为

$$f(x) = f(x_0) + f'(\xi)(x - x_0),$$

即得 Lagrange 中值定理. 所以带 Lagrange 型余项的 Taylor 公式可以看作是 Lagrange 中值定理的推广.

注 5.3.1　若 $f^{(n+1)}(x)$ 在 x_0 点局部有界, 则Lagrange 型余项 $r_n(x)$ 必是 $o((x-x_0)^n)$ 的高阶无穷小, 此时带Lagrange 型余项的Taylor 公式蕴含带Peano 型余项的Taylor 公式, 即定理 5.3.2 的结论强于定理 5.3.1, 但定理 5.3.1 的条件弱于定理 5.3.2.

特别地, $x_0 = 0$ 时的 Taylor 公式又称为 **Maclaurin 公式**, (尽管它并非由 Maclaurin(麦克劳林) 首先得到的, Taylor 和 Stirling (斯特林) 都曾先得到过该公式), 其一般形式是

$$f(x) = f(0) + f'(0)x + \frac{f''(0)}{2}x^2 + \cdots + \frac{f^{(n)}(0)}{n!}x^n + r_n(x), \qquad (5.3.6)$$

其中 $r_n(x)$ 余项, 它的 Peano 和 Lagrange 形式分别为

$$r_n(x) = o(x^n), \ r_n(x) = \frac{f^{(n+1)}(\xi)}{(n+1)!}x^{n+1}(\xi 在 \ x \ 和 \ 0 \ 之间).$$

记 $\xi = \theta x$, $\theta \in (0,1)$, 因此, 带 Lagrange 型余项的 Maclaurin 公式为

$$f(x) = f(0) + f'(0)x + \frac{f''(0)}{2}x^2 + \cdots + \frac{f^{(n)}(0)}{n!}x^n + \frac{f^{(n+1)}(\theta x)}{(n+1)!}x^{n+1}, \theta \in (0,1). \quad (5.3.7)$$

§5.3.3　几个常见函数的 Maclaurin 公式

本小节, 我们将具体求出一些最常见的初等函数的 Maclaurin 公式, 这些公式今后将经常用到.

例 5.3.1　求 $f(x) = \mathrm{e}^x$ 的带Lagrange 余项的Maclaurin公式.

解　对函数 $f(x) = \mathrm{e}^x$ 有

$$f(x) - f'(x) = f''(x) = \cdots = f^{(n)}(x) = \mathrm{e}^x,$$

于是

$$f(0) = f'(0) = f''(0) = \cdots = f^{(n)}(0) = 1,$$

因此, e^x 在 $x = 0$ 处的 Taylor 公式

$$\mathrm{e}^x = 1 + x + \frac{x^2}{2!} + \frac{x^3}{3!} + \cdots + \frac{x^n}{n!} + \frac{\mathrm{e}^{\theta x}}{(n+1)!}x^{n+1}, \theta \in (0,1), \ x \in \mathbb{R}. \qquad (5.3.8)$$

例 5.3.2　求 $f(x) = \ln(1+x)$ 带Lagrange 余项的Maclaurin公式.

解

$$\forall x > -1, \ f^{(n)}(x) = [\ln(1+x)]^{(n)} = \frac{(-1)^{n-1}(n-1)!}{(1+x)^n}.$$

特别地,

$$f^{(n)}(0) = (-1)^{n-1}(n-1)!,$$

因此可得 $\ln(1+x)$ 在 $x = 0$ 处的带 Lagrange 余项的 Taylor 公式为

$$\ln(1+x) = x - \frac{x^2}{2} + \cdots + (-1)^{n-1}\frac{x^n}{n} + \frac{(-1)^n}{(n+1)(1+\theta x)^{n+1}}x^{n+1}, \ x > -1, \ \theta \in (0,1). \quad (5.3.9)$$

例 5.3.3 求 $f(x) = \sin x$ 和 $\cos x$ 的Maclaurin公式.

解 先考虑 $f(x) = \sin x$. 由于对 $k = 0, 1, 2, \cdots$, 有

$$f^{(k)}(x) = \sin\left(x + \frac{k}{2}\pi\right),$$

于是

$$f^{(k)}(0) = \begin{cases} 0, & k = 2n, \\ (-1)^n, & k = 2n+1, \end{cases}$$

因此 $\sin x$ 的Maclaurin公式为

$$\sin x = x - \frac{x^3}{3!} + \frac{x^5}{5!} - \cdots + (-1)^n \frac{x^{2n+1}}{(2n+1)!} + r_{2n+2}(x), \ x \in \mathbb{R}. \quad (5.3.10)$$

其中,

$$r_{2n+2}(x) = o(x^{2n+2}), \text{或} \ r_{2n+2}(x) = \frac{x^{2n+3}}{(2n+3)!}\sin\left(\theta x + \frac{2n+3}{2}\pi\right), \ \theta \in (0,1). \quad (5.3.11)$$

同样有

$$\cos x = 1 - \frac{x^2}{2!} + \frac{x^4}{4!} - \cdots + (-1)^n \frac{x^{2n}}{(2n)!} + r_{2n+1}(x), \ x \in \mathbb{R}, \quad (5.3.12)$$

其中,

$$r_{2n+1}(x) = o(x^{2n+1}),$$

或

$$r_{2n+1}(x) = \frac{x^{2n+2}}{(2n+2)!}\cos(\theta x + (n+1)\pi) = (-1)^{n+1}\frac{x^{2n+2}}{(2n+2)!}\cos\theta x, \ \theta \in (0,1). \quad (5.3.13)$$

例 5.3.4 求 $f(x) = (1+x)^\alpha$ ($x > -1$, α 为任意实数) 的Maclaurin 公式.

解 (1) $\alpha = n$ 为自然数, 由二项式定理

$$(1+x)^n = \sum_{k=0}^n \binom{n}{k} x^k = \sum_{k=0}^n C_n^k x^k,$$

此时余项为 0.

(2) α 不是自然数. 因为

$$f(0) = (1+x)^{\alpha}\big|_{x=0} = 1$$

$$f'(0) = \alpha(1+x)^{\alpha-1}\big|_{x=0} = \alpha$$

$$f''(0) = \alpha(\alpha-1)(1+x)^{\alpha-2}\big|_{x=0} = \alpha(\alpha-1),$$

$$\cdots\cdots$$

一般地, 对任意正整数 k, 有

$$f^{(k)}(0) = \alpha(\alpha-1)\cdots(\alpha-k+1).$$

记

$$\binom{\alpha}{k} = \frac{\alpha(\alpha-1)\cdots(\alpha-k+1)}{k!},$$

并规定

$$\binom{\alpha}{0} = 1.$$

(当 α 为正整数 n 时, $\binom{n}{j} = C_n^j$, $1 \leqslant j \leqslant n$, 因而它是组合数的推广) 由此得到

$$(1+x)^{\alpha} = \binom{\alpha}{0} + \binom{\alpha}{1}x + \binom{\alpha}{2}x^2 + \binom{\alpha}{3}x^3 + \cdots + \binom{\alpha}{n}x^n + r_n(x)$$

$$= 1 + \alpha x + \frac{\alpha(\alpha-1)}{2!}x^2 + \cdots + \frac{\alpha(\alpha-1)\cdots(\alpha-n+1)}{n!}x^n + r_n(x),$$

$$(5.3.14)$$

$$r_n(x) = o(x^n) \quad \text{或} \quad r_n(x) = \binom{\alpha}{n+1}(1+\theta x)^{\alpha-(n+1)} \cdot x^{n+1}, \theta \in (0,1). \qquad (5.3.15)$$

下面几种特殊情况特别重要.

(i) $\alpha = -1$ 时, $\binom{-1}{k} = (-1)^k$, 因此

$$\frac{1}{1+x} = 1 - x + x^2 - x^3 + \cdots + (-1)^n x^n + r_n(x), \qquad (5.3.16)$$

Lagrange 型余项为

$$r_n(x) = (-1)^{n+1}\frac{x^{n+1}}{(1+\theta x)^{n+2}}, \theta \in (0,1).$$

同样,

$$\frac{1}{1-x} = 1 + x + x^2 + x^3 + \cdots + x^n + r_n(x), \qquad (5.3.17)$$

Lagrange 型余项为

$$r_n(x) = \frac{x^{n+1}}{(1-\theta x)^{n+2}}, \theta \in (0, 1).$$

(ii) $\alpha = \dfrac{1}{2}$ 时,

$$\binom{\frac{1}{2}}{k} = \frac{\frac{1}{2}\left(\frac{1}{2}-1\right)\cdots\left(\frac{1}{2}-k+1\right)}{k!} = \begin{cases} \dfrac{1}{2}, & k = 1, \\ (-1)^{k-1}\dfrac{(2k-3)!!}{(2k)!!}, & k > 1, \end{cases}$$

因此得

$$\sqrt{1+x} = 1 + \frac{1}{2}x - \frac{1}{2\cdot4}x^2 + \frac{1\cdot3}{2\cdot4\cdot6}x^3 - \cdots + (-1)^{n-1}\frac{(2n-3)!!}{(2n)!!}x^n + r_n(x), \quad (5.3.18)$$

其中,

$$r_n(x) = (-1)^n\frac{(2n-1)!!}{(2n+2)!!}\frac{x^{n+1}}{(1+\theta x)^{n+\frac{1}{2}}}, \theta \in (0, 1).$$

(iii) 对 $\alpha = -\dfrac{1}{2}$, 有类似结果:

$$\frac{1}{\sqrt{1+x}} = 1 - \frac{1}{2}x + \frac{1\cdot3}{2\cdot4}x^2 - \frac{1\cdot3\cdot5}{2\cdot4\cdot6}x^3 + \cdots + (-1)^n\frac{(2n-1)!!}{(2n)!!}x^n + r_n(x), \quad (5.3.19)$$

其中,

$$r_n(x) = (-1)^{n+1}\frac{(2n+1)!!}{(2n+2)!!}\frac{x^{n+1}}{(1+\theta x)^{n+\frac{3}{2}}}, \theta \in (0, 1).$$

§5.3.4 带 Peano 型余项 Taylor 公式的唯一性和间接求法

我们已经得到了 $\mathrm{e}^x, \ln(1+x), \sin x, \cos x, (1+x)^\alpha$ 的 Maclaurin 公式. 这几个公式本身非常重要, 同时它们可用于求其他函数 Taylor 公式, 即从这几个公式出发, 利用换元、四则运算、待定系数、求导数以及以后要学习的求积分等方法, 可以较方便得到其他一些常用的初等函数的带 Peano 型余项的 Taylor 公式, 而不必总是很烦琐地按定义去求. 这种做法的理论依据便是带 Peano 型余项 Taylor 公式的唯一性, 亦即 Taylor 多项式的唯一性.

定理 5.3.3 设 $f(x)$ 在 x_0 点 n 阶可导, 且在 x_0 的一个邻域中有表达式

$$f(x) = a_0 + a_1(x-x_0) + a_2(x-x_0)^2 + \cdots + a_n(x-x_0)^n + R_n(x),$$

其中, 余项 $R_n(x) = o((x-x_0)^n)$, 则

$$a_k = \frac{f^{(k)}(x_0)}{k!}, k = 0, 1, 2, \cdots, n. \quad (5.3.20)$$

证明 由条件知, 在 x_0 的某一个邻域中, 有 Taylor 公式

$$f(x) = f(x_0) + f'(x_0)(x-x_0) + \frac{f''(x_0)}{2}(x-x_0)^2 + \cdots + \frac{f^{(n)}(x_0)}{n!}(x-x_0)^n + r_n(x)$$

成立, 其中, $r_n(x)$ 是 Peano 余项. 我们不妨假设 Taylor 公式存在的邻域与已知表达式的邻域相同, 否则, 取两者的交集, 则在 x_0 的某邻域中有

$$f(x) = a_0 + a_1(x - x_0) + a_2(x - x_0)^2 + \cdots + a_n(x - x_0)^n + R_n(x)$$
$$= f(x_0) + f'(x_0)(x - x_0) + \frac{f''(x_0)}{2}(x - x_0)^2 + \cdots + \frac{f^{(n)}(x_0)}{n!}(x - x_0)^n + r_n(x),$$

令 $x \to x_0$, 得 $a_0 = f(x_0)$, 代入上式, 消去相同项, 并同时除以 $x - x_0$ 得

$$a_1 + a_2(x - x_0) + \cdots + a_n(x - x_0)^{n-1} + \frac{R_n(x)}{x - x_0}$$
$$= f'(x_0) + \frac{f''(x_0)}{2}(x - x_0) + \cdots + \frac{f^{(n)}(x_0)}{n!}(x - x_0)^{n-1} + \frac{r_n(x)}{x - x_0},$$

再令 $x \to x_0$, 得 $a_1 = f'(x_0)$. 依此方法, 我们依次可得

$$a_k = \frac{f^{(k)}(x_0)}{k!}, k = 0, 1, 2, \cdots, n. \qquad \Box$$

由定理 5.3.1 可知, 如果函数 $f(x)$ 在 x_0 的一个邻域内, 可以表示成关于 $x - x_0$ 的 n 次多项式和 $(x - x_0)^n$ 的高阶无穷小的和, 则它就是 $f(x)$ 在 x_0 点的带 Peano 型余项的 Taylor 公式. 据此我们可以得到下面的带 Peano 型余项的 Taylor 公式的一些间接求法.

1. 利用初等变形 (变量代换)

例 5.3.5 求 $f(x) = 3^x$ 带 Peano 型余项的 Maclaurin 公式.

解 将 3^x 写成 $e^{(\ln 3)x}$, 令 $u = (\ln 3)x$, 并对 e^u 使用例 5.3.1 的公式 (5.3.8), 即有

$$3^x = 1 + (\ln 3)x + \frac{(\ln 3)^2 x^2}{2!} + \frac{(\ln 3)^3 x^3}{3!} + \cdots + \frac{(\ln 3)^n x^n}{n!} + o(x^n).$$

例 5.3.6 求 $f(x) = \ln x$ 在 $x = 1$ 处的带 Peano 型余项的 Taylor 公式.

解 $\ln x = \ln[1 + (x - 1)]$, 应用 $\ln(1 + u)$ 在 $u = 0$ 处的 Taylor 公式 (见例 5.3.2 式 (5.3.9)), 可得到 $f(x) = \ln x$ 在 $x = 1$ 处的 Taylor 公式

$$\ln x = (x - 1) - \frac{(x-1)^2}{2} + \frac{(x-1)^3}{3} - \frac{(x-1)^4}{4} + \cdots + (-1)^{n-1}\frac{(x-1)^n}{n} + o((x-1)^n).$$

例 5.3.7 求 $f(x) = \dfrac{1}{2 + x}$ 的带 Peano 型余项的 Maclaurin 公式.

解 $\dfrac{1}{2 + x} = \dfrac{1}{2\left(1 + \frac{x}{2}\right)}$, 根据例 5.3.4 公式 (5.3.16), 我们有

$$\frac{1}{2 + x} = \frac{1}{2} - \frac{x}{4} + \frac{x^2}{8} + \cdots + (-1)^n \frac{x^n}{2^{n+1}} + o(x^n).$$

例 5.3.8 求 $f(x) = \sqrt[3]{2 - \cos x}$ 的带 Peano 型余项的 4 阶 Maclaurin 公式.

解 令 $u = 1 - \cos x$, 则当 $x \to 0$ 时, $u \to 0$, 于是根据例 5.3.4 的结果,

$$\sqrt[3]{2 - \cos x} = \sqrt[3]{1 + (1 - \cos x)} = \sqrt[3]{1 + u} = 1 + \frac{u}{3} - \frac{u^2}{9} + o(u^2)$$

$$= 1 + \frac{1 - \cos x}{3} - \frac{(1 - \cos x)^2}{9} + o((1 - \cos x)^2).$$

由于 $1 - \cos x = \dfrac{x^2}{2} - \dfrac{x^4}{24} + o(x^4)$ 及 $o((1 - \cos x)^2) = o(x^4)$, 则得展式

$$\sqrt[3]{2 - \cos x} = 1 + \frac{x^2}{6} - \frac{x^4}{24} + o(x^4).$$

2. 利用 $f(x)$ 的 Taylor 公式求 $f'(x)$ 的 Taylor 公式

观察 $\ln(1 + x)$ 和 $\dfrac{1}{1 + x}$ 的 Taylor 公式, 我们可以发现 $\dfrac{1}{1 + x}$ 的 n 次 Taylor 多项式刚好是 $\ln(1 + x)$ 的 $n + 1$ 次 Taylor 多项式的导数. 事实上, 根据式 (5.3.3) 可得下面的一般结论.

定理 5.3.4 设 $f(x)$ 在点 x_0 处存在 $n + 1$ 阶导数, 则 $f(x)$ 在点 x_0 处的 $n + 1$ 次 Taylor 多项式的导数恰为 $f'(x)$ 在点 x_0 处的 n 次 Taylor 多项式.

证明 设

$$f(x) = P_{n+1}(x) + o((x - x_0)^{n+1}),$$
$$f'(x) = Q_n(x) + o((x - x_0)^n),$$

则

$$P_{n+1}(x) = f(x_0) + f'(x_0)(x - x_0) + \frac{f''(x_0)}{2!}(x - x_0)^2 + \cdots + \frac{f^{(n+1)}(x_0)}{(n+1)!}(x - x_0)^{n+1},$$

$$Q_n(x) = f'(x_0) + \frac{f''(x_0)}{1!}(x - x_0) + \cdots + \frac{f^{(n+1)}(x_0)}{n!}(x - x_0)^n,$$

易见, $P'_{n+1}(x) = Q_n(x)$. $\qquad\square$

因此欲求 $f'(x)$ 的带有 Peano 型余项的 n 阶 Taylor 公式, 可以先求出 $f(x)$ 的 $n + 1$ 次 Taylor 多项式 $P_{n+1}(x)$, 则 $f'(x)$ 的带有 Peano 型余项的 n 阶 Taylor 公式为

$$f'(x) = P'_{n+1}(x) + o((x - x_0)^n).$$

反之, 若已知 $f'(x)$ 的 $n-1$ 次 Taylor 多项式 $q_{n-1}(x)$, 根据关系 $p'_n(x) = q_{n-1}(x), p_n(x_0) = f(x_0)$ 所得的 $p_n(x)$ 是 $f(x)$ 的 n 次 Taylor 多项式.

例 5.3.9 求 $f(x) = \dfrac{1}{(1 + x)^2}$ 的带有 Peano 型余项的 Maclaurin 公式.

解 $\dfrac{1}{(x + 1)^2} = \left(-\dfrac{1}{x + 1}\right)'$, 而由式 (5.3.16) 我们有

$$f(x) = \frac{1}{(1 + x)^2} = 1 - 2x + 3x^2 + \cdots + (-1)^{n-1} n x^{n-1} + o(x^{n-1}).$$

例 5.3.10　用 $\dfrac{1}{1+x^2}$ 的Maclaurin 公式求 $f(x) = \arctan x$ 的Maclaurin 公式.

解　由于 $(\arctan x)' = \dfrac{1}{1+x^2}$, 而由式 (5.3.16), $\dfrac{1}{1+x^2}$ 的 $2n$ 次 Taylor 多项式为

$$q_{2n}(x) = 1 - x^2 + x^4 - x^6 + x^8 - \cdots + (-1)^n x^{2n},$$

设 $\arctan x$ 的 $2n+1$ 次 Taylor 多项式为

$$p_{2n+1}(x) = a_0 + a_1 x + a_2 x^2 + \cdots + a_{2n+1} x^{2n+1},$$

则

$$(p_{2n+1}(x))' = a_1 + 2a_2 x + 3a_3 x^2 + \cdots + 2na_{2n} x^{2n-1} + (2n+1)a_{2n+1} x^{2n},$$

而根据等式 $(p_{2n+1}(x))' = q_{2n}(x)$ 比较系数得到

$$a_{2j} = 0; \; a_{2j+1} = \frac{(-1)^j}{2j+1}, \; j = 1, 2, \cdots, n,$$

同时 $a_0 = \arctan 0 = 0$, 因此可得

$$\arctan x = x - \frac{x^3}{3} + \frac{x^5}{5} - \frac{x^7}{7} + \cdots + (-1)^n \frac{x^{2n+1}}{2n+1} + o(x^{2n+1}).$$

3. 利用四则运算法

例 5.3.11　求 $\dfrac{1}{(1+x)(2+x)}$ 在 $x = 0$ 处的Taylor 公式.

解　由于

$$\frac{1}{(1+x)(2+x)} = \frac{1}{1+x} - \frac{1}{2+x},$$

而

$$\frac{1}{1+x} = \sum_{k=0}^{n} (-1)^k x^k + o(x^n),$$

$$\frac{1}{2+x} = \sum_{k=0}^{n} (-1)^k \frac{x^k}{2^{k+1}} + o(x^n).$$

则

$$\frac{1}{(1+x)(2+x)} = \sum_{k=0}^{n} (-1)^k (1 - \frac{1}{2^{k+1}}) x^k + o(x^n). \tag{5.3.21}$$

例 5.3.12　求 $\tan x$ 在 $x = 0$ 处的带Peano型余项的 4 阶Taylor公式.

解　由于 $\tan x = \dfrac{\sin x}{\cos x}$, 而

$$\sin x = x - \frac{x^3}{3!} + o(x^4), \; \cos x = 1 - \frac{x^2}{2!} + \frac{x^4}{4!} + o(x^5),$$

直接将两个 Taylor 公式相除不易计算, 但可利用待定系数法将除法转化为乘法: 设

$$\tan x = a_0 + a_1 x + a_2 x^2 + a_3 x^3 + a_4 x^4 + o(x^4).$$

则将上述三个 Taylor 公式分别代入等式 $\sin x = \tan x \cos x$ 可得

$$
\begin{aligned}
x - \frac{x^3}{3!} + o(x^4) &= \left[1 - \frac{x^2}{2!} + \frac{x^4}{4!} + o(x^5) \right] \cdot [a_0 + a_1 x + a_2 x^2 + a_3 x^3 + a_4 x^4 + o(x^4)] \\
&= a_0 + a_1 x + \left(a_2 - \frac{a_0}{2} \right) x^2 + \left(a_3 - \frac{a_1}{2} \right) x^3 + \left(a_4 - \frac{a_2}{2} + \frac{a_0}{4!} \right) x^4 + o(x^4),
\end{aligned}
$$

因此 $a_0 = 0, a_1 = 1, a_2 = 0, a_3 = \dfrac{1}{3}, a_4 = 0$, 从而

$$\tan x = x + \frac{x^3}{3} + o(x^4).$$

在前面的例子中, 通过间接法得到的都是带 Peano 型余项的 Taylor 公式, 是否可以用上面几个方法得到带 Lagrange 型余项的 Taylor 公式呢? 请大家思考总结.

习　题　5.3

A1. 求下列函数在 x_0 点的分别带 Peano 型和 Lagrange 型余项的 Taylor 公式 (展开到指定的 n 阶):

(1) $f(x) = \cos x, x_0 = 1$, 对任意正整数 n;

(2) $f(x) = \sin \sin x, x_0 = 0$, 对 Peano 型余项, $n = 3$, 对 Lagrange 型余项, $n = 2$ 阶 Taylor 公式;

(3) $f(x) = \ln \cos x, x_0 = 0, n = 4$.

A2. 求多项式 $P(x) = 2x^5 + x^4 + 3x^3 + 2$ 在 $x = 2$ 处的 Taylor 多项式.

A3. 求下列函数的带 Peano 型余项的 Maclaurin 公式:

(1) $f(x) = \dfrac{1}{\sqrt[3]{1+x}}$; 　　　　　　(2) $f(x) = \dfrac{1}{\sqrt{1+x^2}}$;

(3) $f(x) = e^{1+2x}$; 　　　　　　　　(4) $f(x) = \dfrac{x^2 + 2x + 4}{(1+x)(2+x^2)}$;

(5) $f(x) = \dfrac{1}{(1+x^2)^2}$; 　　　　　　(6) $f(x) = \ln \dfrac{1-x}{1+x}$.

A4. 求下列函数带 Peano 余项的指定阶数的 Maclaurin 公式:

(1) $f(x) = \sec x$ (6 阶);

(2) $f(x) = \arcsin x$ (7 阶);

(3) $f(x) = e^{\sin x}$ (4 阶).

B5. 设 f 为 $(-\infty, +\infty)$ 内的二阶可导函数. 若 f 在 $(-\infty, +\infty)$ 内有界, 则存在 $\xi \in (-\infty, +\infty)$, 使 $f''(\xi) = 0$.

B6. 设函数 f 在点 a 的邻域 U 内具有 $n+1$ 阶连续导数, $a + h \in U$, 且 $f^{(n+1)}(a) \neq 0$, f 在 U 内的 Taylor 公式为

$$f(a+h) = f(a) + f'(a)h + \cdots + \frac{f^{(n-1)}(a)}{(n-1)!} h^{n-1} + \frac{f^{(n)}(a+\theta h)}{n!} h^n, 0 < \theta < 1.$$

证明: $\lim\limits_{h\to 0}\theta = \dfrac{1}{n+1}$.

B7. 证明: (1) 设 f 在 $(a,+\infty)$ 上可导, 若 $\lim\limits_{x\to+\infty} f(x)$, $\lim\limits_{x\to+\infty} f'(x)$ 都存在且有限, 则

$$\lim_{x\to+\infty} f'(x) = 0.$$

(2) 设 f 在 $(a,+\infty)$ 上 n 阶可导, 若 $\lim\limits_{x\to+\infty} f(x)$, $\lim\limits_{x\to+\infty} f^{(n)}(x)$ 都存在, 则

$$\lim_{x\to+\infty} f^{(k)}(x) = 0 \quad (k = 1, 2, \cdots, n).$$

B8. 设函数 $f(x)$ 在 $x = 0$ 的某邻域内二阶可微, 且

$$\lim_{x\to 0}\left(1 + x + \frac{f(x)}{x}\right)^{\frac{1}{x}} = e^3.$$

求 $f(0), f'(0), f''(0)$.

C9. 在 Taylor 公式的间接计算法中, 得到带 Peano 型余项的 Taylor 公式, 那么是否可以用此方法得到带 Lagrange 型余项的 Taylor 公式?

§5.4 微分学应用举例

导数、微分、中值定理和 Taylor 公式具有广泛的应用, 本节我们给出它们在极值与最值、渐近线、函数作图、近似计算、求极限、不等式的证明等几个方面应用的例子.

§5.4.1 极值的判别

由 Fermat 引理知, 函数 $y = f(x)$ 极值点必是 f 的不可导点或驻点, 这两类点是 f 的可能的极值点. 那么如何判断可能的极值点是否是极值点? 是极大值点还是极小值点?

定理 5.4.1(极值判定定理)

1. **极值的第一充分条件**: 设 $f(x)$ 在 x_0 的某邻域 $U(x_0)$ 内连续, 在其去心邻域 $U^0(x_0)$ 内可导.

(1) 若在去心邻域 $U^0(x_0)$ 中, $f'(x)(x - x_0) \leqslant 0$, 则 x_0 为 $f(x)$ 的极大值点;

(2) 若在去心邻域 $U^0(x_0)$ 中, $f'(x)(x - x_0) \geqslant 0$, 则 x_0 为 $f(x)$ 的极小值点;

(3) 若在去心邻域 $U^0(x_0)$ 中, $f'(x)$ 处处为正, 或处处为负, 则 x_0 不是 $f(x)$ 的极值点.

2. **极值的第二充分条件**: 设 $f(x)$ 在 x_0 点二阶可导, 且 $f'(x_0) = 0$.

(1) 若 $f''(x_0) < 0$, 则 x_0 为 $f(x)$ 的极大值点;

(2) 若 $f''(x_0) > 0$, 则 x_0 为 $f(x)$ 的极小值点;

(3) 若 $f''(x_0) = 0$, x_0 是否为 $f(x)$ 的极值点不能由此判别法作出判断.

证明   第一充分条件是显然的, 下面证明第二充分条件. 因为 $f'(x_0) = 0$, 由 Taylor 公式

$$f(x) = f(x_0) + f'(x_0)(x - x_0) + \frac{f''(x_0)}{2!}(x - x_0)^2 + o((x - x_0)^2)$$

$$= f(x_0) + \frac{f''(x_0)}{2!}(x - x_0)^2 + o((x - x_0)^2)$$

得到

$$\frac{f(x) - f(x_0)}{(x - x_0)^2} = \frac{1}{2!}f''(x_0) + \frac{o((x - x_0)^2)}{(x - x_0)^2}.$$

因为当 $x \to x_0$ 时上式右侧第二项趋于 0, 所以当 $f''(x_0) < 0$ 时, 由极限的性质可知在 x_0 点附近成立

$$\frac{f(x) - f(x_0)}{(x - x_0)^2} < 0,$$

所以

$$f(x) < f(x_0),$$

从而 $f(x)$ 在 x_0 处取得极大值. 同样可讨论 $f''(x_0) > 0$ 的情况. □

当 $f''(x_0) = 0$ 时, x_0 可能是极值点, 也可能不是极值点.

例如, 分别考察函数 $y = x^4$, $y = -x^4$ 和 $y = x^3$. $x = 0$ 是 $y = x^4$ 的极小值点, 是 $y = -x^4$ 的极大值点, 而不是 $y = x^3$ 的极值点. 但它们都满足 $y'(0) = 0$ 和 $y''(0) = 0$ 的条件. 因此当 $f''(x_0) = 0$ 时, 需要寻找其他方法来判断驻点 x_0 是否为极值点.

利用上面定理的证明方法和更高阶导数, 我们还可以得到 (证明留作练习):

推论 5.4.1 设 $f(x)$ 在 x_0 处存在 n 阶导数, 且 $f^{(k)}(x_0) = 0, k = 1, 2, \cdots, n - 1, f^{(n)}(x_0) \neq 0$.

(1) 若 n 为偶数, 则 x_0 点必为 f 的极值点, 且 $f^{(n)}(x_0) > 0$ 时 x_0 为极小值点, $f^{(n)}(x_0) < 0$ 时 x_0 为极大值点;

(2) 若 n 为奇数, 则 x_0 点不是 f 的极值点.

例 5.4.1 求 $f(x) = (2x - 5)\sqrt[3]{x^2}$ 的极值.

解 $f(x)$ 的定义域为 $\mathbb{R}$, 但 $f(x)$ 在 $x = 0$ 处不可导, 而当 $x \neq 0$ 时

$$f'(x) = \frac{10}{3}x^{-\frac{1}{3}}(x - 1),$$

并且 $x < 0$ 时, $f'(x) > 0$; $0 < x < 1$ 时, $f'(x) < 0$; $f'(1) = 0, x = 1$ 是 f 的驻点; $x > 1$ 时, $f'(x) > 0$. 因此 $f(0) = 0$ 是极大值, $f(1) = -3$ 是极小值.

例 5.4.2 求 $f(x) = x^4(x - 1)^3$ 的极值.

解 $f(x)$ 的定义域为 $\mathbb{R}$, 且在 $\mathbb{R}$ 上可导, 且

$$f'(x) = x^3(x - 1)^2(7x - 4).$$

因此 $f(x)$ 的驻点为 $x = 0, x = \frac{4}{7}$ 和 $x = 1$, 并且 $x < 0$ 时, $f'(x) > 0$; $0 < x < \frac{4}{7}$ 时, $f'(x) < 0$; $x > \frac{4}{7}$ 时, $f'(x) > 0$. 由此可得 $f(0) = 0$ 是极大值, $f\left(\frac{4}{7}\right) = -\frac{6912}{7^7}$ 是极小值, $x = 1$ 不是极值点.

§5.4.2 最大值与最小值

1. 有限闭区间上连续函数的最值问题

我们知道, 有限闭区间上连续函数的最大值和最小值肯定存在, 现在的问题是如何求. 若最值点是区间的内点, 则必是极值点, 而若极值点是可导点, 则由 Fermat 引理知其

必为驻点. 因此, 有限闭区间上连续函数的可能的最值点有三种: 区间端点、不可导点和驻点. 为求出最值, 只要比较区间端点、不可导点和驻点处的函数值的大小, 其中最大者即为函数的最大值, 最小者即为函数的最小值. 此时, 对驻点我们并不需要讨论它是否为极值点.

下面我们来看两个例子.

例 5.4.3　求函数 $f(x) = x - 2\sin x$ 在区间 $[0, 2\pi]$ 上的最大值和最小值.

解　因函数 $f(x) = x - 2\sin x$ 在区间 $[0, 2\pi]$ 上连续, 所以其最大值和最小值必存在. 又 $f'(x) = 1 - 2\cos x$, 则 f 的驻点为 $x = \dfrac{\pi}{3}, \dfrac{5\pi}{3}$.

而 $f(0) = 0, f\left(\dfrac{\pi}{3}\right) = \dfrac{\pi}{3} - \sqrt{3}, f\left(\dfrac{5\pi}{3}\right) = \dfrac{5\pi}{3} + \sqrt{3}, f(2\pi) = 2\pi$, 则 f 在区间 $[0, 2\pi]$ 上的最大值和最小值分别为 $f\left(\dfrac{5\pi}{3}\right) = \dfrac{5\pi}{3} + \sqrt{3}$ 和 $f\left(\dfrac{\pi}{3}\right) = \dfrac{\pi}{3} - \sqrt{3}$.

例 5.4.4　求 $f(x) = |2x^3 - 9x^2 + 12x|$ 在区间 $\left[-\dfrac{1}{4}, \dfrac{5}{2}\right]$ 上的最大值和最小值.

解　因 $2x^2 - 9x + 12 > 0$ 恒成立, 所以

$$f(x) = \begin{cases} -x(2x^2 - 9x + 12), & x < 0; \\ x(2x^2 - 9x + 12), & x \geqslant 0, \end{cases}$$

$x = 0$ 为 f 唯一的可能的不可导点, 并且

$$f'(x) = \pm 6(x-1)(x-2), x \neq 0,$$

f 的驻点为 $x_1 = 1, x_2 = 2$. 而 $f\left(-\dfrac{1}{4}\right) = \dfrac{115}{32}, f(0) = 0, f(2) = 4, f(1) = f\left(\dfrac{5}{2}\right) = 5$, 因此可知 $f(x)$ 在区间 $\left[-\dfrac{1}{4}, \dfrac{5}{2}\right]$ 上的最大值为 $f(1) = f\left(\dfrac{5}{2}\right) = 5$, 最小值为 $f(0) = 0$.

2. 一般区间 I 上连续函数的最值问题

若 I 不是有限闭区间 $[a, b]$, 例如, $I = (a, b], (a, b)$, 或 I 为无穷区间时, 一般来说, 其最值不一定存在. 那么如何判断最值是否存在以及存在时如何求最值? 我们可以应用单调性和极值来研究最值.

例 5.4.5　求 $f(x) = xe^{-x^2}$ 在 $\mathbb{R}$ 上的最大值和最小值.

解　$f(x)$ 在 $\mathbb{R}$ 上连续且处处可导, 且 $f'(x) = (1 - 2x^2)e^{-x^2}$. 令 $f'(x) = 0$ 解得

$$x_1 = \frac{\sqrt{2}}{2}, \ x_2 = -\frac{\sqrt{2}}{2}.$$

易知 $f(x)$ 在 $\left(-\infty, -\dfrac{\sqrt{2}}{2}\right)$ 上单调下降, 且为负, 在 $\left(-\dfrac{\sqrt{2}}{2}, \dfrac{\sqrt{2}}{2}\right)$ 上单调递增, 在 $\left(\dfrac{\sqrt{2}}{2}, +\infty\right)$ 上单调递减, 且为正, 因此

$$f\left(-\frac{\sqrt{2}}{2}\right) = -\frac{1}{\sqrt{2e}}, \quad f\left(\frac{\sqrt{2}}{2}\right) = \frac{1}{\sqrt{2e}},$$

分别为最小值和最大值.

本例也可以根据 $x \to \pm\infty$ 时 $f(x) \to 0$ 获知 $f(x)$ 在 $\mathbb{R}$ 上必有最大值和最小值, 并且它们也必是极大值和极小值, 因此可断定 $f(x)$ 在 $\mathbb{R}$ 上的最大值和最小值分别是 $\dfrac{1}{\sqrt{2e}}$ 和 $-\dfrac{1}{\sqrt{2e}}$.

一般来说, 极值点未必是最值点, 但当极值点唯一时极值必是最值.

命题 5.4.1 设函数 f 在区间 I 上连续, 并且在 I 上有唯一的极值点 x_0, 则 x_0 是 f 在 I 上的最值点, 且此时极大值点必是最大值点, 极小值点必是最小值点.

命题的证明留作练习. 但要注意: 如果将定理中条件"极值点唯一"换成"极大值点唯一"或"极小值点唯一", 结论不成立. 如 $f(x) = x(x^2 - 3)$, 则 $x_1 = -1$ 是唯一的极大值点, $x_2 = 1$ 是唯一的极小值点, 但 f 在 $\mathbb{R}$ 上无最值. 参见图 5.4.1.

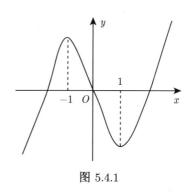

图 5.4.1

注意, 例 5.4.5 中奇函数的性质对讨论最值也是有帮助的. 也请读者考虑应用上述命题 5.4.1 来证明 $x_1 = \dfrac{\sqrt{2}}{2}, x_2 = -\dfrac{\sqrt{2}}{2}$ 分别是最大值点和最小值点.

§5.4.3 曲线的渐近线

在中学我们学习过圆锥曲线的渐近线, 下面我们给出一般平面曲线的渐近线的定义和分析刻画.

区间上连续曲线的渐近线的定义: 设 $S : y = f(x), x \in (\alpha, \beta)$ 是平面上的一条连续曲线, 其中 α, β 是有限的数或 (正、负) 无穷大, L 是平面上的一条直线, 如果曲线 S 上的点 $(x, f(x))$ 趋于无穷远点时, 点 $(x, f(x))$ 到直线 L 的距离收敛于 0, 则称直线 L 是曲线 S 的一条渐近线. 这里点 $(x, f(x))$ 趋于无穷远点是指: $\lim\limits_{x \to \alpha^+} (x^2 + f^2(x)) = +\infty$ 或 $\lim\limits_{x \to \beta^-} (x^2 + f^2(x)) = +\infty$.

如果 S 是分段连续曲线, 若直线 L 是 S 限制在某开区间上的渐近线, 则称 L 是 S 的渐近线. 利用渐近线的定义可以导出渐近线的分析刻画.

如果 α 是有限数, 则由 $\lim\limits_{x \to \alpha^+} (x^2 + f^2(x)) = +\infty$ 可得 $\lim\limits_{x \to \alpha^+} f(x) = \infty$, 这时称直线 $L : x = \alpha$ 是曲线 S 的一条**垂直渐近线**.

同样, 如果 β 是有限数, 则 $\lim\limits_{x \to \beta^-} f(x) = \infty$, 直线 $L : x = \beta$ 也是曲线 S 的一条垂直渐近线.

如果 $\alpha = -\infty$ 或 $\beta = +\infty$, 直线 L 记为 $L : y = ax + b$, 则点 $(x, f(x))$ 到直线 L 的距离趋于 0, 等价于 $\lim\limits_{x \to \pm\infty} [f(x) - (ax + b)] = 0$, 从而

$$a = \lim_{x \to \pm\infty} \frac{f(x)}{x}, \quad b = \lim_{x \to \pm\infty} (f(x) - ax).$$

设 a, b 是满足上式的两个有限的数. 如果 $a = 0$, 则称直线 $L: y = b$ 为曲线 $S: y = f(x)$ 的**水平渐近线**; 如果 $a \neq 0$, 则称直线 $L: y = ax + b$ 为曲线 $S: y = f(x)$ 的**斜渐近线**. 由此可见, 斜渐近线和水平渐近线共最多能有 2 条, 而垂直渐近线可能有多条.

例 5.4.6　求 $y = \dfrac{(x-1)^2}{3(x+1)}$ 的渐近线.

解　由于 -1 是间断点, 且

$$\lim_{x \to -1+} \frac{(x-1)^2}{3(x+1)} = +\infty, \quad \lim_{x \to -1-} \frac{(x-1)^2}{3(x+1)} = -\infty,$$

可知 $x = -1$ 是曲线 $y = \dfrac{(x-1)^2}{3(x+1)}$ 的垂直渐近线.

又由于

$$a = \lim_{x \to \infty} \frac{y}{x} = \lim_{x \to \infty} \frac{(x-1)^2}{3x(x+1)} = \frac{1}{3},$$

$$b = \lim_{x \to \infty} \left[\frac{(x-1)^2}{3(x+1)} - ax \right] = \lim_{x \to \infty} \left[\frac{(x-1)^2}{3(x+1)} - \frac{1}{3}x \right] = \frac{1}{3} \lim_{x \to \infty} \frac{-3x+1}{x+1} = -1,$$

因此 $y = \dfrac{x}{3} - 1$ 为曲线 $y = \dfrac{(x-1)^2}{3(x+1)}$ 的斜渐近线.

例 5.4.7　求曲线 $y = x^3(\mathrm{e}^{\frac{1}{x}} + \mathrm{e}^{-\frac{1}{x}} - 2)$ 的渐近线方程.

解　点 $x = 0$ 是间断点, 且

$$\lim_{x \to 0} x^3(\mathrm{e}^{\frac{1}{x}} + \mathrm{e}^{-\frac{1}{x}} - 2) = \infty,$$

则直线 $x = 0$ 是垂直渐近线. 下面讨论斜渐近线和水平渐近线:

$$a = \lim_{x \to \infty} \frac{y}{x} = \lim_{x \to \infty} x^2(\mathrm{e}^{\frac{1}{x}} + \mathrm{e}^{-\frac{1}{x}} - 2).$$

令 $t = \dfrac{1}{x}$, 则 $x \to \infty$ 等价于 $t \to 0$, 因此

$$a = \lim_{t \to 0} \frac{\mathrm{e}^t + \mathrm{e}^{-t} - 2}{t^2}.$$

可用 L'Hospital 法则, 或 Taylor 公式求得 $a = 1$. 类似可得

$$b = \lim_{x \to \infty} (y - x) = \lim_{x \to \infty} x^3(\mathrm{e}^{\frac{1}{x}} + \mathrm{e}^{-\frac{1}{x}} - 2 - x^{-2}) = 0.$$

因此, 斜渐近线方程是 $y = x$.

例 5.4.8　求曲线 $y = x + \dfrac{1}{x} + \ln(1 + \mathrm{e}^x)$ 的渐近线.

解　垂直渐近线 $x = 0$;

$$a = \lim_{x \to +\infty} \frac{y}{x} = 2, \ b = 0,$$

$$a = \lim_{x \to -\infty} \frac{y}{x} = 1, \ b = 0.$$

因此, 共有 2 条斜渐近线: $y = 2x, y = x$.

§5.4.4　函数作图

前面, 我们已经分别讨论过函数的单调性、凹凸性、极值点与拐点以及渐近线等. 作为这些微分学应用的综合体现, 我们来讨论函数作图. 这要比中学里仅靠简单的描点法更能精准地把握函数图形.

我们归纳函数作图步骤如下:

1. 求定义域、值域, 考察其在定义域内的连续性, 找出函数的不连续点, 并以这些点作为分点, 将定义域分成若干个区间, 使函数在每个区间上连续. 另外, 还要考察函数的几何性质, 如对称性、周期性.

2. 找出某些特殊点, 如与坐标轴的交点、不连续点、不可导点等.

3. 确定单调区间、极值点、凸性区间以及拐点.

4. 求渐近线. 包括水平渐近线、垂直渐近线和斜渐近线.

5. 列表作图.

例 5.4.9　作函数 $y = \dfrac{x^2}{1+x}$ 的图形.

解　(1) 定义域由 $x \neq -1$ 的一切实数构成.

(2) 曲线通过原点.

(3) $y' = \dfrac{x(x+2)}{(1+x)^2}$, $y'' = \dfrac{2}{(1+x)^3}$, 稳定点为 $x = 0, -2$, 不可导点为 $x = -1$.

(4) 渐近线为 $x = -1$ 和 $y = x - 1$.

(5) 列表:

x	$(-\infty, -2)$	-2	$(-2, -1)$	-1	$(-1, 0)$	0	$(0, +\infty)$
$f'(x)$	$+$	0	$-$	不存在	$-$	0	$+$
$f''(x)$	$-$	$-$	$-$	不存在	$+$	$+$	$+$
$f(x)$	↗	极大	↘	无定义	↘	极小	↗

(6) 绘图 (图 5.4.2):

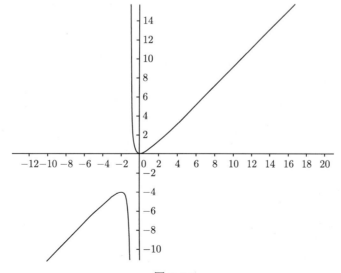

图 5.4.2

§5.4.5 近似计算

在前面例 5.3.1 和例 5.3.2 中我们讨论了函数 e^x 和 $\ln(1+x)$ 的 Taylor 公式, 根据其余项我们可得到用 Taylor 多项式逼近函数的最大误差估计.

对于函数 e^x, 因

$$|r_n(x)| = \frac{e^{\theta x}}{(n+1)!}|x|^{n+1},$$

其在区间 $[-T, T]$ 上的最大误差估计为 $\dfrac{e^T}{(n+1)!}T^{n+1}$. 因为

$$\lim_{n \to \infty} \frac{e^T}{(n+1)!}T^{n+1} = 0,$$

所以不论在多大的区间上, 对事先任意给定的误差范围, 都存在正整数 N, 当 $n \geqslant N$ 时, 用其 n 次 Taylor 多项式近似表达函数值时误差都在允许范围之内.

对于函数 $\ln(1+x)$, 因

$$|r_n(x)| \leqslant \frac{x^{n+1}}{n+1}, x > 0,$$

其在 $[0, T]$ 上的最大误差估计为 $\dfrac{T^{n+1}}{n+1}$.

当 $T \leqslant 1$ 时

$$\lim_{n \to \infty} \frac{T^{n+1}}{n+1} = 0.$$

则在给定的允许误差范围内, 存在正整数 n, 使得其 n 阶 Taylor 多项式可以近似于函数值; 但当 $T > 1$ 时

$$\lim_{n \to \infty} \frac{T^{n+1}}{n+1} = \infty.$$

则无法用其 n 阶 Taylor 多项式逼近 $\ln(1+x)$ 的函数值.

例 5.4.10 用 $f(x) = \sqrt{x}$ 在 $x = 1$ 处的二次 Taylor 多项式计算 $\sqrt{1.15}$ 的近似值.

解 根据公式 (5.3.18),

$$\sqrt{x} = \sqrt{1 + x - 1} \approx p_2(x) = 1 + \frac{1}{2}(x-1) - \frac{1}{8}(x-1)^2 = -\frac{1}{8}x^2 + \frac{3}{4}x + \frac{3}{8},$$

所以可算出

$$\sqrt{1.15} \approx p_2(1.15) = 1.072\,187\,5,$$

与其准确值 $\sqrt{1.15} = 1.072\,380\,53 \cdots$ 相比, 绝对误差为 1.9×10^{-4}, 而此时的余项估计为

$$r_n(1.15) = \left| \frac{1}{16} \times \frac{0.15^3}{\xi^2\sqrt{\xi}} \right| \leqslant 2.1 \times 10^{-4}.$$

对于近似计算来说, 我们追求两点: 计算速度和准确性. 一般来说很难两者同时都最优. 如对多项式逼近, 阶数低计算速度就快, 但误差可能就大; 阶数高误差就小, 但可能计算速度会慢. 同时, 对不同的函数, 有的其整体上都是误差可控的 (如 e^x); 有的只是局部误差可控的 (如 $\ln(1+x)$).

例 5.4.11 用 $\sin x$ 的 5 阶Taylor 多项式求 $\sin 1$ 的近似值, 并估计误差.

解 因为 $\sin 0 = 0$, $\sin x$ 的 5 阶 Maclaurin 公式为

$$\sin x = x - \frac{x^3}{6} + \frac{x^5}{120} + r_6(x),$$

取 $x = 1$, 则得 $\sin 1 \approx \dfrac{101}{120}$, 其理论上的最大误差为

$$|r_6(1)| \leqslant \frac{1}{7!} \leqslant 2 \times 10^{-4}.$$

可见, 误差很小, 且计算简单.

但必须注意, Taylor 公式只是局部性质, 当 x 远离 x_0 时可能会产生较大误差.

例如, 我们前面在理论上分析过用 0 点的 $\ln(1+x)$ 的 Taylor 多项式计算误差, 在 $|x| \leqslant 1$ 时, 其误差是可控的, 即只要 Taylor 多项式的阶数取得足够大, 其误差都能控制在给定允许误差内, 但如阶数较低, 可能误差较大. 如计算 $\ln 2$. 令 $x = 1$ 得

$$\ln 2 \approx 1 - \frac{1}{2} + \frac{1}{3} - \frac{1}{4} + \cdots - \frac{1}{10} = 0.645\,634\,92\cdots$$

而实际

$$\ln 2 = 0.693\,147\,28\cdots$$

误差很大. 这时可增加 Taylor 多项式的阶数, 也可以改用其他方法计算 $\ln 2$, 如用下面的方法. 注意到

$$\begin{aligned}
\ln \frac{1+x}{1-x} &= \ln(1+x) - \ln(1-x) \\
&\approx \left[x - \frac{x^2}{2} + \frac{x^3}{3} - \cdots + (-1)^{n-1}\frac{x^n}{n} \right] - \left[-x - \frac{x^2}{2} - \frac{x^3}{3} - \cdots - \frac{x^n}{n} \right] \\
&= 2 \left[x + \frac{x^3}{3} + \frac{x^5}{5} + \cdots + \frac{x^{2n-1}}{2n-1} \right],
\end{aligned}$$

令 $x = \dfrac{1}{3}$, 只取前两项即有

$$\ln 2 \approx 2 \left[\frac{1}{3} + \frac{1}{3} \left(\frac{1}{3} \right)^3 \right] = 0.691\,35.$$

而取前四项可得 $\ln 2 \approx 0.693\,134\,75$. 其误差远低于直接用 $\ln(1+x)$ 的 10 阶 Taylor 多项式的误差.

§5.4.6 Taylor 公式的其他应用

1. 计算不定式的极限

对于不定式的极限问题, L'Hospital 法则是非常有效的工具. 但对某些不定式的极限问题, 往往 Taylor 公式是比 L'Hospital 法则更为有效的工具.

例 5.4.12 求极限 $\lim\limits_{x \to 0} \dfrac{\cos x - \mathrm{e}^{-\frac{x^2}{2}}}{x^4}$.

解　这是个 $\dfrac{0}{0}$ 型不定式的极限问题. 如果用 L'Hospital 法则, 则分子、分母需要分别各求导 4 次:

$$
\begin{aligned}
\lim_{x\to 0}\frac{\cos x - \mathrm{e}^{-\frac{x^2}{2}}}{x^4} &= \lim_{x\to 0}\frac{-\sin x + x\mathrm{e}^{-\frac{x^2}{2}}}{4x^3}\\
&= \lim_{x\to 0}\frac{-\cos x + \mathrm{e}^{-\frac{x^2}{2}} - x^2\mathrm{e}^{-\frac{x^2}{2}}}{12x^2}\\
&= \lim_{x\to 0}\frac{\sin x - 3x\mathrm{e}^{-\frac{x^2}{2}} + x^3\mathrm{e}^{-\frac{x^2}{2}}}{24x}\\
&= \lim_{x\to 0}\frac{\cos x - 3\mathrm{e}^{-\frac{x^2}{2}} + 6x^2\mathrm{e}^{-\frac{x^2}{2}} - x^4\mathrm{e}^{-\frac{x^2}{2}}}{24}\\
&= -\frac{1}{12}.
\end{aligned}
$$

但若采用 Taylor 公式, 则有

$$
\begin{aligned}
\lim_{x\to 0}\frac{\cos x - \mathrm{e}^{-\frac{x^2}{2}}}{x^4} &= \lim_{x\to 0}\frac{\left[1-\dfrac{x^2}{2!}+\dfrac{x^4}{4!}+o(x^4)\right]-\left[1+\left(-\dfrac{x^2}{2}\right)+\dfrac{1}{2!}\left(-\dfrac{x^2}{2}\right)^2+o(x^4)\right]}{x^4}\\
&= \lim_{x\to 0}\frac{-\dfrac{1}{12}x^4+o(x^4)}{x^4}=-\frac{1}{12}.
\end{aligned}
$$

例 5.4.13　求极限

$$
\lim_{x\to 0}\frac{1+\dfrac{1}{2}x^2-\sqrt{1+x^2}}{(\cos x - \mathrm{e}^{x^2})\sin x^2}.
$$

解　这也是个 $\dfrac{0}{0}$ 型不定式的极限问题. 首先用 x^2 替代 $\sin x^2$, 其次, 将分子、分母分别展开为 4 阶 Taylor 公式:

$$
1+\frac{1}{2}x^2-\sqrt{1+x^2}-\frac{x^4}{8}+o(x^4),
$$

$$
(\cos x - \mathrm{e}^{x^2})x^2 = -\frac{3}{2}x^4+o(x^4),
$$

则有

$$
\lim_{x\to 0}\frac{1+\dfrac{1}{2}x^2-\sqrt{1+x^2}}{(\cos x - \mathrm{e}^{x^2})\sin x^2}=\lim_{x\to 0}\frac{\dfrac{x^4}{8}+o(x^4)}{-\dfrac{3}{2}x^4+o(x^4)}=-\frac{1}{12}.
$$

注 5.4.1　(1) 用Taylor公式求极限时到底阶数 n 取为多少, 需要视具体情况而定, 试以例 5.4.12 和例 5.4.13 进行比较.

(2) 请总结不定式极限计算的常用方法. 在应用这些方法时要针对具体问题选合适的方法, 越简单越好. 为此, 这些方法可交叉使用.

2. 证明不等式

Taylor 公式也是证明不等式的重要方法之一.

例 5.4.14 设 $\alpha > 1$, 证明: 当 $x > -1$ 时, 成立

$$(1+x)^\alpha \geqslant 1 + \alpha x,$$

且等号成立的充要条件是 $x = 0$.

证明 对 $f(x) = (1+x)^\alpha$ 应用在带 Lagrange 型余项的 Maclaurin 公式 (5.3.14) 和公式 (5.3.15) 可得

$$(1+x)^\alpha = 1 + \alpha x + \frac{\alpha(\alpha-1)}{2}(1+\theta x)^{\alpha-2}x^2, x > -1, 0 < \theta < 1.$$

注意到上式中最后一项是非负的, 且仅当 $x = 0$ 时为零. 所以

$$(1+x)^\alpha \geqslant 1 + \alpha x, x > -1,$$

且等号仅当 $x = 0$ 时成立. □

例 5.4.15 设 $f(x)$ 在 $[0,1]$ 上具有二阶导数, 且满足条件 $|f(x)| \leqslant a, |f''(x)| \leqslant b$, 其中 a, b 都是非负常数, c 是 $(0,1)$ 内任意一点, 证明 $|f'(c)| \leqslant 2a + \dfrac{b}{2}$.

证明 在 $x_0 = c$ 处应用 1 阶 Taylor 公式, 并分别取 $x = 1$ 和 $x = 0$ 可得

$$f(1) - f(c) = f'(c)(1-c) + \frac{f''(\xi_1)}{2}(1-c)^2,$$

$$f(0) - f(c) = f'(c)(-c) + \frac{f''(\xi_2)}{2}c^2,$$

两式相减得到

$$f(1) - f(0) = f'(c) + \frac{f''(\xi_1)}{2}(1-c)^2 - \frac{f''(\xi_2)}{2}c^2,$$

因此

$$
\begin{aligned}
|f'(c)| &\leqslant |f(1) - f(0)| + \left| \frac{f''(\xi_1)}{2}(1-c)^2 - \frac{f''(\xi_2)}{2}c^2 \right| \\
&\leqslant 2a + \frac{b}{2}[c^2 + (1-c)^2] \\
&\leqslant 2a + \frac{b}{2}[c + (1-c)] \\
&= 2a + \frac{b}{2}.
\end{aligned}
$$

□

3. 求高阶导数

通常, 欲求函数的 Taylor 公式必须先求出它的各阶导数, 但如果已知函数 $f(x)$ 在 x_0 点的 Taylor 公式

$$f(x) = a_0 + a_1(x-x_0) + a_2(x-x_0)^2 + \cdots + a_n(x-x_0)^n + R_n(x),$$

其中 $R_n(x)$ 为余项, 则由 Taylor 公式的唯一性, 可得 $f(x)$ 在 x_0 点的高阶导数:

$$f^{(k)}(x_0) = k!a_k, k = 1, 2, \cdots, n.$$

例 5.4.16 求函数 $f(x) = \arctan x$ 在 $x = 0$ 点的 n 阶导数 $f^{(n)}(0)$.

解 首先, 由间接方法可求得 $y = \arctan x$ 的 Maclaurin 公式 (见式 (5.3.21))

$$\arctan x = x - \frac{x^3}{3} + \cdots + \frac{(-1)^k}{2k+1}x^{2k+1} + r_{2k+2}(x).$$

其次, 再比较系数可得: 当 $n = 2k$ 时, $f^{(n)}(0) = 0$, 而当 $n = 2k + 1$ 时,

$$f^{(n)}(0) = (2k+1)!a_{2k+1} = (2k+1)!\frac{(-1)^k}{2k+1} = (-1)^k(2k)!.$$

习 题 5.4

A1. 设

$$f(x) = \begin{cases} x^4 \sin^2 \dfrac{1}{x}, & x \neq 0, \\ 0, & x = 0. \end{cases}$$

(1) 证明: $x = 0$ 是极小值点;

(2) 说明 f 的极小值点 $x = 0$ 处是否满足极值的第一充分条件或第二充分条件.

A2. 求下列函数的极值:

(1) $y = x^5 - 5x^4 + 5x^3 + 1$;   (2) $f(x) = (x-1)^2(x+1)^3$;

(3) $y = xe^{-x}$;   (4) $f(x) = x\sqrt[3]{x-1}$.

A3. 求下列函数在指定区间上的最小值和最大值:

(1) $f(x) = -2x^3 + 3x^2 + 6x - 1$, $x \in [-2, 2]$;

(2) $f(x) = \sin^3 x + \cos^3 x$, $x \in \left[0, \dfrac{3\pi}{4}\right]$;

(3) $f(x) = x^2 e^{-x^2}$, $x \in (-\infty, +\infty)$.

A4. (1) 求数列 $\{\sqrt[n]{n}\}$ 的最大项;   (2) 求数列 $\left\{\left(\dfrac{1+n}{1-n}\right)^3, n \geqslant 2\right\}$ 的最小项.

A5. 设过曲线 $\gamma : y = x^2 - 1 (x > 0)$ 上一点 P 作 γ 的切线分别交 x 轴和 y 轴于点 M 和 N. 问: P 在 γ 上何处方能使 $\triangle OMN$ 的面积最小? 其中 O 为坐标原点.

A6. 将长度为 l 的均匀细棒放入半径为 a 的半球面的空杯中. 已知 $2a < l < 4a$. 如果不计摩擦力, 问: 什么状态下才是细棒在杯中的平衡位置?(注: 平衡位置时重心最低)

A7. 下列函数所表示的曲线是否存在渐近线? 若存在, 请求出渐近线方程.

(1) $y = \sqrt{x^2 - 2x}$;   (2) $y = \dfrac{1+x}{1+x^2}$;   (3) $y = \ln\dfrac{1-x}{1+x}$;   (4) $y = (1+x^2)e^{\frac{1}{x}}$.

A8. 按函数作图步骤, 作下列函数图像:

(1) $y = (x+2)e^{\frac{1}{x}}$;   (2) $y = \dfrac{x^2}{2(x+1)^2}$;   (3) $y = x - 2\arctan x$;   (4) $y = xe^{-x}$;

(5) $y = x^3 - 3x^2 + 1$;   (6) $y = e^{-x^2}$;   (7) $y = (x-1)x^{\frac{2}{3}}$;   (8) $y = |x|^{\frac{2}{3}}(x-2)^2$.

A9. 求下列函数的极限:

(1) $\lim\limits_{n\to\infty} n[e - (1+\dfrac{1}{n})^n]$;   (2) $\lim\limits_{x\to 0^+} \dfrac{a^x + a^{-x} - 2}{x^2} (a > 0)$;

(3) $\lim\limits_{x\to 0} \dfrac{1}{x}\left(\dfrac{1}{x} - \cot x\right)$;   (4) $\lim\limits_{x\to 0}\left(\dfrac{1}{x} - \dfrac{1}{\sin x}\right)$;

(5) $\lim\limits_{x \to 0} \dfrac{\mathrm{e}^x \sin x - x(1+x)}{x^3}$; 　　　(6) $\lim\limits_{x \to +\infty} \left[x - x^2 \ln \left(1 + \dfrac{1}{x} \right) \right]$.

A10. 利用 Taylor 公式证明不等式:

(1) $(1+x)^{\alpha} \leqslant 1 + \alpha x + \dfrac{\alpha(\alpha-1)}{2}x^2 + \dfrac{\alpha(\alpha-1)(\alpha-2)}{6}x^3$, 其中 $2 < \alpha < 3, x \geqslant -1$, 且等号仅在 $x = 0$ 时成立;

(2) $x - \dfrac{x^2}{2} + \dfrac{x^3}{3} - \cdots - \dfrac{x^{2n}}{2n} < \ln(1+x) < x - \dfrac{x^2}{2} + \dfrac{x^3}{3} - \cdots + \dfrac{x^{2n-1}}{2n-1}$, $\forall\, x > 0,\ n \in \mathbb{N}^+$.

A11. 利用 Taylor 公式求下列函数在 $x = 0$ 处的 n 阶导数:

(1)$f(x) = \sin x^3$; 　　　(2)$f(x) = \dfrac{x^2}{1+x^2}$.

A12. 估计下列近似的绝对误差:

(1) $\sin x \approx x - \dfrac{x^3}{6}$, 当 $|x| \leqslant \dfrac{1}{2}$;

(2) $\sqrt{1+x} \approx 1 + \dfrac{x}{2} - \dfrac{x^2}{8}, x \in [0,1]$.

A13. 计算:

(1) e 的值准确到 10^{-9}; 　　　(2) $\lg 11$ 的值准确到 10^{-5}.

B14. 设 $f(0) = 0, f'(x)$ 单调增加, 证明 $\dfrac{f(x)}{x}$ 在 $(0, +\infty)$ 上也单调增加.

B15. 设 $k > 0$, 试问 k 为何值时, 方程 $\arctan x - kx = 0$ 存在正实根.

B16. 设 n 为正整数, 讨论函数 $y = f(x) = \left(1 + x + \dfrac{x^2}{2} + \cdots + \dfrac{x^n}{n!} \right) \mathrm{e}^{-x}$ 的极值.

B17. 求函数 $f_n(x) = x^n \mathrm{e}^{-n^2 x}$ 在 $[0, +\infty)$ 上的最大值和最小值, 其中, $n \geqslant 2$ 为自然数, 并计算 $\lim\limits_{n \to +\infty} f_n(x)$.

B18. 设函数 f 在 $[a,b]$ 上二阶可导, $f'(a) = f'(b) = 0$. 证明存在一点 $\xi \in (a,b)$, 使得

$$|f''(\xi)| \geqslant \dfrac{4}{(b-a)^2} |f(b) - f(a)|.$$

B19. 设函数 f 在 $[0,a]$ 上具有二阶导数, 且 $|f''(x)| \leqslant M, f$ 在 $(0,a)$ 内取得最大值. 试证:

$$|f'(0)| + |f'(a)| \leqslant Ma.$$

B20. 设 f 在 $[0,2]$ 上二阶可导, 且 $|f(x)| \leqslant 1, |f''(x)| \leqslant 1$. 证明: 在 $[0,2]$ 上, $|f'(x)| \leqslant 2$.

第6章 不定积分

我们知道, 乘方与开方是一对互逆的运算. 求导也是一种运算, 它作用在可微函数上. 那么求导运算是否有逆运算? 给定函数 $F(x)$, 求 $F'(x)$, 这是求导 (微分) 运算, 反过来, 若已知 $F(x)$ 的导函数 $F'(x) = f(x)$, 要求原来的函数 $F(x)$, 这就是求导运算的逆运算. 这样的问题称为求函数 $f(x)$ 的原函数或不定积分. 除少数简单的函数可以直接观察或找出其原函数外, 我们还需要一些专门的方法来找原函数.

§6.1 不定积分的概念与运算法则

§6.1.1 不定积分概念的提出

1. 原函数与不定积分

我们首先把上面从逆运算的角度引入的概念严格化如下.

定义 6.1.1(原函数) 若在某个区间 I 上, 函数 F 和 f 满足关系

$$F'(x) = f(x), x \in I,$$

或等价地,

$$\mathrm{d}(F(x)) = f(x)\mathrm{d}x,$$

则称 F 为 f 在区间 I 上的一个原函数(primitive function 或 antiderivative).

注 6.1.1 首先, f 在区间 I 上的原函数是不唯一的. 事实上, 若 F 是 f 在区间 I 上的一个原函数, 则对任何常数 C, 函数 $F + C$ 也是 f 在区间 I 上的原函数.

其次, 若已知 F 是 f 在区间 I 上的一个原函数, 则对 f 在区间 I 上的任意一个原函数 G, 必满足 $G'(x) = F'(x) = f(x), \forall x \in I$. 于是由 Lagrange 中值定理的推论 5.1.2 易知, 存在常数 C, 使得 $G(x) = F(x) + C$. 因此 f 的任一原函数都形如 $F + C$, 即 f 的任意两个原函数之间只相差一个常数.

由于原函数的这种结构特性, 我们给出下面不定积分的概念.

定义 6.1.2(不定积分) 函数 f 在区间 I 上的原函数全体称为这个函数(在区间 I 上) 的不定积分(indefinite integral), 记作

$$\int f(x)\mathrm{d}x,$$

其中, $\int$ 称为积分号, $f(x)$ 称为被积函数, x 称为积分变量.

根据定义可知, 若 F 是 f 的一个原函数, 则 $\int f(x)\mathrm{d}x = \{F + C : C \in \mathbb{R}\}$, 但为方便起见, 通常记为

$$\int f(x)\mathrm{d}x = F(x) + C,$$

常数 C 也称为积分常数.

由定义可知, $\mathrm{d}F(x) = f(x)\mathrm{d}x$, 即

$$\mathrm{d}\int f(x)\mathrm{d}x = f(x)\mathrm{d}x, \tag{6.1.1}$$

或等价地有

$$\left(\int f(x)\mathrm{d}x\right)' = f(x), \tag{6.1.2}$$

因此, 微分运算 "d" 可看成不定积分运算 "∫" 的逆运算. 反过来,

$$\int \mathrm{d}F(x) = F(x) + C. \tag{6.1.3}$$

或

$$\int F'(x)\mathrm{d}x = F(x) + C. \tag{6.1.4}$$

这种 "逆" 要差一个常数. 因此, 求不定积分 $\int f(x)\mathrm{d}x$, 就等价于求原函数 $F(x)$.

2. 原函数与不定积分的实际背景

上面是从微分运算的逆运算引出了原函数与不定积分的概念. 实际上, 求原函数与不定积分问题也有深刻的实际背景. 例如, 已知速度函数 $v(t)$, 求位移函数 $s(t)$, 即已知 $s'(t)$, 求 $s(t)$.

例 6.1.1 分别求匀速运动和匀加速运动的运动方程.

解 设运动方程为 $s = s(t)$, 不妨设初始时刻位移 $s(0) = 0$.

(1) 若物体做匀速运动, 则 $v = v_0$ 是常数, 即 $s'(t) = v_0$, 亦即已知位移 $s(t)$ 的导数欲求 $s(t)$. 所以, $s(t) = v_0 t + c$, 由于 $s(0) = 0$, 所以 $c = 0$, $s(t) = v_0 t$.

(2) 当物体做匀加速运动时, 加速度 $a(t) = a$ 为常数, 由于 $v'(t) = a(t)$, 所以类似求得 $v(t) = at + v_0$, 进而 $s(t) = \dfrac{1}{2}at^2 + v_0 t$.

不定积分也有几何的背景.

例 6.1.2 求一条通过 $(2,5)$ 的曲线, 使其在任意一点处的切线斜率是其横坐标的 2 倍.

解 设曲线方程为 $y = y(x)$, 则 $y'(x) = 2x$, 因此, $y = x^2 + c$. 由于 $y(2) = 5$, 所以 $c = 1$, 即 $y = x^2 + 1$. 如图 6.1.1 所示.

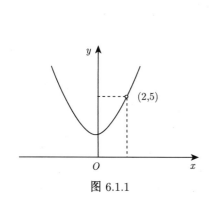

图 6.1.1

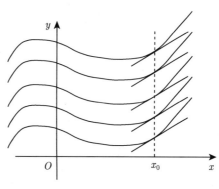

图 6.1.2

注 6.1.2   从几何上看, 一个函数 f 的两个原函数所代表的曲线是相互"平行"的, 即在横坐标相同的点处的切线是相互平行的. 如图 6.1.2 所示.

我们称每一条这样的曲线为 f 的积分曲线.

§6.1.2   基本积分表一

定义了原函数与不定积分的概念后, 我们面临三个问题: 原函数的存在性、唯一性以及求原函数的办法. 唯一性问题已经解决: 任意两个原函数之间差且只差一个常数; 存在性问题, 需要用到定积分知识, 留到下一章. 本章主要讨论如何求原函数的问题.

从定义可知, 求一个函数的不定积分可以凭求导数的经验反过去寻找原函数. 例如:

(1) 因为 $\left(\dfrac{1}{3}x^3\right)' = x^2$, 所以 $\displaystyle\int x^2 \mathrm{d}x = \dfrac{1}{3}x^3 + C$.

(2) 同样, 欲求 $\displaystyle\int \sin 2x \mathrm{d}x$, 如果你记得或发现了 $\left(-\dfrac{1}{2}\cos 2x\right)' = \sin 2x$, 则有 $\displaystyle\int \sin 2x \mathrm{d}x = -\dfrac{1}{2}\cos 2x + C$.

首先, 对照 §4.3 的基本微分公式可以获得一批基本积分公式, 这些结果今后可以直接引用.

基本积分表一

1. $\displaystyle\int x^\alpha \mathrm{d}x = \begin{cases} \dfrac{1}{\alpha+1} x^{\alpha+1} + C, & \alpha \neq -1, \\ \ln|x| + C, & \alpha = -1; \end{cases}$ 2. $\displaystyle\int a^x \mathrm{d}x = \dfrac{a^x}{\ln a} + C, a \neq 1,$ 特别地, $\displaystyle\int \mathrm{e}^x \mathrm{d}x = \mathrm{e}^x + C;$

3. $\displaystyle\int \sin x \mathrm{d}x = -\cos x + C;$ 4. $\displaystyle\int \cos x \mathrm{d}x = \sin x + C;$

5. $\displaystyle\int \sec^2 x \mathrm{d}x = \tan x + C;$ 6. $\displaystyle\int \csc^2 x \mathrm{d}x = -\cot x + C;$

7. $\displaystyle\int \mathrm{sh} x \mathrm{d}x = \mathrm{ch} x + C;$ 8. $\displaystyle\int \mathrm{ch} x \mathrm{d}x = \mathrm{sh} x + C;$

9. $\displaystyle\int \dfrac{\mathrm{d}x}{x^2+1} = \arctan x + C;$ 10. $\displaystyle\int \dfrac{\mathrm{d}x}{\sqrt{1-x^2}} = \arcsin x + C.$

但不是任何函数的原函数都能这样简单地求出来, 甚至在很多情况下是"求不出来"的 (第三节会解释"求不出来"的含义). 即使能求出来, 但只依靠经验或记忆, 有时是比较困难的. 例如, 欲求不定积分 $\displaystyle\int \dfrac{\mathrm{d}x}{\sqrt{1+x^2}}$, 因为

$$\frac{d}{\mathrm{d}x} \ln(x + \sqrt{1+x^2}) = \frac{1}{\sqrt{1+x^2}}, \tag{6.1.5}$$

所以我们有

$$\int \frac{\mathrm{d}x}{\sqrt{1+x^2}} = \ln(x + \sqrt{1+x^2}) + C. \tag{6.1.6}$$

式 (6.1.5) 很容易求得, 但如果你不记住它, 就不易求得式 (6.1.6). 类似的现象很普遍, 所以我们有必要系统地探讨求不定积分的方法.

接下来, 我们将依次介绍不定积分的线性性质、换元法、分部积分法等常用方法, 以及针对某些特殊类型的函数介绍专门方法来求得其不定积分.

§6.1.3 不定积分的线性性质

定理 6.1.1 若函数 f 和 g 的原函数都存在, 则它们的线性组合 $af(x) + bg(x)$ 的原函数也存在, 且

$$\int [af(x) + bg(x)]\mathrm{d}x = a\int f(x)\mathrm{d}x + b\int g(x)\mathrm{d}x. \tag{6.1.7}$$

注意不定积分中任意常数的意义. 当 $a = b = 0$ 时, 等式右端应理解为常数 C.

证明 设 $F(x)$ 和 $G(x)$ 分别为 $f(x)$ 和 $g(x)$ 的一个原函数, 即 $F'(x) = f(x), G'(x) = g(x)$, 则对任意常数 a 和 b, $(aF(x) + bG(x))' = af(x) + bg(x)$, 即 $aF(x) + bG(x)$ 是 $af(x) + bg(x)$ 的一个原函数, 因此有

$$\int [af(x) + bg(x)]\mathrm{d}x = aF(x) + bG(x) + C.$$

又

$$a\int f(x)\mathrm{d}x + b\int g(x)\mathrm{d}x = a(F(x) + C_1) + b(G(x) + C_2)$$
$$= aF(x) + bG(x) + (aC_1 + bC_2).$$

由于上面两式中的 C, C_1, C_2 都代表任意常数, 所以上面两等式的右端所表示的函数族相同, 于是不定积分的线性性质 (6.1.7) 成立. □

例 6.1.3 设 $p(x) = a_n x^n + a_{n-1}x^{n-1} + \cdots + a_1 x + a_0$, 求 $\int p(x)\mathrm{d}x$.

解 根据不定积分的线性性质以及幂函数的不定积分公式, 我们立得

$$\int p(x)\mathrm{d}x = \frac{a_n}{n+1}x^{n+1} + \frac{a_{n-1}}{n}x^n + \cdots + a_0 x + C.$$

例 6.1.4 求 $\int \sin^2 \frac{x}{2}\mathrm{d}x$.

解 利用三角函数公式与不定积分的线性性质可得

$$\int \sin^2 \frac{x}{2}\mathrm{d}x = \int \frac{1 - \cos x}{2}\mathrm{d}x = \frac{1}{2}(x - \sin x) + C.$$

例 6.1.5 求 $\int \frac{\mathrm{d}x}{\cos^2 x \sin^2 x}$.

解 利用三角函数公式与基本积分表可得

$$\int \frac{\mathrm{d}x}{\cos^2 x \sin^2 x} = \int \frac{\cos^2 x + \sin^2 x}{\cos^2 x \sin^2 x}\mathrm{d}x$$
$$= \int \sec^2 x\mathrm{d}x + \int \csc^2 x\mathrm{d}x$$
$$= \tan x - \cot x + C.$$

例 6.1.6 求 $\int \left(\sqrt{x} + \frac{1}{\sqrt[3]{x^2}} + 1\right)\left(\frac{1}{\sqrt{x}} + 1\right)\mathrm{d}x$.

解   将被积函数化成几个幂函数之和:

$$\int \left(\sqrt{x} + \frac{1}{\sqrt[3]{x^2}} + 1\right)\left(\frac{1}{\sqrt{x}} + 1\right)\mathrm{d}x = \int (2 + x^{\frac{1}{2}} + x^{-\frac{7}{6}} + x^{-\frac{2}{3}} + x^{-\frac{1}{2}})\mathrm{d}x$$
$$= 2x + \frac{2}{3}x^{\frac{3}{2}} - 6x^{-\frac{1}{6}} + 3x^{\frac{1}{3}} + 2x^{\frac{1}{2}} + C.$$

例 6.1.7   求 $\displaystyle\int \frac{x^4}{1+x^2}\mathrm{d}x$.

解

$$\int \frac{x^4}{1+x^2}\mathrm{d}x = \int \frac{(x^4-1)+1}{1+x^2}\mathrm{d}x$$
$$= \int \left(x^2 - 1 + \frac{1}{1+x^2}\right)\mathrm{d}x$$
$$= \frac{x^3}{3} - x + \arctan x + C.$$

习　题　6.1

A1. 求一曲线 $y = f(x)$, 使得在曲线上每一点 (x,y) 处的斜率为 $3x$, 且通过点 $(2,3)$.

A2. 一物体由静止开始运动, $t\,\mathrm{s}$ 时刻的速度为 $4t^3\,\mathrm{m/s}$, 问:

(1) 4s 后走了多远?

(2) 到达 256 m 处时用了多少时间?

A3. 验证 $y = \dfrac{x^2}{2}\mathrm{sgn}x$ 是 $|x|$ 在 $(-\infty, +\infty)$ 上的一个原函数.

A4. 求下列不定积分:

(1) $\displaystyle\int \left(x^3 - 2x^2 + \frac{1}{\sqrt[3]{x^2}}\right)\mathrm{d}x$;　　(2) $\displaystyle\int \left(x - \frac{1}{\sqrt{x}}\right)\left(\frac{1}{\sqrt{x}} + 1\right)\mathrm{d}x$;

(3) $\displaystyle\int 2^x \cdot 3^{2x}\mathrm{d}x$;　　(4) $\displaystyle\int (x^a + a^x)\mathrm{d}x$;

(5) $\displaystyle\int \frac{3}{\sqrt{4-4x^2}}\mathrm{d}x$;　　(6) $\displaystyle\int (\mathrm{e}^x - \mathrm{e}^{-x})^2\mathrm{d}x$;

(7) $\displaystyle\int \sqrt{x\sqrt{x\sqrt{x}}}\,\mathrm{d}x$;　　(8) $\displaystyle\int (\tan^2 x - 1)\mathrm{d}x$;

(9) $\displaystyle\int \frac{\cos 2x}{\cos x - \sin x}\mathrm{d}x$;　　(10) $\displaystyle\int \frac{\cos 2x}{\cos^2 x \cdot \sin^2 x}\mathrm{d}x$;

(11) $\displaystyle\int \cos x \cdot \cos 2x\mathrm{d}x$;　　(12) $\displaystyle\int (\sin x + \cos x)^2\mathrm{d}x$.

B5. 求不定积分:

(1) $\displaystyle\int \max\{1, x^2\}\mathrm{d}x$;　　(2) $\displaystyle\int \min\{1, x^2\}\mathrm{d}x$.

C6. 设 $F_1(x) = \arctan x$, $F_2(x) = -\arctan\dfrac{1}{x}$, 容易验证: $F_1'(x) = F_2'(x) = \dfrac{1}{1+x^2}, \forall x \neq 0$. 那么, $F_1(x), F_2(x)$ 只相差一个常数吗?

§6.2   换元积分法和分部积分法

这一节分别介绍不定积分的换元积分法和分部积分法.

§6.2.1 换元积分法

换元法也就是变量代换法 (integration by substitution). 变量代换法是数学中基本的但又很重要的方法之一. 例如, 我们在求极限的时候有时用变量代换: 令 $x = \dfrac{1}{t}$, 把 $x \to \infty$ 转化为 $t \to 0$. 而在微分学中, 涉及变量代换的就是复合函数求导的链式法则. 不定积分的换元法正是微分学中链式法则的应用, 是不定积分计算的基本方法之一.

换元积分法有两种形式, 分别称为第一换元法和第二换元法.

(1) 第一换元法, 又称凑微分法.

设

$$f(x) = g(\varphi(x))\varphi'(x), \text{或} f(x)\mathrm{d}x = g(\varphi(x))\mathrm{d}\varphi(x),$$

记 $u = \varphi(x)$, 则

$$\int f(x)\mathrm{d}x = \int g(\varphi(x))\mathrm{d}\varphi(x) = \int g(u)\mathrm{d}u = G(\varphi(x)) + C, \tag{6.2.1}$$

式中, $G(u)$ 是 $g(u)$ 的一个原函数.

要证明这一结果, 只要证明右边的导数正好是 $f(x)$ 即可, 而由复合函数求导的链式法则, 这是显然的.

这一换元法的基本思想是, 如果 $f(x)$ 的不定积分不容易求出, 但能将 $f(x)$ "凑成" 形如 $g(\varphi(x))\varphi'(x)$ 的形式, 而 $g(u)$ 的不定积分容易求出, 则我们使用凑微分法.

(2) 第二换元法.

欲计算积分 $\displaystyle\int g(u)\mathrm{d}u$, 而它的原函数不易直接找出. 任意给定一个变换 $u = \varphi(x)$, 其中, $\varphi(x)$ 严格单调, 且 $\varphi'(x) \neq 0$. 记 $f(x) = g(\varphi(x))\varphi'(x)$, 则

$$\int g(u)\mathrm{d}u = \int g(\varphi(x))\mathrm{d}\varphi(x) = \int f(x)\mathrm{d}x,$$

如果变换 $u = \varphi(x)$ 选取恰当, 使得 f 的原函数 F 容易求得, 则即得所谓的第二换元公式

$$\int g(u)\mathrm{d}u = \int g(\varphi(x))\varphi'(x)\mathrm{d}x = \int f(x)\mathrm{d}x = F(x) + C = F(\varphi^{-1}(u)) + C. \tag{6.2.2}$$

下面举例说明换元法的应用. 先看凑微分法.

例 6.2.1 求 $\displaystyle\int \frac{\mathrm{d}x}{x-1}$.

解 $\displaystyle\int \frac{\mathrm{d}x}{x-1} = \int \frac{\mathrm{d}(x-1)}{x-1} = \int \frac{\mathrm{d}u}{u} = \ln|u| + C = \ln|x-1| + C.$ 这里, 我们用了一个简单的换元 $u = x - 1$, 而 $g(u) = \dfrac{1}{u}$ 的原函数易求.

类似地, 我们有

$$\int \frac{\mathrm{d}x}{(x-a)^n} = \int \frac{\mathrm{d}(x-a)}{(x-a)^n} = \begin{cases} -\dfrac{1}{n-1} \cdot \dfrac{1}{(x-a)^{n-1}} + C, & n \neq 1, \\ \ln|x-a| + C, & n = 1. \end{cases} \tag{6.2.3}$$

$$\int \frac{\mathrm{d}x}{x^2 - a^2} = \frac{1}{2a} \int \left(\frac{1}{x-a} - \frac{1}{x+a} \right) \mathrm{d}x = \frac{1}{2a} \ln\left| \frac{x-a}{x+a} \right| + C (a \neq 0). \tag{6.2.4}$$

例 6.2.2　对任何 $a \neq 0$, 有

$$\int \frac{\mathrm{d}x}{x^2 + a^2} = \frac{1}{a} \int \frac{\mathrm{d}\left(\dfrac{x}{a}\right)}{\left(\dfrac{x}{a}\right)^2 + 1} = \frac{1}{a}\arctan\frac{x}{a} + C. \tag{6.2.5}$$

类似可得

$$\int \frac{\mathrm{d}x}{\sqrt{a^2 - x^2}} = \arcsin\frac{x}{a} + C. \tag{6.2.6}$$

例 6.2.3　求积分 $\displaystyle\int \tan x \mathrm{d}x$.

解

$$\int \tan x \mathrm{d}x = \int \frac{\sin x}{\cos x}\mathrm{d}x = -\int \frac{\mathrm{d}(\cos x)}{\cos x} = -\ln|\cos x| + C.$$

同理可得

$$\int \cot x \mathrm{d}x = \ln|\sin x| + C.$$

例 6.2.4　求积分 $\displaystyle\int \sec x \mathrm{d}x$.

解

$$\int \sec x \mathrm{d}x = \int \frac{\mathrm{d}x}{\cos x} = \int \frac{\cos x \mathrm{d}x}{\cos^2 x} = \int \frac{\mathrm{d}\sin x}{1 - \sin^2 x}.$$

令 $u = \sin x$, 并根据式 (6.2.4) 得到

$$\int \sec x \mathrm{d}x = \frac{1}{2}\ln\frac{1 + \sin x}{1 - \sin x} + C. \tag{6.2.7}$$

或者

$$\int \sec x \mathrm{d}x = \int \frac{\sec x(\sec x + \tan x)\mathrm{d}x}{\sec x + \tan x} = \int \frac{\mathrm{d}(\sec x + \tan x)}{\sec x + \tan x} = \ln|\sec x + \tan x| + C. \tag{6.2.8}$$

两种方法所得结果 (6.2.7) 和 (6.2.8) 只是形式不同, 可以验证, 它们只差一个常数.
同法可得

$$\int \csc x \mathrm{d}x = -\frac{1}{2}\ln\frac{1 + \cos x}{1 - \cos x} + C = \ln|\csc x - \cot x| + C'.$$

例 6.2.5　求 $\displaystyle\int \mathrm{e}^{3x^2 + \ln x}\mathrm{d}x$.

解

$$\int \mathrm{e}^{3x^2 + \ln x}\mathrm{d}x = \int \mathrm{e}^{3x^2}x\mathrm{d}x = \frac{1}{6}\int \mathrm{e}^{3x^2}\mathrm{d}(3x^2) = \frac{1}{6}\mathrm{e}^{3x^2} + C.$$

例 6.2.6　求 $\displaystyle\int \sin mx \cos nx \mathrm{d}x (|m| \neq |n|)$.

解 利用三角函数的积化和差公式, 有

$$\int \sin mx \cos nx \mathrm{d}x = \frac{1}{2} \int [\sin(m+n)x + \sin(m-n)x] \mathrm{d}x$$

$$= -\frac{1}{2} \left[\frac{\cos(m+n)x}{m+n} + \frac{\cos(m-n)x}{m-n} \right] + C.$$

例 6.2.7 求 $\int \dfrac{\arctan x}{1+x^2} \mathrm{d}x$.

解

$$\int \frac{\arctan x}{1+x^2} \mathrm{d}x = \int \arctan x \mathrm{d}(\arctan x) = \frac{1}{2}(\arctan x)^2 + C.$$

下面是第二换元法应用的例子.

例 6.2.8 求 $\int x(1-x)^n \mathrm{d}x (n$ 为自然数 $)$.

解 本题可以先将 $(1-x)^n$ 展开, 再求积分, 但比较麻烦. 为此, 我们作变量代换. 令 $1-x=t$, 于是 $\mathrm{d}x = -\mathrm{d}t$, 则只要 $n \neq -1, -2$, 就有

$$\int x(1-x)^n \mathrm{d}x = \int (t^{n+1} - t^n) \mathrm{d}t$$

$$= \frac{t^{n+2}}{n+2} - \frac{t^{n+1}}{n+1} + C$$

$$= \frac{(1-x)^{n+2}}{n+2} - \frac{(1-x)^{n+1}}{n+1} + C.$$

例 6.2.9 求 $\int \sqrt{a^2 - x^2} \mathrm{d}x (a > 0)$.

解 由于 $\sqrt{a^2 - x^2}$ 的原函数不易直接得出, 我们先作变换去根号, 令

$$x = a \sin t, \ t \in \left(-\frac{\pi}{2}, \frac{\pi}{2} \right),$$

则

$$\sqrt{a^2 - x^2} = a \cos t, \ \mathrm{d}x = a \cos t \mathrm{d}t,$$

于是原式化为

$$\int \sqrt{a^2 - x^2} \mathrm{d}x = a^2 \int \cos^2 t \mathrm{d}t$$

$$= \frac{a^2}{2} \int (1 + \cos 2t) \mathrm{d}t$$

$$= \frac{a^2}{2} \left(t + \frac{\sin 2t}{2} \right) + C.$$

将 t 用 x 代回即可得

$$\int \sqrt{a^2 - x^2} \mathrm{d}x = \frac{1}{2} \left(a^2 \arcsin \frac{x}{a} + x\sqrt{a^2 - x^2} \right) + C. \tag{6.2.9}$$

例 6.2.10 求 $\displaystyle\int \frac{\mathrm{d}x}{\sqrt{x^2-a^2}} (a>0)$.

解 令 $x=a\sec t$, 由于 $x>a$ 或 $x<-a$, 于是 $t\in\left(0,\dfrac{\pi}{2}\right)$ 或 $t\in\left(\dfrac{\pi}{2},\pi\right)$.

当 $x>a$ 时, $\sqrt{x^2-a^2}=a\tan t, \mathrm{d}x=a\tan t\sec t\mathrm{d}t$, 则

$$
\begin{aligned}
\int \frac{\mathrm{d}x}{\sqrt{x^2-a^2}} &= \int \sec t\mathrm{d}t \\
&= \ln|\sec t+\tan t| + C \\
&= \ln|x+\sqrt{x^2-a^2}| + C.
\end{aligned}
\tag{6.2.10}
$$

同理, $x<-a$ 时, $\displaystyle\int \frac{\mathrm{d}x}{\sqrt{x^2-a^2}}$ 仍然是 $\ln|x+\sqrt{x^2-a^2}|+C$.

同样, 令 $x=a\tan t$, 可得

$$
\int \frac{\mathrm{d}x}{\sqrt{x^2+a^2}} = \ln|x+\sqrt{x^2+a^2}| + C.
\tag{6.2.11}
$$

由上面几个例子可见, 第二换元法往往是主动选择适当的变量代换. 究竟选择什么样的代换, 需要根据实际情况确定. 除去上面提到的代换外, 还有一些常见的代换. 例如, **倒代换**、**根式代换**等. 举例如下.

例 6.2.11 求 $\displaystyle\int \frac{\mathrm{d}x}{x^2\sqrt{1+x^2}}$.

解 被积函数 $\dfrac{1}{x^2\sqrt{1+x^2}}$ 的定义域为 $x\neq 0$. 先在区间 $(0,+\infty)$ 上考虑.

作倒代换, 即令 $x=\dfrac{1}{t}$, 则 $\mathrm{d}x=-\dfrac{1}{t^2}\mathrm{d}t$, 于是

$$
\begin{aligned}
\text{原式} &= -\int \frac{t\mathrm{d}t}{\sqrt{1+t^2}} = -\frac{1}{2}\int \frac{\mathrm{d}(1+t^2)}{\sqrt{1+t^2}} = -\sqrt{1+t^2} + C \\
&= -\sqrt{1+\frac{1}{x^2}} + C = -\frac{\sqrt{1+x^2}}{x} + C.
\end{aligned}
$$

也可以作三角函数代换: 令 $x=\tan t, t\in\left(0,\dfrac{\pi}{2}\right)$, 则 $\mathrm{d}x=\sec^2 t\mathrm{d}t$, 代入得

$$
\text{原式} = \int \frac{\sec^2 t\mathrm{d}t}{\tan^2\sec t} = \int \frac{\cos t\mathrm{d}t}{\sin^2 t}.
$$

再用凑微分法可得, $\displaystyle\int \frac{\cos t\mathrm{d}t}{\sin^2 t} = \int \frac{\mathrm{d}\sin t}{\sin^2 t} = -\frac{1}{\sin t} + C = -\frac{\sqrt{1+x^2}}{x} + C$.

对区间 $(-\infty,0)$, 不定积分有相同的结果.

例 6.2.12 求 $\displaystyle\int \frac{\mathrm{d}u}{\sqrt{u}+\sqrt[3]{u}}$.

解 作根式代换, 即令 $\sqrt[6]{u}=x$, 则有

$$
\int \frac{\mathrm{d}u}{\sqrt{u}+\sqrt[3]{u}} = 6\int \frac{x^3}{x+1}\mathrm{d}x.
$$

再令 $x + 1 = t$, 可解得

$$
\begin{aligned}
原式 &= 6 \int \left(t^2 - 3t + 3 - \frac{1}{t} \right) \mathrm{d}t \\
&= 2t^3 - 9t^2 + 18t - 6\ln t + C \\
&= 2x^3 - 3x^2 + 6x - 6\ln|x + 1| + C \\
&= 2\sqrt{u} - 3\sqrt[3]{u} + 6\sqrt[6]{u} - 6\ln|\sqrt[6]{u} + 1| + C.
\end{aligned}
$$

§6.2.2 分部积分法

对有些类型函数的积分, 我们要使用所谓的分部积分法 (integration by parts).

根据乘积求导公式: $(u \cdot v)' = u' \cdot v + u \cdot v'$, 我们有

$$
\int u \cdot v' \mathrm{d}x = u \cdot v - \int u' \cdot v \mathrm{d}x \tag{6.2.12}
$$

或简写为

$$
\int u \mathrm{d}v = uv - \int v \mathrm{d}u. \tag{6.2.13}
$$

这个公式就是所谓的分部积分公式. 分部积分公式的想法是, 如果式 (6.2.12) 或式 (6.2.13) 的右端容易计算, 则可将计算左端积分的问题化为计算右端积分.

例如,

$$
\int x \cos x \mathrm{d}x = \int x \mathrm{d}(\sin x),
$$

现在分部积分, 令 $u(x) = x, v(x) = \sin x$, 则

$$
\int x \mathrm{d}(\sin x) = x \sin x - \int \sin x \mathrm{d}x,
$$

显然, 上式右端的积分很容易求出, 因此,

$$
\int x \cos x \mathrm{d}x = x \sin x + \cos x + C.
$$

再看

$$
\int \ln x \mathrm{d}x = x \ln x - \int x \cdot \frac{1}{x} \mathrm{d}x = x \ln x - x + C.
$$

分部积分也不是万能的. 试想把刚才的 u, v 反过来取, 将使积分更加复杂. 例如, 以下做法行不通:

$$
\int x \cos x \mathrm{d}x = \frac{x^2}{2} \cos x + \int \frac{x^2}{2} \sin x \mathrm{d}x.
$$

因此, 必须弄清楚分部积分的适用情形.

我们只看 v' 的选取. 首先, 要容易确定 v, 如果连 v 都不好确定, 就无法用分部积分公式 (6.2.12) 或式 (6.2.13). 其次, 可以按照把 u 或 v 升幂、降幂以及循环三种类型分别考虑分部积分法. 具体来说以下是几类适用的情况.

(1) $\int p_n(x)\sin mx\mathrm{d}x$, $\int p_n(x)\cos mx\mathrm{d}x$, $\int p_n(x)\mathrm{e}^{\lambda x}\mathrm{d}x$, 这里 $p_n(x)$ 是多项式, 我们可选取 $u(x) = p_n(x)$, 分部后对多项式 $p_n(x)$ 求导, 从而使 $p_n(x)$ 幂次被降低, 被积函数变简单, 这是所谓的 "降幂".

(2) $\int p_n(x)\arcsin x\mathrm{d}x$, $\int p_n(x)\arccos x\mathrm{d}x$, $\int p_n(x)\arctan x\mathrm{d}x$, $\int p_n(x)\ln x\mathrm{d}x$, 在这种情形, 选 $p_n(x) = v'(x)$, 尽管分部后对应的 v 的次数升高, 但对 u 而言, $\mathrm{d}u$ 简化了. 这是所谓的 "升幂".

(3) $\int \mathrm{e}^{\lambda x}\sin \alpha x\mathrm{d}x$, $\int \mathrm{e}^{\lambda x}\cos \alpha x\mathrm{d}x$, $\int \sin(\ln x)\mathrm{d}x$, 这里无论怎么选 u, v, 都不能直接把积分通过简化以达到求解的目的, 而是采用所谓 "循环法", 其含义我们通过例子来说明.

例 6.2.13   求 $\int x\arctan x\mathrm{d}x$.

解   这属于第二种类型.

$$\int x\arctan x\mathrm{d}x = \int \arctan x\mathrm{d}\left(\frac{x^2}{2}\right) = \frac{x^2}{2}\arctan x - \frac{1}{2}\int \frac{x^2}{1+x^2}\mathrm{d}x$$
$$= \frac{x^2}{2}\arctan x - \frac{1}{2}\int \left(1 - \frac{1}{1+x^2}\right)\mathrm{d}x$$
$$= \frac{1+x^2}{2}\arctan x - \frac{x}{2} + C.$$

在上面的解法中, 尽管将 $x\mathrm{d}x$ 写成 $\mathrm{d}\left(\dfrac{x^2}{2}\right)$, 多项式由 1 次变成 2 次, 但对 $\arctan x$ 求导后, 由反三角函数变成了有理函数, 变简单了.

例 6.2.14   求 $\int x^2\mathrm{e}^x\mathrm{d}x$.

解   这属于第一种类型.

$$\int x^2\mathrm{e}^x\mathrm{d}x = \int x^2\mathrm{d}(\mathrm{e}^x) = x^2\mathrm{e}^x - \int \mathrm{e}^x\mathrm{d}(x^2) = x^2\mathrm{e}^x - 2\int x\mathrm{e}^x\mathrm{d}x.$$

对最后一项还需要再用一次分部积分:

$$\int x\mathrm{e}^x\mathrm{d}x = \int x\mathrm{d}(\mathrm{e}^x) = x\mathrm{e}^x - \int \mathrm{e}^x\mathrm{d}x = x\mathrm{e}^x - \mathrm{e}^x + C.$$

于是

$$\int x^2\mathrm{e}^x\mathrm{d}x = \mathrm{e}^x(x^2 - 2x + 2) + C.$$

例 6.2.15   求 $\int \dfrac{\arctan \mathrm{e}^x}{\mathrm{e}^{2x}}\mathrm{d}x$.

解

$$\int \frac{\arctan \mathrm{e}^x}{\mathrm{e}^{2x}}\mathrm{d}x = -\frac{1}{2}\int \arctan \mathrm{e}^x\mathrm{d}(\mathrm{e}^{-2x})$$
$$= -\frac{1}{2}\left[\mathrm{e}^{-2x}\arctan \mathrm{e}^x - \int \frac{\mathrm{e}^x\mathrm{d}x}{\mathrm{e}^{2x}(1+\mathrm{e}^{2x})}\right]$$
$$= -\frac{1}{2}\left[\mathrm{e}^{-2x}\arctan \mathrm{e}^x - \int \left(\frac{1}{\mathrm{e}^{2x}} - \frac{1}{1+\mathrm{e}^{2x}}\right)\mathrm{d}(\mathrm{e}^x)\right]$$
$$= -\frac{1}{2}(\mathrm{e}^{-2x}\arctan \mathrm{e}^x + \mathrm{e}^{-x} + \arctan \mathrm{e}^x) + C.$$

这里, 首先是用分部积分, 然后再用换元法.

例 6.2.16 求 $\int \dfrac{x\mathrm{e}^x}{\sqrt{\mathrm{e}^x-1}}\mathrm{d}x.$

解

$$\int \frac{x\mathrm{e}^x}{\sqrt{\mathrm{e}^x-1}}\mathrm{d}x = \int \frac{x\mathrm{d}(\mathrm{e}^x-1)}{\sqrt{\mathrm{e}^x-1}}$$

$$= 2\int x\mathrm{d}\sqrt{\mathrm{e}^x-1}$$

$$= 2\left[x\sqrt{\mathrm{e}^x-1} - \int \sqrt{\mathrm{e}^x-1}\mathrm{d}x\right].$$

再令 $u = \sqrt{\mathrm{e}^x-1}$, 则 $\mathrm{d}x = \dfrac{2u}{u^2+1}\mathrm{d}u$, 于是

$$\int \sqrt{\mathrm{e}^x-1}\mathrm{d}x = 2\int \frac{u^2\mathrm{d}u}{u^2+1} = 2(u-\arctan u)+C,$$

$$\int \frac{x\mathrm{e}^x}{\sqrt{\mathrm{e}^x-1}}\mathrm{d}x = 2x\sqrt{\mathrm{e}^x-1} - 4\sqrt{\mathrm{e}^x-1} + 4\arctan\sqrt{\mathrm{e}^x-1}+C.$$

这里, 也是先分部积分, 再用第二换元法.

例 6.2.17 求 $\int \mathrm{e}^x \sin x\mathrm{d}x.$

解 这是我们所说的第三种情况.

$$\int \mathrm{e}^x \sin x\mathrm{d}x = \mathrm{e}^x\sin x - \int \mathrm{e}^x\cos x\mathrm{d}x = \mathrm{e}^x\sin x - \mathrm{e}^x\cos x - \int \mathrm{e}^x\sin x\mathrm{d}x.$$

注意, 分部积分一次后积分没有变简单, 还是同类型的, 再分部积分一次后, 出现了循环, 即又出现了所要求的积分 $\int \mathrm{e}^x\sin x\mathrm{d}x$. 为此, 可以移项, 并解得

$$\int \mathrm{e}^x\sin x\mathrm{d}x = \frac{\mathrm{e}^x(\sin x-\cos x)}{2} + C. \tag{6.2.14}$$

类似地, 可以得到

$$\int \mathrm{e}^x\cos x\mathrm{d}x = \frac{\mathrm{e}^x(\sin x+\cos x)}{2} + C. \tag{6.2.15}$$

注 6.2.1 对分部积分法, 有人总结出五字诀: "反对幂三指" 分别指反三角函数、对数函数、幂函数、三角函数和指数函数. 积分时应将排列次序在后面的函数优先与 $\mathrm{d}x$ 结合为 $\mathrm{d}v$.

例 6.2.18 求 $\int \sec^3 x\mathrm{d}x.$

解

$$\int \sec^3 x\mathrm{d}x = \int \sec x\mathrm{d}\tan x = \sec x\tan x - \int \tan^2 x\sec x\mathrm{d}x$$

$$= \sec x\tan x - \int (\sec^3 x - \sec x)\mathrm{d}x.$$

这里也出现了循环. 因此可解得

$$\int \sec^3 x \mathrm{d}x = \frac{1}{2}\left(\sec x \tan x + \int \sec x \mathrm{d}x\right).$$

再根据例 6.2.4 可得

$$\int \sec^3 x \mathrm{d}x = \frac{1}{2}\left(\sec x \tan x + \ln|\sec x + \tan x|\right) + C.$$

下面的例题涉及自然数 n. 可以采用递推公式的办法.

例 6.2.19(递推公式)　求 $I_n = \int \sin^n x \mathrm{d}x$.

解　易知当 $n = 0, 1$ 时, 有 $I_0 = x + C, I_1 = -\cos x + C$.

当 $n \geqslant 2$ 时, 应用分部积分法, 有

$$
\begin{aligned}
I_n &= \int \sin^{n-1} x \mathrm{d}(-\cos x) \\
&= -\cos x \sin^{n-1} x + (n-1)\int (1 - \sin^2 x)\sin^{n-2} x \mathrm{d}x \\
&= -\cos x \sin^{n-1} x + (n-1)(I_{n-2} - I_n).
\end{aligned}
$$

移项, 得

$$I_n = \frac{1}{n}[(n-1)I_{n-2} - \sin^{n-1} x \cos x].$$

综上可知

$$I_n = \begin{cases} \dfrac{1}{n}[(n-1)I_{n-2} - \sin^{n-1} x \cos x], & n \geqslant 2, \\ -\cos x + C, & n = 1, \\ x + C, & n = 0. \end{cases} \tag{6.2.16}$$

例 6.2.20(递推公式)　求 $I_n = \int \dfrac{\mathrm{d}x}{(x^2 + a^2)^n}$.

解　$n = 1$ 时, 由例 6.2.2 知, $I_1 = \int \dfrac{\mathrm{d}x}{x^2 + a^2} = \dfrac{1}{a}\arctan\dfrac{x}{a} + C$.

而当 $n \geqslant 2$ 时, 应用分部积分法

$$
\begin{aligned}
I_n &= \int \frac{\mathrm{d}x}{(x^2 + a^2)^n} = \frac{x}{(x^2 + a^2)^n} + \int \frac{x \cdot n \cdot 2x}{(x^2 + a^2)^{n+1}}\mathrm{d}x \\
&= \frac{x}{(x^2 + a^2)^n} + 2n\int \frac{x^2 + a^2 - a^2}{(x^2 + a^2)^{n+1}}\mathrm{d}x \\
&= \frac{x}{(x^2 + a^2)^n} + 2nI_n - 2na^2 I_{n+1}.
\end{aligned}
$$

由此得到

$$I_{n+1} = \frac{2n-1}{2na^2}I_n + \frac{1}{2na^2}\frac{x}{(x^2 + a^2)^n}.$$

综合得到

$$I_n = \begin{cases} \dfrac{1}{a}\arctan\dfrac{x}{a} + C, & n = 1, \\ \dfrac{2n-3}{2a^2(n-1)}I_{n-1} + \dfrac{1}{2(n-1)a^2}\dfrac{x}{(x^2 + a^2)^{n-1}} & n \geqslant 2. \end{cases} \tag{6.2.17}$$

注 6.2.2 推导递推公式时, 通常用分部积分法. 可以降幂次, 也可以升幂次.

§6.2.3 基本积分表二

在本节的最后, 我们根据本节上述的讨论, 把第一节的基本积分表一扩充为基本积分表二, 这也是需要熟记的.

基本积分表二

1. $\displaystyle\int \tan x \mathrm{d}x = -\ln|\cos x| + C,$ $\displaystyle\int \cot x \mathrm{d}x = \ln|\sin x| + C;$

2. $\displaystyle\int \sec x \mathrm{d}x = \ln|\sec x + \tan x| + C,$ $\displaystyle\int \csc x \mathrm{d}x = \ln|\csc x - \cot x| + C;$

3. $\displaystyle\int \frac{\mathrm{d}x}{x^2 - a^2} = \frac{1}{2a}\ln\left|\frac{x-a}{x+a}\right| + C;$

4. $\displaystyle\int \frac{\mathrm{d}x}{x^2 + a^2} = \frac{1}{a}\arctan\frac{x}{a} + C;$

5. $\displaystyle\int \frac{\mathrm{d}x}{\sqrt{a^2 - x^2}} = \arcsin\frac{x}{a} + C;$

6. $\displaystyle\int \frac{\mathrm{d}x}{\sqrt{x^2 \pm a^2}} = \ln|x + \sqrt{x^2 \pm a^2}| + C;$

7. $\displaystyle\int \sqrt{a^2 - x^2}\,\mathrm{d}x = \frac{1}{2}x\sqrt{a^2 - x^2} + \frac{a^2}{2}\arcsin\frac{x}{a} + C;$

8. $\displaystyle\int \sqrt{x^2 \pm a^2}\,\mathrm{d}x = \frac{1}{2}\left(x\sqrt{x^2 \pm a^2} \pm a^2\ln|x + \sqrt{x^2 \pm a^2}|\right) + C;$

9. $\displaystyle\int \mathrm{e}^x \sin x \mathrm{d}x = \frac{\mathrm{e}^x(\sin x - \cos x)}{2} + C,$ $\displaystyle\int \mathrm{e}^x \cos x \mathrm{d}x = \frac{\mathrm{e}^x(\sin x + \cos x)}{2} + C.$

习 题 6.2

A1. 应用换元积分法求下列不定积分 (其中 $a > 0$ 为实数, n 为自然数):

(1) $\displaystyle\int \frac{\mathrm{d}x}{3 - 2x};$

(2) $\displaystyle\int \frac{\mathrm{d}x}{4x^2 + 1};$

(3) $\displaystyle\int \frac{\mathrm{d}x}{\sqrt{2x+1}};$

(4) $\displaystyle\int x(2+x)^n\mathrm{d}x;$

(5) $\displaystyle\int \frac{\mathrm{d}x}{x(2+x)};$

(6) $\displaystyle\int 3^{2x+3}\mathrm{d}x;$

(7) $\displaystyle\int \frac{\sin\sqrt{x}}{\sqrt{x}}\mathrm{d}x;$

(8) $\displaystyle\int \tan^5 x \sec^2 x\mathrm{d}x;$

(9) $\displaystyle\int x\sin x^2\mathrm{d}x;$

(10) $\displaystyle\int \frac{\mathrm{d}x}{\cos^2\left(2x + \dfrac{\pi}{3}\right)};$

(11) $\displaystyle\int \frac{\mathrm{d}x}{1 + \cos x};$

(12) $\displaystyle\int \frac{\mathrm{d}x}{1 + \sin x};$

(13) $\displaystyle\int \frac{x}{4 + x^4}\mathrm{d}x;$

(14) $\displaystyle\int \frac{x}{\sqrt{1 - x^2}}\mathrm{d}x;$

(15) $\displaystyle\int \frac{x^4}{(1 + x^5)^3}\mathrm{d}x;$

(16) $\displaystyle\int \frac{\mathrm{d}x}{x\ln x};$

(17) $\displaystyle\int \cos^5 x\mathrm{d}x;$

(18) $\displaystyle\int \frac{\mathrm{d}x}{\sin x \cos x};$

(19) $\displaystyle\int \frac{\mathrm{d}x}{(1-x^2)^{\frac{3}{2}}}$;

(20) $\displaystyle\int \frac{\mathrm{d}x}{(x^2+a^2)^{\frac{3}{2}}}$;

(21) $\displaystyle\int \frac{\mathrm{d}x}{\mathrm{e}^x+\mathrm{e}^{-x}}$;

(22) $\displaystyle\int \frac{2x-3}{x^2-3x+8}\mathrm{d}x$;

(23) $\displaystyle\int \frac{2x+3}{x^2-3x+8}\mathrm{d}x$;

(24) $\displaystyle\int \frac{x^2+2}{(x+1)^3}\mathrm{d}x$;

(25) $\displaystyle\int \sqrt{\frac{x-a}{x+a}}\mathrm{d}x$;

(26) $\displaystyle\int \frac{\sqrt{x+1}-1}{\sqrt{x+1}+1}\mathrm{d}x$;

(27) $\displaystyle\int \frac{\sqrt{x}}{1-\sqrt[3]{x}}\mathrm{d}x$;

(28) $\displaystyle\int \frac{x^5}{\sqrt{1-x^2}}\mathrm{d}x$;

(29) $\displaystyle\int \frac{x^2\mathrm{d}x}{\sqrt{a^2-x^2}}$;

(30) $\displaystyle\int \frac{\mathrm{d}x}{x(x^n+1)}$.

A2. 应用分部积分法求下列不定积分：

(1) $\displaystyle\int \arcsin x\mathrm{d}x$;

(2) $\displaystyle\int (x-1)\ln x\mathrm{d}x$;

(3) $\displaystyle\int x^2\sin 2x\mathrm{d}x$;

(4) $\displaystyle\int \frac{\ln x}{x^3}\mathrm{d}x$;

(5) $\displaystyle\int (\ln x)^2\mathrm{d}x$;

(6) $\displaystyle\int x^2\arctan x\mathrm{d}x$;

(7) $\displaystyle\int \left[\ln(\ln x)+\frac{1}{\ln x}\right]\mathrm{d}x$;

(8) $\displaystyle\int (\arcsin x)^2\mathrm{d}x$;

(9) $\displaystyle\int \frac{\arcsin x}{\sqrt{1-x}}\mathrm{d}x$;

(10) $\displaystyle\int \sqrt{x^2\pm a^2}\mathrm{d}x$;

(11) $\displaystyle\int \mathrm{e}^x\sin^2 x\mathrm{d}x$;

(12) $\displaystyle\int \cos(\ln x)\mathrm{d}x$.

A3. 求下列不定积分：

(1) $\displaystyle\int \frac{\ln(1+x)}{\sqrt{x}}\mathrm{d}x$;

(2) $\displaystyle\int \frac{\arccos x}{x^2}\mathrm{d}x$;

(3) $\displaystyle\int \frac{x\mathrm{e}^x\mathrm{d}x}{(1+\mathrm{e}^x)^2}$;

(4) $\displaystyle\int \frac{\arctan x\mathrm{d}x}{x^2(1+x^2)}$;

(5) $\displaystyle\int \frac{x\mathrm{e}^{\arctan x}\mathrm{d}x}{(1+x^2)^{\frac{3}{2}}}$;

(6) $\displaystyle\int \frac{\cos x-x\sin x}{(x\cos x)^2}\mathrm{d}x$.

A4. 已知 $f(x)$ 的一个原函数为 $\ln\cos x$, 求下列不定积分：

(1) $\displaystyle\int [f(x)]^2 f'(x)\mathrm{d}x$;

(2) $\displaystyle\int \frac{f'(x)}{1+[f(x)]^2}\mathrm{d}x$.

A5. 设 $f(\sin^2 x)=\dfrac{x}{\sin x}$, 求 $\displaystyle\int \frac{\sqrt{x}}{\sqrt{1-x}}f(x)\mathrm{d}x$.

A6. 已知 $f(\arccos x)=\dfrac{\ln x}{x^2}$, 计算 $\displaystyle\int f(x)\mathrm{d}x$.

B7. 证明：

(1) 若 $I_n=\displaystyle\int \tan^n x\mathrm{d}x, n=2,3,\cdots$, 则

$$I_n=\frac{1}{n-1}\tan^{n-1}x-I_{n-2}.$$

(2) 若 $I(m,n)=\displaystyle\int \cos^m x\sin^n x\mathrm{d}x, n,m\in \mathbb{N}$, 则当 $m+n\neq 0$ 时,

$$I(m,n)=\frac{\cos^{m-1}x\sin^{n+1}x}{m+n}+\frac{m-1}{m+n}I(m-2,n)$$

$$= \frac{\cos^{m+1} x \sin^{n-1} x}{m+n} + \frac{n-1}{m+n} I(m, n-2), n, m = 2, 3, \cdots.$$

(3) 若 $I_n = \int \mathrm{e}^x \sin^n x \mathrm{d}x, n = 2, 3, \cdots$, 则

$$I_n = -\frac{1}{1+n^2} \mathrm{e}^x (\sin^n x - n \sin^{n-1} x \cos x) + \frac{n(n-1)}{1+n^2} I_{n-2}; n = 2, 3, \cdots,$$

其中, $I_0 = \mathrm{e}^x + C, I_1 = \frac{\mathrm{e}^x}{2} (\sin x - \cos x) + C$.

B8. 利用上题的递推公式计算:

(1) $\int \sin^3 x \mathrm{d}x$; (2) $\int \tan^4 x \mathrm{d}x$;

(3) $\int \cos^2 x \sin^4 x \mathrm{d}x$; (4) $\int \mathrm{e}^x \sin^3 x \mathrm{d}x$.

B9. 设 $n \in \mathbb{N}$, 求下列递推公式:

(1) $I_n = \int \frac{\mathrm{d}x}{\sin^n x}$;

(2) $I_n = \int \frac{\mathrm{d}x}{x^n \sqrt{x^2+1}}$;

(3) $I_n = \int \frac{\sin 2nx}{\sin x} \mathrm{d}x$.

§6.3　有理函数的不定积分及应用

我们已经看到, 作为求导运算的逆运算, 求不定积分要困难得多. 在求导数时, 只要知道外函数与内函数的导数, 就很容易根据链式法则求出复合函数的导数, 然而, 求复合函数的不定积分遇到的困难完全超出想象, 我们不再有类似的链式法则. 因此, 尽管初等函数的导数仍然是初等函数, 但是, 初等函数的原函数却未必仍然是初等函数, 这个问题的一般讨论超出本课程的范围, 有兴趣的读者可参见《普通数学分析教程补篇》(德林费尔特, 1960) 第六章. 通常, 若一个函数的不定积分不是初等函数, 我们称这个不定积分为 "积不出来". 例如: $\int \frac{\sin x}{x} \mathrm{d}x, \int \mathrm{e}^{x^2} \mathrm{d}x$ 都积不出来. 但是有理函数的原函数一定是初等函数, 即可以积出来. 这正是本节主要讨论的函数类的不定积分的计算.

本节分两个部分: 有理函数的不定积分问题和可化为有理函数不定积分的问题.

§6.3.1　有理函数的不定积分

1. 有理函数

形如

$$R(x) = \frac{p_m(x)}{q_n(x)}$$

的函数称为有理函数, 其中, $p_m(x), q_n(x)$ 分别是 m 次和 n 次多项式. 若 $m < n$, 则称 $R(x)$ 为真分式.

根据多项式理论知道, 一个有理函数总可以化为一个多项式与真分式的和. 因此, 有理函数的不定积分归结为真分式的不定积分. 下面首先考虑真分式的分解.

2. 部分分式定理

根据代数学基本定理, 我们不加证明地引用以下的部分分式定理 (可参见《数学分析》(陈纪修等, 2004)).

定理 6.3.1　设 $R(x) = \dfrac{p_m(x)}{q_n(x)}$ 为真分式, 其分母 $q_n(x)$ 有分解

$$q_n(x) = (x-a)^\alpha \cdots (x-b)^\beta (x^2+px+q)^\mu \cdots (x^2+rx+s)^\nu,$$

其中, $a, \cdots, b, p, q, \cdots, r, s$ 为实数, 且 $p^2 - 4q < 0, \cdots, r^2 - 4s < 0, \alpha, \cdots, \beta, \mu, \cdots, \nu$ 是正整数, 则 $R(x)$ 可分解为下列的部分分式之和, 即

$$R(x) = \frac{A_\alpha}{(x-a)^\alpha} + \frac{A_{\alpha-1}}{(x-a)^{\alpha-1}} + \cdots + \frac{A_1}{x-a} + \cdots$$

$$+ \frac{B_\beta}{(x-b)^\beta} + \frac{B_{\beta-1}}{(x-b)^{\beta-1}} + \cdots + \frac{B_1}{x-b}$$

$$+ \frac{K_\mu x + L_\mu}{(x^2+px+q)^\mu} + \cdots + \frac{K_1 x + L_1}{x^2+px+q} + \cdots$$

$$+ \frac{M_\nu x + N_\nu}{(x^2+rx+s)^\nu} + \cdots + \frac{M_1 x + N_1}{x^2+rx+s}, \tag{6.3.1}$$

式中, $A_i, \cdots, B_i, K_i, L_i, \cdots, M_i, N_i$ 都是实数, 并且这分解式的所有系数是唯一确定的.

我们来解释一下这个结果.

首先, 对分母这个多项式, 将其分解为一次因式及其幂以及不可约的二次因式及其幂的乘积,

$$q(x) = (x-a)^\alpha \cdots (x-b)^\beta (x^2+px+q)^\mu \cdots (x^2+rx+s)^\nu,$$

其中, $a, \cdots, b$ 为其零点, 其重数分别为 $\alpha, \cdots, \beta$. 所谓不可约的二次因式, 是指这个二次三项式没有实零点, 其判别式小于 0.

其次, 在式 (6.3.1) 中, 一次因式及一次因式的幂所对应的分式的分子是常数, 而二次因式及二次因式的幂所对应的分式的分子至多是一次多项式.

最后, 我们要用待定系数法来确定所有系数 $A_i, \cdots, B_i, K_i, L_i, \cdots, M_i, N_i$.

根据这个定理, 真分式的不定积分总可以化为下列两类分式之一或其组合的形式的不定积分:

$$\frac{A}{(x-a)^k}, \quad \frac{Ax+B}{(x^2+px+q)^k}, \quad p^2 - 4q < 0.$$

第一类分式的分母是一次因式幂的形式.

$k = 1$ 时, $\displaystyle\int \frac{\mathrm{d}x}{x-a} = \ln|x-a| + C$,

$k \geqslant 2$ 时, $\displaystyle\int \frac{\mathrm{d}x}{(x-a)^k} = \frac{(x-a)^{1-k}}{1-k} + C$.

第二类分式分母为不可约二次因式幂的形式.

因为 $p^2 - 4q < 0$, 所以经配方,

$$x^2 + px + q = \left(x + \frac{p}{2}\right)^2 + q - \frac{p^2}{4}.$$

令 $a^2 = q - \frac{p^2}{4}$, 再换元 $u = x + \frac{p}{2}$, 得

$$\int \frac{(Ax + B)\mathrm{d}x}{(x^2 + px + q)^k} = A \int \frac{u}{(a^2 + u^2)^k}\mathrm{d}u + \left(B - \frac{Ap}{2}\right) \int \frac{\mathrm{d}u}{(a^2 + u^2)^k}.$$

上式右面第一项积分很容易求; 对第二项, $k = 1$ 时可直接求出, $k > 1$ 时可用递推方法来求. 至此, 有理函数的不定积分问题都解决了.

下面主要看具体如何分解部分分式. 基本方法是待定系数法. 首先是作为分母的多项式的因式分解; 其次, 部分分式定理的应用. 通常来说, 计算量大. 但有时若能找到合适的办法就可以简化计算, 而不必拘泥于这个分解定理. 下面举一些简单的例子.

3. 例题

例 6.3.1 化 $\frac{x + 1}{x^2 - 4x + 3}$ 为部分分式.

解 $x^2 - 4x + 3 = (x - 1)(x - 3)$, 可设

$$\frac{x + 1}{x^2 - 4x + 3} = \frac{A}{x - 1} + \frac{B}{x - 3},$$

先将右边通分, 再比较等式两边的分子得

$$x + 1 = A(x - 3) + B(x - 1).$$

为确定 A 与 B, 可有两种方法. 第一种是赋值法, 分别令 $x = 1$ 和 $x = 3$; 第二种是比较系数法. 两种方法同样可得 $A = -1, B = 2$. 因此,

$$\frac{x + 1}{x^2 - 4x + 3} = \frac{-1}{x - 1} + \frac{2}{x - 3}. \tag{6.3.2}$$

例 6.3.2 化 $\frac{x^4 + x^3 + 3x^2 - 1}{(x^2 + 1)^2(x - 1)}$ 为部分分式.

解 设

$$\frac{x^4 + x^3 + 3x^2 - 1}{(x^2 + 1)^2(x - 1)} = \frac{A}{x - 1} + \frac{Bx + C}{x^2 + 1} + \frac{Dx + E}{(x^2 + 1)^2},$$

下面要确定系数 A, B, C, D, E. 通分去分母得

$$x^4 + x^3 + 3x^2 - 1 = A(x^2 + 1)^2 + (Bx + C)(x - 1)(x^2 + 1) + (Dx + E)(x - 1).$$

首先, 令 $x = 1$, 得 $A = 1$. 令 $x = i$, 得

$$-3 - i = (-D - E) + (E - D)i,$$

比较实部与虚部, 得 $D = 2, E = 1$. 再比较 x^3 与 x^4 的系数, 得到 $C = 1, B = 1 - A = 0$. 即有

$$\frac{x^4 + x^3 + 3x^2 - 1}{(x^2 + 1)^2(x - 1)} = \frac{1}{x - 1} + \frac{1}{x^2 + 1} + \frac{2x + 1}{(x^2 + 1)^2}. \tag{6.3.3}$$

例 6.3.3　计算积分 $\displaystyle\int \frac{x+1}{x^2-4x+3}\mathrm{d}x$.

解　根据例 6.3.1, 我们有分解式 (6.3.2), 因此

$$\int \frac{x+1}{x^2-4x+3}\mathrm{d}x = \int\left(\frac{-1}{x-1}+\frac{2}{x-3}\right)\mathrm{d}x = \ln\frac{(x-3)^2}{|x-1|}+C.$$

例 6.3.4　计算积分 $\displaystyle\int \frac{x^4+x^3+3x^2-1}{(x^2+1)^2(x-1)}\mathrm{d}x$.

解　根据例 6.3.2, 我们有分解式 (6.3.3), 因此再根据例 6.2.20, 可得

$$\int \frac{x^4+x^3+3x^2-1}{(x^2+1)^2(x-1)}\mathrm{d}x = \int\left(\frac{1}{x-1}+\frac{1}{x^2+1}+\frac{2x+1}{(x^2+1)^2}\right)\mathrm{d}x.$$

$$=\ln|x-1|+\arctan x+\int\frac{\mathrm{d}(x^2+1)}{(x^2+1)^2}+\int\frac{\mathrm{d}x}{(x^2+1)^2}$$

$$=\ln|x-1|+\frac{3}{2}\arctan x-\frac{1}{x^2+1}+\frac{x}{2(x^2+1)}+C.$$

例 6.3.5　计算积分 $\displaystyle\int \frac{\mathrm{d}x}{1+x^3}$.

解　除去直接应用上面的方法分解 x^3+1 外, 还可以应用下面的"配对积分法". 令

$$I=\int\frac{1}{1+x^3}\mathrm{d}x,\ J=\int\frac{x}{1+x^3}\mathrm{d}x,$$

则

$$I+J=\int\frac{1+x}{1+x^3}\mathrm{d}x=\int\frac{1}{x^2-x+1}\mathrm{d}x=\frac{2}{\sqrt3}\arctan\frac{2x-1}{\sqrt3}+C,$$

$$I-J=\int\frac{1-x}{1+x^3}\mathrm{d}x=\int\frac{1-x+x^2-x^2}{(1+x)(x^2-x+1)}\mathrm{d}x$$

$$=\int\frac{1}{1+x}\mathrm{d}x-\int\frac{x^2}{1+x^3}\mathrm{d}x=\ln|1+x|-\frac{1}{3}\ln|1+x^3|+C.$$

于是,

$$I=\frac{1}{\sqrt3}\arctan\frac{2x-1}{\sqrt3}+\frac{1}{2}\ln|1+x|-\frac{1}{6}\ln|1+x^3|+C.$$

§6.3.2　简单无理函数与三角函数有理式的不定积分

1. 三角函数有理式 $\displaystyle\int R(\sin x,\cos x)\mathrm{d}x$ 的不定积分

这里 $R(u,v)$ 表示分别关于 u,v 的有理函数. 求解三角函数有理式的不定积分的基本方法是三角万能代换, 即令

$$\tan\frac{x}{2}=t, \tag{6.3.4}$$

则

$$\sin x=\frac{2t}{1+t^2},\cos x=\frac{1-t^2}{1+t^2},\mathrm{d}x=\frac{2}{1+t^2}\mathrm{d}t, \tag{6.3.5}$$

于是三角函数有理式的积分转化为下面的有理函数的不定积分:

$$\int R(\sin x, \cos x)\mathrm{d}x = \int R\left(\frac{2t}{1+t^2}, \frac{1-t^2}{1+t^2}\right)\frac{2}{1+t^2}\mathrm{d}t. \qquad (6.3.6)$$

例 6.3.6 求 $\displaystyle\int \frac{\mathrm{d}x}{\sin x(1+\cos x)}$.

解 作万能变换 $\tan\dfrac{x}{2} = t$, 原不定积分为

$$\frac{1}{2}\int \left(t + \frac{1}{t}\right)\mathrm{d}t = \frac{1}{4}t^2 + \frac{1}{2}\ln|t| + C$$

$$= \frac{1}{4}\tan^2\left(\frac{x}{2}\right) + \frac{1}{2}\ln|\tan\frac{x}{2}| + C.$$

对本问题, 还可以用其他方法. 例如

$$\int \frac{\mathrm{d}x}{\sin x(1+\cos x)} = \int \frac{\sin x\mathrm{d}x}{\sin^2 x(1+\cos x)} = -\int \frac{\mathrm{d}\cos x}{(1-\cos^2 x)(1+\cos x)}$$

$$= \frac{1}{2(1+\cos x)} + \frac{1}{4}\ln\left(\frac{1-\cos x}{1+\cos x}\right) + C.$$

当被积函数是 $\sin^2 x$, $\cos^2 x$ 及 $\sin x\cos x$ 的有理式时, 通常采用变换 $t = \tan x$.

例 6.3.7 求积分 $\displaystyle\int \frac{\mathrm{d}x}{\cos^2 x\sin^2 x}$.

解 在例 6.1.5 中我们已经算过此不定积分. 现在用换元法再算一次. 令 $t = \tan x$, 得

$$\int \frac{\mathrm{d}x}{\cos^2 x\sin^2 x} = \int \frac{\mathrm{d}\tan x}{\tan^2 x\cos^2 x} = \int \frac{1+t^2}{t^2}\mathrm{d}t = -\frac{1}{t} + t + C = \tan x - \cot x + C.$$

2. 简单无理函数的不定积分

(1) 形如 $\displaystyle\int R\left(x, \sqrt[n]{\frac{ax+b}{cx+d}}\right)\mathrm{d}x$ 的不定积分.

这里, $R(u, v)$ 表示关于 u 和 v 都是有理函数的函数. 对这类不定积分的解法是用换元法, 即令 $t = \sqrt[n]{\dfrac{ax+b}{cx+d}}$, 即可化为关于 t 的有理函数的积分.

例 6.3.8 计算积分 $\displaystyle\int \frac{1}{x}\sqrt{\frac{x+1}{x-1}}\mathrm{d}x$.

解 令 $\sqrt{\dfrac{x+1}{x-1}} = t$, 则 $x = \dfrac{t^2+1}{t^2-1}$, $\mathrm{d}x = -\dfrac{4t\mathrm{d}t}{(t^2-1)^2}$, 代入得

$$\int \frac{1}{x}\sqrt{\frac{x+1}{x-1}}\mathrm{d}x = -\int \frac{4t^2\mathrm{d}t}{(t^2+1)(t^2-1)}.$$

把 t^2 看成整体, 并直接观察即可得如下分解:

$$\frac{4t^2}{(t^2+1)(t^2-1)} = 2\left(\frac{1}{t^2+1} + \frac{1}{t^2-1}\right).$$

因此,

$$-\int \frac{4t^2 \mathrm{d}t}{(t^2+1)(t^2-1)} = \ln\left|\frac{1+t}{1-t}\right| - 2\arctan t + C$$

$$= \ln\left|\frac{1+\sqrt{(x+1)/(x-1)}}{1-\sqrt{(x+1)/(x-1)}}\right| - 2\arctan\sqrt{\frac{x+1}{x-1}} + C.$$

(2) 形如 $\int R(x,\sqrt{ax^2+bx+c})\mathrm{d}x$ 的不定积分, 其中, $a\neq 0$, $R(u,v)$ 是 u 和 v 的有理函数, $a>0$ 时, $b^2-4ac\neq 0$, 而 $a<0$ 时, $b^2-4ac>0$. 此时, 我们总可以配方:

$$ax^2+bx+c = a\left[\left(x+\frac{b}{2a}\right)^2 + \frac{4ac-b^2}{4a^2}\right],$$

令 $u = x+\dfrac{b}{2a}$, 则 $a>0$ 时, $ax^2+bx+c = a(u^2\pm k^2)$, 其中, $k = \dfrac{\sqrt{|b^2-4ac|}}{2a}$.

而 $a<0$ 时, $ax^2+bx+c = (-a)(k^2-u^2)$, 其中, $k = \dfrac{\sqrt{b^2-4ac}}{-2a}$. 应用上一节的第二换元法, 我们都可以把它们化为三角函数有理式的不定积分问题.

例 6.3.9 计算积分 $\int \dfrac{x^2\mathrm{d}x}{\sqrt{x^2+2x+5}}$.

解 令 $x+1 = 2\tan t$, 则 $\mathrm{d}x = \sec^2 t\mathrm{d}t$,

$$\int \frac{x^2\mathrm{d}x}{\sqrt{x^2+2x+5}} = \int \frac{(2\tan t-1)^2\cdot 2\sec^2 t\mathrm{d}t}{2\sec t} = 4\int\sec^3 t\mathrm{d}t - 3\int\sec t\mathrm{d}t - 4\sec t,$$

应用例 6.2.4 和例 6.2.18 可得, 上式右端的不定积分为

$$2[\sec t\tan t + \ln|\sec t+\tan t|] - 3\ln|\sec t+\tan t| - 4\sec t + C$$
$$= 2\sec t\tan t - \ln|\sec t+\tan t| - 4\sec t + C.$$

再用 x 代回即可.

(3) 其他一些无理式的代换, 例如例 6.2.12.

注 6.3.1 最后我们再列举几个积不出来的不定积分, 即不定积分不是初等函数:

$$\int\sin(x^2)\mathrm{d}x, \int\frac{\cos x}{x}\mathrm{d}x \int\frac{\mathrm{d}x}{\ln x}, \int\frac{\mathrm{e}^x}{x}\mathrm{d}x, \int\ln\sin x\mathrm{d}x \ 等.$$

要证明它们不是初等函数, 并不容易, 可参见*Integration in Finite Terms: Liouville's Theory of Elementary Methods*(Ritt,1948). 历史上, 曾经有不少数学家致力于计算各种不定积分, 即寻找各种能积出来的函数或寻找可积的法则. 但是, 后来证明这样的努力也是徒劳的. D. Richardson 已经明确指出, 不存在统一的能判断一个函数的原函数是否为初等函数的方法. 参见*Some indecidable problems involving elementary functions of a real variable*(Richardson, 1969). 而从另一个角度来说, 尽管初等函数的性质比较清楚, 但是一个函数是不是初等函数并不特别重要. 初等函数只是函数中比较常见、性质比较清楚、并被赋予特定记号的一类函数. 像符号函数 $\mathrm{sgn}x$ 以及不定积分 $\int\mathrm{e}^{-x^2}\mathrm{d}x$ 等都是非初等函

数,它们也是十分重要的特殊的函数, 并且得到了广泛的研究. 例如, 函数 $\mathrm{Si}\, x$ 是指 $\dfrac{\sin x}{x}$ 的一个原函数, 且满足当 $x \to 0$ 时 $\mathrm{Si}\, x \to 0$. 今后我们还会碰到大量的新的类型的非初等的函数, 这正是数学分析的任务——研究各种函数的性质.

习 题 6.3

A1. 求下列不定积分:

(1) $\displaystyle\int \frac{x^3}{x-1}\mathrm{d}x$;

(2) $\displaystyle\int \frac{x-2}{x^2-7x+12}\mathrm{d}x$;

(3) $\displaystyle\int \frac{\mathrm{d}x}{(x-1)(x+1)^2}$;

(4) $\displaystyle\int \frac{x-5}{x^3-3x^2+4}\mathrm{d}x$;

(5) $\displaystyle\int \frac{\mathrm{d}x}{1+x^4}$;

(6) $\displaystyle\int \frac{\mathrm{d}x}{1+x^2+x^4}$;

(7) $\displaystyle\int \frac{\mathrm{d}x}{(x^2+4x+4)(x^2+4x+5)}$;

(8) $\displaystyle\int \frac{x^4+5x+4\mathrm{d}x}{x^2+5x+4}$;

(9) $\displaystyle\int \frac{\mathrm{d}x}{(x-1)(x^2+1)^2}$;

(10) $\displaystyle\int \frac{x-2}{(2x^2+2x+1)^2}\mathrm{d}x$.

A2. 求下列不定积分:

(1) $\displaystyle\int \frac{x+2}{\sqrt{1+4x}}\mathrm{d}x$;

(2) $\displaystyle\int \frac{\mathrm{d}x}{\sqrt{(x-3)(5-x)}}$;

(3) $\displaystyle\int \frac{\sqrt{x+1}-\sqrt{x-1}}{\sqrt{x+1}+\sqrt{x-1}}\mathrm{d}x$;

(4) $\displaystyle\int \frac{x^2}{\sqrt{1+x-x^2}}\mathrm{d}x$;

(5) $\displaystyle\int \frac{\mathrm{d}x}{\sqrt{x^2+x}}$;

(6) $\displaystyle\int \frac{1}{x^2}\sqrt{\frac{1-x}{1+x}}\mathrm{d}x$;

(7) $\displaystyle\int \frac{\mathrm{d}x}{x\sqrt{x^2-1}}$;

(8) $\displaystyle\int \frac{\mathrm{d}x}{\sqrt[3]{(x-1)^2(x+1)^4}}$;

(9) $\displaystyle\int \frac{x^2-x}{(x-2)^3}\mathrm{d}x$;

(10) $\displaystyle\int \frac{\mathrm{d}x}{x(x^4+1)}$.

A3. 求下列不定积分:

(1) $\displaystyle\int \frac{\mathrm{d}x}{5-4\cos x}$;

(2) $\displaystyle\int \frac{\mathrm{d}x}{\tan x + \sin x}$;

(3) $\displaystyle\int \frac{\mathrm{d}x}{1+\tan x}$;

(4) $\displaystyle\int \frac{\sin^2 x}{3+\sin^2 x}\mathrm{d}x$;

(5) $\displaystyle\int \frac{1-\tan x}{1+\tan x}\mathrm{d}x$;

(6) $\displaystyle\int \frac{\mathrm{d}x}{\sin x \cos^3 x}$;

(7) $\displaystyle\int \frac{\mathrm{d}x}{\cos^4 x}$;

(8) $\displaystyle\int \frac{\tan x}{1+\tan x + \tan^2 x}\mathrm{d}x$;

(9) $\displaystyle\int \sqrt{1-x^2}\arcsin x\,\mathrm{d}x$;

(10) $\displaystyle\int \frac{\mathrm{d}x}{\sqrt{\sin x \cos^7 x}}$.

B4. 求 $I_n = \displaystyle\int \frac{(ax+b)^n}{\sqrt{cx+b}}\mathrm{d}x$ 的递推公式.

B5. 当常数 a,b 满足什么条件时, 不定积分

$$\int \frac{x^2+ax+b}{(x+1)^2(x^2+1)}\mathrm{d}x$$

中: (1) 不含有反正切函数? (2) 不含有对数函数?

C6. Liouville 在 19 世纪 30 年代曾对初等函数的不定积分是否仍然是初等函数进行了深入的研究, 得到了一系列很深入的结果, 被称为 Liouville 定理. 例如, 以下的结果属于它:

设 f, g 为有理函数, 且 g 不是常函数. 如果积分 $\displaystyle\int f(x)\mathrm{e}^{g(x)}\mathrm{d}x$ 是初等函数, 则存在有理函数 h, 使得

$$\int f(x)\mathrm{e}^{g(x)}\mathrm{d}x = h(x)\mathrm{e}^{g(x)} + C.$$

由此可以证明: $\displaystyle\int \mathrm{e}^{-x^2}\mathrm{d}x$ 和 $\displaystyle\int \frac{\mathrm{e}^x}{x}\mathrm{d}x$ 都不是初等函数; 进而, $\displaystyle\int \frac{1}{\ln x}\mathrm{d}x$ 也不是初等函数.

参 考 文 献

阿米尔·艾克塞尔. 2008. 神秘的阿列夫. 左平译. 上海: 上海科学技术文献出版社.

波利亚, 舍贵. 1981. 数学分析中的问题和定理 (第一卷). 上海: 上海科学技术出版社.

常庚哲, 史济怀. 2003. 数学分析教程. 北京: 高等教育出版社.

陈纪修, 於崇华, 金路. 2004. 数学分析. 2 版. 北京: 高等教育出版社.

盖·伊·德林费尔特. 1960. 普通数学分析教程补篇. 北京: 人民教育出版社.

华东师范大学数学系. 2001. 数学分析. 3 版. 北京: 高等教育出版社.

克莱鲍尔. 1981. 数学分析. 上海: 上海科学技术出版社.

克莱因. 2008. 高观点下的初等数学. 上海: 复旦大学出版社.

李忠, 方丽萍. 2008. 数学分析教程. 北京: 高等教育出版社.

梁宗巨. 1965. 多元函数的最大值与最小值. 数学通报, (10): 41-65.

罗庆来, 宋伯生, 吉联芳. 1991. 数学分析教程. 南京: 东南大学出版社.

齐民友. 2008. 数学与文化. 大连: 大连理工大学出版社.

裘兆泰, 王承国, 章仰文. 2004. 数学分析学习指导. 北京: 科学出版社.

斯皮瓦克. 1980. 微积分. 严敦正, 张毓贤译. 北京: 人民教育出版社.

陶哲轩. 2008. 陶哲轩实分析. 王昆杨译. 北京: 人民邮电出版社.

吴良森, 毛羽辉, 韩士安, 等. 2004. 数学分析学习指导书. 北京: 高等教育出版社.

谢惠民, 恽自求, 易法槐, 等. 2003. 数学分析习题课讲义. 北京: 高等教育出版社.

张筑生. 1991. 数学分析新讲. 北京: 北京大学出版社.

赵显曾. 2006. 数学分析拾遗. 南京: 东南大学出版社.

周民强, 方企勤. 2014. 数学分析. 北京: 科学出版社.

卓里奇. 2006. 数学分析 (第二卷). 4 版. 蒋铎, 等译. 北京: 高等教育出版社.

$\Gamma \cdot M \cdot$ 菲赫金哥尔茨. 1978. 微积分学教程. 叶彦谦, 路见可, 余家荣译. 北京: 人民教育出版社.

Courant R, John F.1999. Introduction to Calculus and Analysis I. New York: Springer.

Fitzpatick P M. 2003. Advanced Calculus. 北京: 机械工业出版社.

Richardson D. 1969. Some undecidable problems involving elementary functions of a real variable. The Journal of Symbolic Logic, 33(4): 514-520.

Ritt J F. 1948. Integration in Finite Terms: Liouville's Theory of Elementary Methods. New York: Columbia University Press.

Rudin W. 1976. Principles of Mathematical Analysis. 3rd ed. New York: Mcgraw-Hill, Inc.

附录 数学分析 I 试卷

A 数学分析 I 期中试卷 (一)(120 分钟)

一、填空题(3′ × 4 = 12′)

1. $\lim\limits_{n \to \infty} n \sin \dfrac{\pi}{n} = $ _____.

2. $\lim\limits_{n \to \infty} \dfrac{1 + \frac{1}{\sqrt{2}} + \cdots + \frac{1}{\sqrt{n}}}{\sqrt{n}} = $ _____.

3. $x \to a+$ 时, $f(x)$ 不以 A 为极限的正面陈述是_____

_____.

4. 若 $x \to 0$ 时, $x^2 - \ln(1+x)$ 是 α 阶无穷小, 则 $\alpha = $ _____.

二、选择题(3′ × 3 = 9′)

5. "对任意给定的 $\varepsilon \in (0,1)$, 总存在正整数 $\mathbb{N}$, 当 $n \geqslant \mathbb{N}$ 时, 恒有 $|x_n - a| \leqslant 2\varepsilon$" 是数列 $\{x_n\}$ 收敛于 a 的 ( )

(A) 充分但非必要条件   (B) 必要但非充分条件

(C) 充分必要条件   (D) 既非充分也非必要条件

6. 当 $x \to 1$ 时, 函数 $\dfrac{x^2 - 1}{x - 1} \mathrm{e}^{\frac{1}{x-1}}$ 的极限 ( )

(A) 等于 2   (B) 等于 0   (C) 为 ∞ (D) 不存在但不为 ∞

7. 当 $x \to \infty$ 时, $\dfrac{1}{ax^2 + bx + c} \sim \dfrac{1}{x+1}$, 则 a, b, c 的值为 ( )

(A) $a = 0, b = 1, c = 1$ (B) $a = 0, b = 1, c$ 为任意常数

(C) $a = 0, b, c$ 为任意常数   (D) a, b, c 均为任意常数

三、判断题(若错误, 请举反例; 若正确, 请证明) (3′ × 3 = 9′)

8. 若 $\lim\limits_{n \to \infty} (a_{n+1} - a_n) = 0$, 则数列 $\{a_n\}$ 收敛.

9. $x \to a$ 时 $f(x)$ 有极限当且仅当 $x \to a$ 时 $|f(x)|$ 有极限.

10. 有限开区间 (a, b) 内的连续函数必有界.

四、解答题(共 70′)

11. (10′) 求极限:

(1) $\lim\limits_{x \to 0} \dfrac{\sqrt{1+x} + \sqrt{1-x} - 2}{x^2}$;   (2) $\lim\limits_{x \to \infty} (\sin \frac{2}{x} + \cos \frac{1}{x})^x$.

12. (8′) 设 $x_0 > -\dfrac{3}{2}$, $x_{n+1} = \sqrt{2x_n + 3}, n \in \mathbb{N}$, 证明数列 $\{x_n\}$ 收敛并求极限.

13. (10′) 设 $\lim\limits_{x \to a+} f(x) = A \neq 0$, 用 $\varepsilon - \delta$ 定义证明: $\lim\limits_{x \to a+} \dfrac{1}{f(x)} = \dfrac{1}{A}$.

14. (8′) 用 $\varepsilon - \delta$ 定义证明: $\lim\limits_{x \to 1} \dfrac{x^2 - 1}{2x^2 - x - 1} = \dfrac{2}{3}$.

15. (8′) 叙述 $x \to 0+$ 时的 Heine 原则, 并由此讨论 $x \to 0+$ 时 $y = \cos \dfrac{1}{\sqrt{x}}$ 的极限是否存在.

16. (8′) 设 $f(x) = \dfrac{(x+1)\sin x}{|x|(x^2-1)}$, 试指出其间断点及其类型.

17. (8′) 设 S 是非空有上界的数集, $\beta = \sup S$. 证明: 存在 $a_n \in S$, 使得 $\lim\limits_{n\to\infty} a_n = \beta$. 又若 $\beta \notin S$, 则可使上述的 $\{a_n\}$ 是严格递增的.

18. (10′) 设 $f(x)$ 在 $[0,2]$ 上连续, $f(2)=0$, 且 $\lim\limits_{x\to 1} \dfrac{f(x)-4}{(x-1)^2} = 1$. 证明:

(1) $\exists\, \xi \in [1,2]$, 使得 $f(\xi) = 2\xi$;

(2) $f(x)$ 在 $[0,2]$ 上的最大值大于 4.

B 数学分析 I 期中试卷 (二)(120 分钟)

一、填空题$(3' \times 4 = 12')$

1. $\lim\limits_{n\to\infty} \left(1 + \dfrac{1}{n-1}\right)^{\frac{1}{2n-1}} = $ _____.

2. $\lim\limits_{n\to\infty} \dfrac{1 + \dfrac{1}{\sqrt{2}} + \cdots + \dfrac{1}{\sqrt{n}}}{\sqrt{n}} = $ _____.

3. 根据 Cauchy 收敛准则, 给出 $x \to a-$ 时 $f(x)$ 的极限不存在的正面陈述: _____

_____.

4. 若 $x \to 0$ 时, $x^2 - \sin x$ 是 α 阶无穷小, 则 $\alpha = $ _____.

二、选择题$(3' \times 3 = 9')$

5. 设 $\{a_n\}, \{b_n\}, \{c_n\}$ 均为非负数列, 并且满足 $\lim\limits_{n\to\infty} a_n = 0$, $\lim\limits_{n\to\infty} b_n = 1$, $\lim\limits_{n\to\infty} c_n = \infty$, 则必有 　　　　　　　　(　　)

(A) $a_n < b_n$ 对任意 n 成立 　　　　　(B) $b_n < c_n$ 对任意 n 成立

(C) $\lim\limits_{n\to\infty} a_n c_n$ 不存在有限极限 　　(D) $\lim\limits_{n\to\infty} b_n c_n$ 不存在有限极限

6. 设当 $x \to 0$ 时, $(1-\cos x)\ln(1+x^2)$ 是比 $x\sin x^n$ 高阶的无穷小, 而 $x\sin x^n$ 是比 $\mathrm{e}^{x^2} - 1$ 高阶的无穷小, 则正整数 n 等于 　　　　(　　)

(A) 1 　　　　　(B) 2 　　　　　(C) 3 　　　　　(D) 4

7. 下列函数中一致连续的是 　　　　　　　　　　　　(　　)

(A) $f(x) = \dfrac{1}{x}, x \in (0,1)$ 　　　　　(B) $f(x) = \sin\dfrac{1}{x}, x \in (0,1)$

(C) $f(x) = x^2, x \in (0,+\infty)$ 　　　　　(D) $f(x) = \sqrt{x}, x \in (0,+\infty)$

三、判断题(若错误, 请举反例; 若正确, 请证明)$(3' \times 3 = 9')$

8. 设数列 $\{a_n\}$ 满足: $1 \leqslant a_n \leqslant n$, $\forall n \in \mathbb{N}$, 则 $\lim\limits_{n\to\infty} \sqrt[n]{a_n} = 1$.

9. 两个无穷大量之差必为无穷小量.

10. 区间 (a,b) 内的单调函数必连续.

四、解答题(共 $70'$)

11. (10′) 求极限:

(1) $\lim\limits_{x\to 1} \cos\left(\dfrac{\sin \pi x}{\ln x^4}\right)$; 　　　　　　　　(2) $\lim\limits_{x\to 0} \left(\dfrac{\arcsin x}{x}\right)^{\frac{1}{x^2}}$.

12. (8′) 设 $x_1 = a$, $x_{n+1} = \dfrac{1}{2}(x_n^2 + 1), n \in \mathbb{N}^+$, 问 a 取何值时数列 $\{x_n\}$ 收敛, 并在收敛时求出极限.

13. (8′) 用 $\varepsilon-\delta$ 定义证明: 若 $\lim\limits_{x\to a+} f(x) = A$, $\lim\limits_{x\to a+} g(x) = B$, 则 $\lim\limits_{x\to a+} f(x)g(x) = AB$.

14. (8′) 用 $\varepsilon-\delta$ 定义证明: $\lim\limits_{x\to 1} \dfrac{x(x^2-1)}{2x^2-3x+1} = 2$.

15. (8′) 叙述 $x \to 0+$ 时的 Heine 原则, 并由此讨论 $x \to 0+$ 时 $y = \cos\dfrac{1}{\sqrt{x}}$ 的极限是否存在.

16. (8′) 设 $f(x) = \begin{cases} |x-1|, & |x| > 1, \\ \cos\dfrac{\pi x}{2}, & |x| \leqslant 1, \end{cases}$ 试指出其间断点及其类型, 并说明理由.

17. (8′) 设 $f(x)$ 在 $[a,b]$ 上连续, 且对每个 $x \in [a,b]$, 存在 $y \in [a,b]$, 使得 $|f(y)| \leqslant \dfrac{1}{2}|f(x)|$. 证明: f 在 $[a,b]$ 中有零点.

18. (12′) 设 $f(x)$ 在区间 $[a,+\infty)$ 上连续.

(1) 能否肯定 $f(x)$ 在区间 $[a,+\infty)$ 上有界? 若肯定, 请证明; 若否定, 请举例说明.

(2) 若假定 $\lim\limits_{x\to +\infty} f(x)$ 存在, 且是有限数, 证明 $f(x)$ 在区间 $[a,+\infty)$ 上有界.

(3) 在 (2) 的条件下, 能否肯定 $f(x)$ 在区间 $[a,+\infty)$ 上一定有最大值和最小值? 若肯定, 请证明; 若否定, 请举例说明.

(4) 在 (2) 的条件下, 能否肯定 $f(x)$ 在区间 $[a,+\infty)$ 上一定有最大值或最小值? 若肯定, 请证明; 若否定, 请举例说明.

C 数学分析期末试卷 (一)

一、填空题 $(3' \times 6 = 18')$

1. $\lim\limits_{n\to\infty} \dfrac{\ln n^2}{\sqrt{n}} = $ _____.

2. $\lim\limits_{x\to 0} \dfrac{(e^x-1)\ln(1+x)}{\cos x - 1} = $ _____.

3. 设 $\begin{cases} x = 1 + t^2, \\ y = \cos t, \end{cases}$ 则 $\dfrac{\mathrm{d}y}{\mathrm{d}x} = $ _____.

4. 曲线 $y = \ln(x^2+2)$ 的拐点是_____.

5. 设 $f(x)$ 在 $x = 0$ 处存在二阶导数, 且 $f(\dfrac{1}{n}) = \dfrac{1}{n^2}$, $n = 1,2,\cdots$, 则 $f''(0) = $

_____.

6. $\displaystyle\int \dfrac{\mathrm{d}x}{\sqrt{x}(1+x)} = $ _____.

二、选择题 $(3' \times 4 = 12')$

7. 设 $x \to 0$ 时 $\sqrt{1+\tan x} - \sqrt{1+\sin x}$ 是 α 阶无穷小量, 则 $\alpha = $ 　　　　(　　)

(A) 1　　　　　　　(B) 2　　　　　　　(C) 3　　　　　　　(D) 4

8. 设 $f(x) = \begin{cases} \dfrac{2}{\pi}\arctan\dfrac{1}{x}, & x < 0, \\ \dfrac{3^{\frac{1}{x}}-1}{3^{\frac{1}{x}}+2}, & x > 0, \end{cases}$ 则点 $x = 0$ 是 　　　　(　　)

(A) 可去间断点　　(B) 跳跃间断点　　(C) 第二类间断点　　(D) 连续点

9. 若 $y = x^3 + ax^2 + bx$ 在 $x = 1$ 处取得极值 -2, 则 　　　　(　　)

(A) $a = 0, b = -3$　　(B) $a = -1, b = -2$　　(C) $a = b = 2$　　(D) $a = b = 1$

10. 设 $f(x)$ 在 $(-\infty, +\infty)$ 上连续, 则 $\mathrm{d} \int f(x)\mathrm{d}x =$　　　　　　　(　)

(A) $f(x)$　　　　(B) $f(x)\mathrm{d}x$　　　　(C) $f(x)+C$　　　　(D) $f'(x)\mathrm{d}x$

三、判断题 (若错误, 请举反例; 若正确, 请证明)($5' \times 2 = 10'$)

11. 区间 (a,b) 上的连续函数必有界.

12. 区间 (a,b) 的可微函数严格递增当且仅当 $f'(x) > 0, \forall x \in (a,b)$.

四、计算题($6' \times 5 = 30'$)

13. 设 $y = y(x)$ 由方程 $\mathrm{e}^y + 6xy + x^2 - 1 = 0$ 确定, 求 $y''(0)$.

14. 求极限 $\displaystyle\lim_{x \to 0+} \dfrac{x\mathrm{e}^x - \ln(1+x)}{x\ln(1+x)}$.

15. 设 $y = x^2\mathrm{e}^x$, 求 $y^{(100)}(0)$.

16. 求曲线 $y = \dfrac{x^3}{2(x-1)^2}$ 的渐近线.

17. 求 $\sqrt[4]{1-x^2}$ 的带有 Peano 型的 6 阶 Maclaurin 公式.

五、证明题($10' \times 3 = 30'$)

18. 证明数列 $a_n = \left(1 + \dfrac{1}{3}\right)\left(1 + \dfrac{1}{3^2}\right)\cdots\left(1 + \dfrac{1}{3^n}\right)$ 收敛.

19. 证明不等式

$$x - \frac{x^2}{2} < \ln(1+x) < x - \frac{x^2}{2(x+1)}, \forall x > 0.$$

20. 设函数 $f(x)$ 在区间 $[0,1]$ 上连续, 在 $(0,1)$ 内可导, 且 $f(0) = f(1) = 0, f\left(\dfrac{1}{2}\right) = 1$.
试证:

(1) 存在 $\eta \in \left(\dfrac{1}{2}, 1\right)$, 使 $f(\eta) = \eta$;

(2) 对任意实数 λ, 必存在 $\xi \in (0, \eta)$, 使得

$$f'(\xi) - \lambda[f(\xi) - \xi] = 1.$$

D 数学分析期末试卷 (二)

一、填空题($3' \times 6 = 18'$)

1. $\displaystyle\lim_{n \to \infty} \dfrac{n^2}{2^n} = $ _____.

2. $\displaystyle\lim_{x \to 0} \dfrac{\sin x + x^2 \sin \dfrac{1}{x}}{\ln(1-x)} = $ _____.

3. 设函数 $f(x) = \begin{cases} \dfrac{1 - \mathrm{e}^{\tan x}}{\arcsin \frac{x}{2}}, & x > 0, \\ a\mathrm{e}^{2x}, & x \leqslant 0 \end{cases}$ 在 $x = 0$ 处连续, 则 $a = $ _____.

4. 设 $\begin{cases} x = 1 + t^3, \\ y = \cos t^2, \end{cases}$ 则 $\dfrac{\mathrm{d}y}{\mathrm{d}x} = $ _____.

5. $(x\sin x)^{(2017)} = $ _____.

6. $\displaystyle\int \frac{\mathrm{d}x}{(1+\sqrt{x})^{2016}} = $ _____.

二、选择题 $(3' \times 4 = 12')$

7. 设函数 $f(x) = \lim\limits_{n\to\infty} \dfrac{\sin \pi x}{1 + (2x)^{2n}}$, 则 $f(x)$ 的间断点　　　　　（　　）

(A) 不存在　　　　(B) 有一个　　　　(C) 有两个　　　　(D) 有三个

8. 定义域为 $[0,1]$, 值域为 $[0,1]\bigcup[2,3]$ 的连续函数　　　　　（　　）

(A) 不可能存在　(B) 在一定条件下存在　(C) 存在且不唯一　(D) 存在且唯一

9. 设 $f(x) = \begin{cases} x\arctan\dfrac{1}{|x|}, & x \neq 0, \\ 0, & x = 0, \end{cases}$ 则 $f(x)$ 在 $x = 0$ 处　　（　　）

(A) 不连续

(B) 连续但不可导

(C) 可导但 $f'(x)$ 在 $x = 0$ 处不连续

(D) 可导且 $f'(x)$ 在 $x = 0$ 处连续

10. 曲线 $y = x + \sqrt{x^2 - x + 1}$ 的渐近线　　　　　（　　）

(A) 只有水平的没有斜的

(B) 只有斜的没有水平的

(C) 既有水平的又有斜的

(D) 既无水平又没有斜的

三、判断题 (若错误, 请举反例; 若正确, 请证明)$(5' \times 2 = 10')$

11. 若函数 $f(x)$ 在 x_0 点可导, 则 $f(x)$ 必在 x_0 点的某邻域内连续.

12. 驻点必是极值点.

四、计算题 $(6' \times 5 = 30')$

13. 设 $y = y(x)$ 是由方程 $y = 1 + x\mathrm{e}^y$ 所确定, 求 $\dfrac{\mathrm{d}y}{\mathrm{d}x}$ 及 $\dfrac{\mathrm{d}^2 y}{\mathrm{d}x^2}\bigg|_{x=0}$.

14. 求极限 $\lim\limits_{x\to 0} \dfrac{2(\mathrm{e}^{-\frac{x^2}{2}} - 1) + x^2}{x(x - \sin x)}$.

15. 求 $f(x) = \sec x$ 的带有 4 阶 Peano 型余项的 Maclaurin 公式.

16. 求函数 $f(x) = \dfrac{1}{2}\ln(1 + x^2) + \arctan\dfrac{1}{x}$ 的极值点与拐点.

17. 求不定积分 $\displaystyle\int x^2 \arcsin x\,\mathrm{d}x$.

五、证明题 $(10' \times 3 = 30')$

18. 试证: 当 $x > 0$ 时, $(x^2 - 1)\ln x \geqslant (x - 1)^2$.

19. 设函数 $f(x)$ 在区间 $[a,b]$ 上连续, 在 (a,b) 内可导, 且

$$f(a)f(b) > 0, \quad f(a)f\left(\frac{a+b}{2}\right) < 0.$$

试证: 对任何实数 λ, 存在 $\xi \in (a,b)$, 使得 $f'(\xi) = \lambda f(\xi)$.

20. 设 n 是正整数, 给定方程 $x^n + x = 1$. 证明:

(1) 方程有唯一的正根 (记为 x_n);

(2) $\lim\limits_{n\to\infty} x_n = 1$;

(3) $1 - x_n \sim \dfrac{\ln n}{n}$, $n \to \infty$.

索　引

其他